国家自然科学基金项目（71901113，72061025）
江西省自然科学基金项目（20212ACB214014）
南昌大学研究生教材建设项目

复杂建设项目BIM集成管理

罗 岚 王秋平 杨 涛 著

中国建筑工业出版社

图书在版编目（CIP）数据

复杂建设项目BIM集成管理 / 罗岚，王秋平，杨涛著
.— 北京：中国建筑工业出版社，2022.6（2023.11重印）
ISBN 978-7-112-27267-9

Ⅰ.①复… Ⅱ.①罗… ②王… ③杨… Ⅲ.①基本建设项目—计算机辅助设计—应用软件 Ⅳ.① TU201.4

中国版本图书馆CIP数据核字（2022）第057022号

全书从BIM全生命周期理论、BIM全过程管理应用、BIM应用绩效评价和BIM+热点前沿研究四个方面进行阐述。本书在总结当前BIM应用经验和教训的基础上，从管理范畴探索BIM在复杂建设项目精益建设和运营集成管理的理论、关键技术和应用，提出基于BIM的复杂建设项目全生命周期的管理模式用以指导实践，对提高管理质量和管理水平都具有重要的理论和现实意义，也为BIM在中国的广泛应用起到推动作用。

责任编辑：徐仲莉
责任校对：姜小莲

复杂建设项目BIM集成管理
罗 岚 王秋平 杨 涛 著
*
中国建筑工业出版社出版、发行（北京海淀三里河路9号）
各地新华书店、建筑书店经销
北京雅盈中佳图文设计公司制版
建工社（河北）印刷有限公司印刷
*
开本：787毫米×1092毫米 1/16 印张：$17^{3}/_{4}$ 字数：376千字
2022年6月第一版 2023年11月第二次印刷
定价：78.00元
ISBN 978-7-112-27267-9
（39152）

前　言

建筑信息模型（Building Information Modeling，BIM）的理念已经在国内外得到实际应用，但 BIM 已经不再是简单的理念和方法问题，而是管理和实践问题。针对建筑业效率低下和资源浪费严重的实际情况，在总结当前 BIM 应用经验和教训的基础上，从管理范畴探索 BIM 在复杂建设项目精益建设和运营集成管理的理论、关键技术和应用，提出基于 BIM 的复杂建设项目全生命周期的管理模式用以指导实践，对提高管理质量和管理水平都具有重要的理论和现实意义，也为 BIM 在我国的广泛应用起到推动作用。本书综合运用案例分析法、科学引文可视化分析、模糊 DEA、贝叶斯网络等，从管理范畴探索 BIM 在复杂建设项目全生命周期集成管理的理论、关键技术和应用。全书从 BIM 全生命周期理论、BIM 全过程管理应用、BIM 应用绩效评价和 BIM+ 热点前沿研究四个方面进行阐述。

1. BIM 全生命周期理论

本部分通过对精益建设的价值流和价值转换进行再定义，提出基于 BIM 的精益建设价值流和价值转换理论，构建基于 BIM 的信息共享与信息集成平台；基于全生命周期信息的理念，在 BIM 的基础上创建复杂建设项目全生命周期信息管理框架，并对该模型的数据层、模型层和功能模块层分别进行研究，从网络协作平台的构建、信息管理体系、保障措施三个方面分析框架体系的实施；进一步构建了由基础层 – 数据、载体层 – 模型、应用层 – 功能组成的复杂建设项目全生命周期应用框架，同时从软件平台构建和本土化发展策略分析 BIM 全生命周期的实施保障。

2. BIM 全过程管理应用

本部分基于 BIM 的复杂建设项目 IPD 模式的技术支撑与实施关键点以及应用策略研究，建立基于 BIM 的复杂建设项目进度管理体系、造价关系协同模型以及施工成本控制系统；结合南京青奥体育公园项目、天津永利大厦项目等实际案例，通过优势障碍分析、明确进度管理体系、构建 BIM 模式下的造价管理关系协同模型、5D 应用模拟等方案，从而为 BIM 在复杂建设项目全过程管理的应用提供参考。

3. BIM 应用绩效评价

本部分调查 BIM 在复杂建设项目建设与运营中应用的领域、应用障碍的因素，通过结构方程模型（SEM）进行评价，研究因素的影响程度；基于识别出的 BIM 应用成功因素，采用贝叶斯信念网络（BBN）进行仿真；基于平衡计分卡理论和德尔菲法建立 BIM 应用绩效评价指标，构建应用绩效的三阶段网络 DEA 模型；通过借鉴相关能力成熟度模型研究，建立复杂建设项目 BIM 应用能力成熟度模型 BIMM，并进行应用水平成熟度评估。

4. BIM+ 热点前沿研究

本部分基于近年来能够与 BIM 结合应用于工程项目的新领域、新技术的涌现，如装配式建筑、新基建、数字孪生、区块链等，对相关文献数量态势、文献的来源期刊、核心机构、高被引文献、研究热点与新趋势进行分析，探索 BIM+ 热点前沿方向。该部分利用可视化技术绘制科学知识图谱，分析研究基础和研究热点趋势，从而为建筑业提高资源生产率和价值增益，实现为项目建设的数字化、智慧化、互联化提供研究方向，也可以给政府及相关部门促进相关制度环境的完善提供借鉴。

本书出版得到国家自然科学基金项目（71901113，72061025）、江西省自然科学基金项目（20212ACB214014）、南昌大学研究生教材建设项目的资助与支持，谨在此表达诚挚的谢意。

书中不足之处在所难免，恳请各位同仁和广大读者批评指正。

罗　岚

2022 年 3 月

目　录

第1部分

BIM 全生命周期理论

第 1 章　BIM 全生命周期视角下的价值流与信息集成

当前我国经济属于高速发展阶段，建筑业作为主要动力却一直处于低效率、工程质量较差、信息化水平较低的状态，这些问题严重制约着建筑业的发展。本章将介绍基于 BIM 的精益建设信息流与信息转化的相关理论，并通过 BIM 技术对建筑信息进行集成，构建 BIM 平台从而实现信息共享，以此展开对 BIM 全生命周期的理论研究。

1.1　引言

精益建设和信息化的引入提高了我国其他非农业生产效率，而信息技术的应用成为我国建筑业竞争力的核心来源。建筑信息模型（Building Information Modeling，BIM）利用数字建模软件，可以极大地提高建筑业的生产效率，进而使其成为更具有竞争性又持续对经济贡献价值的行业。在建筑业全球化的发展过程中，BIM 技术的使用与发展已成为趋势之一（Arayici，2011）。

然而，目前 BIM 的应用局限于设计、施工阶段，虽然实现了多维度的可视化，但是缺乏全生命周期的应用研究，并且对运营管理阶段的“信息孤岛”还缺少有效的解决办法。而日益复杂的建设项目特性要求必须以全生命周期管理理念为指导，充分应用 BIM 技术，将复杂建设项目全生命周期的各个阶段有机结合起来，解决全生命周期的信息交互与集成策略问题，以此有效地提高生产效率。本章基于全生命周期视角，针对目前 BIM 在我国应用所面对的困境进行研究和分析，完善基于 BIM 的精益建设价值流相关理论和信息化理论，以期为国内建筑业的复杂建设项目管理提供理论支撑。

1.2　基于项目全生命周期视角的 BIM 技术

建设项目全生命周期管理（Building Lifecycle Management，BLM）源于制造业的产品周期管理，引入到建筑行业后，演变为一种对建设项目设计、建造和运营的全生命周期进行管理的理念（丁士昭，2005）。国内外工程建设领域中对 BLM 的相关研究主要集中在 BLM 的实现过程与 BLM 的发展方向两个方面。其中 BLM 的发展方向研究要解决的本质问题是信息集成（Ding，2014），其运作框架已经由 3D 向 4D、5D 甚至 nD 的多维度发展，同时产生了信息共享和信息集成的软件等，这些软件系统的综合应用构成了虚拟的 BLM 系统。现有的 BLM 相关研究多聚焦于复杂建设项目全生命周期的某一阶段或某一个环节，但日益复杂的建设项目特性要求必须加强技术手段来促进多维度、多信息集成的实现，在一系列的解决方案中，比较核心的是被建筑业和 IT 业广泛接受的建筑信息模型——BIM。

美国国家 BIM 标准（NBIMS）对 BIM 进行了较完整的定义：BIM 作为一个信息资源的共享平台，分享有关建设项目的信息，用数字信息的方式表达建设项目的空间位置和使用方法，在项目各个阶段的实施过程中发挥至关重要的作用，完成建设信息的共享，从而达到各相关专业协调工作的局面。目前国内外已经运用多种软件技术，如 IFC、IDM、IFD 等支持 BIM 模型的建立，以期解决复杂建设项目信息交换与共享低效率的问题（Fu，2007）。BIM 的应用十分广泛，几乎覆盖了所有建设项目，并且可供建设项目的所有参与方使用，包括业主、策划、设计、施工、供应商、销售、运营商等。BIM 技术相对于传统技术而言，有了以下几点改进（何关培，2010）：

1. 使用 3D 建模

在过去的建设项目中一直采用 2D 建模，2D 建模需要用多个 2D 视图来表达一个 3D 的实际物体指导施工，冗余而且容易产生错误。另外，模型常以线条、圆弧、文字等形式存储，只能依靠人工解释，电脑无法自动识别。随着建设项目复杂程度逐渐增加，2D 图纸简单分类和设计与职工的明确分工已经不再是优势，正因为这个原因，建筑业受到了前所未有的挑战。通过研究和实践表明，只有 BIM 技术才能把多种技术和方法整合起来使用从而有效地解决目前遭遇的挑战。根本原因在于建设项目的本质就是 3D，BIM 能够提供建筑物精确的空间关系和数据，从而能够真实地表达设计师的设计意图并指导施工。

2. 协调流程

调查研究表明，运用 BIM 技术协调复杂建设项目的设计施工流程，可以极大地减少双方理解的偏差、不同专业之间的衔接、设计与施工的偏差等问题所导致的设计变更，而 BIM 技术的协调流程可以极大地减少设计变更，并且有效地避免不合理的变更方案和问题方案。

3. 逐渐发展 4D

在宏观层面（工序安排模拟）：把 BIM 模型和进度计划软件（如 MS Project，P3 等）进行数据集成，让业主及团队通过直观的三维效果，依据现场实际情况来调整每月、每周、每天的施工组织进度，从而通过比较不同施工方案的优缺点，选出最佳施工方案。在微观层面（可建性模拟）：把 BIM 模型和施工方案进行仿真，对项目的重点或难点部分进行全面的可建性、可施工性（Constructibility）模拟以及对安全、施工空间、环境影响等进行分析，从而优化施工安装方案。

4. 整合现场

由于现场人员对图纸的理解有误及获得的信息不正确，导致施工和运营现场产生很多错误，影响整个工期的运行。BIM技术通过构建虚拟的建筑与施工现场和运营管理现场，让现场的施工人员能够直观地按照建筑物的实际样子施工，从而有效地避免了因为理解错误而导致的图纸识别有误。

1.3 基于BIM的精益建设价值流与价值转换理论

1.3.1 精益建设的内涵界定

1992年，Koskela提出精益建设（Lean Construction，LC）理论，并给出定义，即精益建设是指围绕价值流展开的追求完美的不间断过程，并在复杂建设项目的连续实施过程中要达到甚至超过顾客的要求，减少不必要的浪费（Koskela，2007）。曹吉鸣（2010）在《工程施工管理学》一书中对精益建设的定义为：精益建设是将精益思想运用到建筑业的成果中，以业主的要求为目标，围绕价值流这个中心点，通过采取多种精益管理工具对建筑产品的流程进行改进，减少不必要的浪费，以期达到完美的生产管理模式。

精益建设思想固然可以极大地提高建筑业的效率和施工质量，减少建设成本的浪费，但是由于缺少合适的先进信息技术的支持，严重阻碍了精益建设在我国的发展。因此，近年来大批学者将BIM作为其主要技术手段进行研究，以解决缺少技术工具导致的信息流通堵塞、信息实时反馈延迟等问题。

1.3.2 基于BIM的精益建设价值流

价值流是当前产品通过其基本生产过程所要求的全部活动，在价值流中材料流、信息流并行流动，形成一系列相互衔接的活动，它使那些为服务和满足顾客而进行的彼此衔接的工作活动成为一个不可分割的整体。而基于BIM的精益建设价值流是指在原材料转变为成品的过程中，给它赋予价值的全部活动，包括从供应商处购买原材料到达企业，企业对其进行加工后转变为成品再交付客户的全过程，企业内以及企业与供应商、客户之间的信息沟通形成的信息流也是价值流的一部分。一个完整的价值流包括增值和非增值活动，如供应链成员间的沟通、物料的运输、生产计划的制定和安排以及从原材料到产品的物质转换过程等。

精益建设价值流的形成过程为：准备原材料→工程施工→竣工验收→结算评价，因此，影响价值流的因素有：①质量（原材料的质量、工程施工的质量）；②工程的正常工作时间；③材料的准备与运输；④劳动力。通常采用价值流图（Value Stream Mapping，VSM）来描述精益建设的价值流及其改进情况。价值流图的理论是：按照从BIM的预订系统到供应商的顺序，依据建筑信息的流动过程，画出价值流交互流动的每一个步骤，再依据流程图完成建筑物从开始到竣工结束的全过程。图1–1为基于BIM的精益建设价值流的流程示意图。

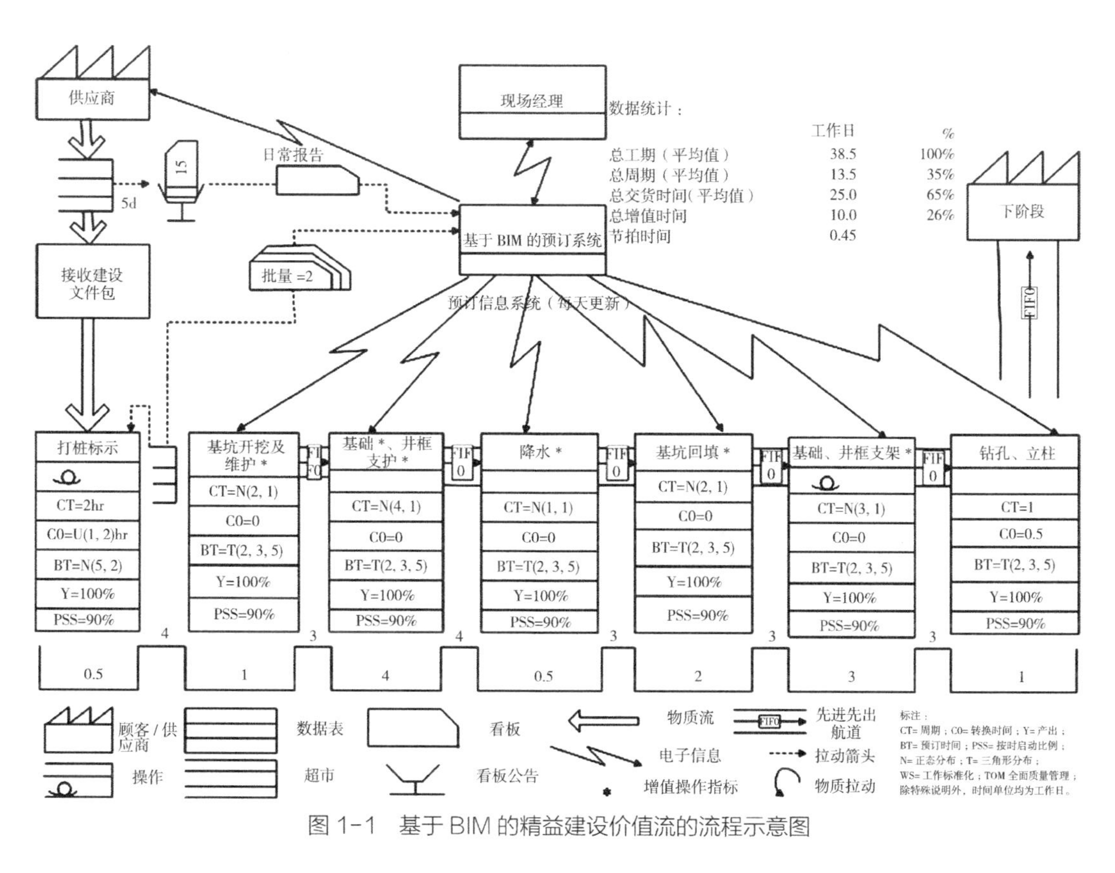

图 1-1　基于 BIM 的精益建设价值流的流程示意图

1.3.3　基于 BIM 精益建设的价值转换理论及过程

根据劳动价值学说来定义基于 BIM 精益建设的价值转换理论，通过 BIM 技术推进价值转化的过程，使得转换过程更加具体和高效。

在复杂建设项目过程中，按照 BIM 的价值流过程，建成品的投资发生价值转化：第一阶段是原材料→建成品；第二阶段是建成品→吸收了大量的劳动力→“无差别的人类劳动”的形成。从这种价值转化过程可以看出，一种使用价值经过准备阶段、采购阶段、施工阶段和建成阶段后，完成了一个完整的周期性运动，转化为一种新的使用价值的形式。建筑物完整的价值转换周期可表示为：使用价值（原材料）→劳动潜能→劳动量→劳动价值→新的使用价值（建成品）。

1.4　基于 BIM 的信息共享与信息集成研究

目前，我国建筑业信息化率仅约 0.027%，而国际建筑业信息化率平均水平为 0.3%，可以看出比例差距较大。我国建筑业极低的信息化程度正是制约其生产效率提高的主要原因之一。正因如此，提高建筑业的信息化程度，发展基于 BIM 技术的信息共享与信息集成理论才如此重要。通过 BIM 集成，可以使项目所有参与方能在项目的不同阶段输入、修改、交流和共享信息。与此同时，各个相关专业可以依据 BIM 提供的信息研究出最合适的协同配合方式。

1.4.1 基于 BIM 的信息共享

传统 CAD 技术采用 2D 建模，虽然能够大幅度提高建筑设计的质量和效率，但是仍然不够直观，导致客户使用体验较差，并且极易产生理解错误，造成设计变更，影响施工进度。BIM 采用 3D 建模和三维视图效果，能够更加直观、形象、精准地提供给所有参与方一个信息共享的平台，并能为提升建筑信息共享水平提供可靠的技术手段和实现方式。实现建筑信息共享需要运用 IT 技术对建筑信息进行信息化整合（许杰峰，2014）。BIM 技术正是建筑业目前最具影响力的现代 IT 技术之一。

在建筑企业的主导下，运用 BIM 进行信息化整合，建立基于网络技术的 BIM 信息共享平台，可以实现建筑信息共享高效率、高精度的目标。BIM 技术为复杂建设项目的信息共享提供了贯穿于复杂建设项目全生命周期管理的统一交互平台，在这个交互平台上，复杂建设项目的所有参与方可以分别提供并共享专业的数据信息，使得各参与方之间的信息交流更加准确流畅。BIM 技术运用 3D 图形显示技术更准确直观，更方便施工人员与技术人员进行施工核对，极大地减少了错误、误差导致的工期延误和其他经济损失，同时使施工组织的时间安排以及各专业之间的交叉沟通更加容易。

1.4.2 基于 BIM 的信息集成

通过调查研究，运用 BIM 技术建立信息集成平台在技术方面已经能够实现，但是由于各参与方所处角度的不同，对信息的需求程度和方面不同，故没有形成统一公认的规定，出现“信息孤岛”现象，导致无法实现信息存储与获取方便迅速、信息共享化程度高的要求。针对当前出现的问题，可以通过协调 BIM 技术的组织流程来达到信息集成的高效。运用 BIM 技术构成的信息集成平台主要采用分布式网络环境。BIM 数据库提取数据层的数据信息后，传递给信息模型层。通过 BIM 技术形成信息集成平台和网络，将所需信息提供给所有参与方来实施不同的功能。基于 BIM 数据库的建筑信息集成平台运行图见图 1–2。

1.5 本章小结

本章研究了基于 BIM 的精益建设信息流等理论及信息化过程，分析了精益建设由于其缺少先进信息工具的支持而导致的技术缺陷，为建筑业效率的提高、减少建设成本的浪费、推动国内建筑业的发展指明了方向。通过 BIM 技术的运用，建立新技术下的信息集成平台，能够有效地提高信息共享与集成的程度与效率，使复杂建设项目所有参与方之间的协调衔接工作得以高效率、低错误地完成。

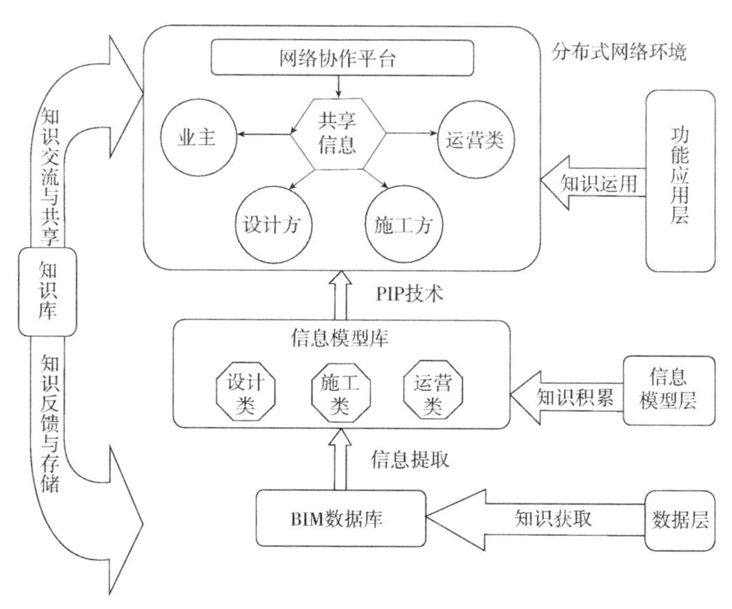

图 1-2　基于 BIM 数据库的建筑信息集成平台运行图

本章参考文献

[1] Arayici Y，Coates P，Koskela L.Technology adoption in the BIM implementation for lean architectural practice [J]. Automation in Construction，2011，20（2）：189–195.

[2] Bertelsen S，Henrich G，Koskela L，et al. Construction physics [C] //Proceedings 15th Annual Conference International Group for Lean Construction，East Lansing，Michigan State University，2007.

[3] Chen L J，Luo H. A BIM–based construction quality management model and its applications [J]. Automation in Construction，2014，46：64–73.

[4] Ding L，Zhou Y，Akinci B. Building information modeling（BIM）application framework：the process of expanding from 3D to computable nD [J]. Automation in Construction，2014，46：82–93.

[5] Fu C，Kaya S，Aouad M K G. The development of an IFC–based lifecycle costing prototype tool for building construction and maintenance [J]. Construction Innovation，2007，7（1）：85–98.

[6] Hartmann T，Gao J，Fischer M. Areas of application for 3D and 4D models on construction projects [J]. Journal of Construction Engineering and Management，2008，134（10）：776–785.

[7] Koskela L，Rooke J，Bertelsen S，et al. The TFV theory of production：new developments [C] // Proceedings 15th Annual Conference International Group for Lean Construction. East Lansing：Michigan State University，2007.

[8] 曹吉鸣 . 工程施工管理学 [M]. 北京：中国建筑工业出版社，2010.

[9] 丁士昭 . 建设工程信息化导论 [M]. 北京：中国建筑工业出版社，2005.

[10] 何关培，李刚 . BIM 应用将给建筑业带来什么变化 [J]. 中国建设信息，2010（2）：10–17.

[11] 李佳吟，邓雪原．基于 BIM 的建筑空间管理信息复用方法 [J]. 土木工程与管理学报，2021，38（2）：168–173.

[12] 清华大学 BIM 课题组．中国 BIM 丛书：中国建筑信息模型标准框架研究 [M]. 北京：中国建筑工业出版社，2011.

[13] 徐勇戈，鹿鹏．基于 BIM 的大型建设工程项目组织集成 [J]. 铁道科学与工程学报，2016，13（10）：2092–2098.

[14] 许杰峰，雷星辉．基于建筑信息模型的建筑供应链信息共享机制研究 [J]. 中国科技论坛，2014（11）：62– 68.

[15] 张建设，石世英，吴层层．信息论视角下工程项目的信息表达空间及损失 [J]. 土木工程与管理学报，2018，35（6）：101–106.

第 2 章　BIM 全生命周期信息管理与研究

本章将接续上章通过 BIM 手段实现信息集成以提升复杂建设项目管理效率的大方向，通过对建筑信息模型与建设工程全生命周期信息的理念进行研究，在 BIM 的基础上创建复杂建设项目全生命周期信息管理框架，并对该模型的数据层、模型层和功能模块层分别进行研究，从网络协作平台构建、信息管理体系、保障措施三个方面分析框架体系的实施。

2.1　复杂建设项目全生命周期信息

2.1.1　复杂建设项目信息化的趋势

近年来，建筑行业创造的财富越来越多，截止到 2014 年年底，我国建筑业创造的总资产已经是世界第一。根据资料显示，国际建筑业信息化率平均水平为 0.3%，而我国建筑业信息化率仅约 0.027%，这表明我国建筑信息化的上升空间还非常大。我国建筑业总资产十分庞大，但随着增长速度的放缓，极高的总产值和极低的信息化率使得建筑信息化的上升空间巨大。随着计算机技术的兴起，建筑行业计算机技术和信息化越来越明显，这就导致建设工程全生命期信息管理（BLM）思想的出现。建设工程全生命期信息管理思想的产生也体现了当前复杂建设项目信息管理的必要性，建设工程全生命期信息管理的理念是构建高效的全生命周期信息管理的方法，保证复杂建设项目全生命期的信息可以有效地收集、传递、沟通和共享。

当下，信息技术已经成了人们日常生活中极其重要的组成成分，当今世界是一个高速发展的经济体，资源是推动经济发展的重要因素。其中，信息资源是当前世界最为重视的资源之一，是企业能否快速发展的决定性因素。信息化使企业能够较快地实现基本目标，提升企业的核心竞争力，并且改革了企业的管理方式，开创新的商业模式，信息化已经成为经济发展的重要手段。目前，建筑业已经发展成我国经济收入的首要产业，信息化更是必不可少的一部分（方立新，2005）。1997 年，在英国牛津大学的“国际建筑论坛”上，全球四十多位专家一致认为，信息化是促使建筑行业产生巨大变化的原因，最近几年的变化要远远超过过去几十年所发生的变化。在全球建筑业范围内，利用信息技术所产生的冲击对项目管理的思想、组织、方法和手段进行持续的改进、变革和创新已经变成提升业主满意度、增强企业核心竞争能力的主要方式。现在，信息技术已经逐渐渗透到建筑行业的许多角落，许多建设工程都利用计算机技术来进行项目管理，但仍然未能全面覆盖建设项目的全过程。随着建设项目信息化管理的推进和实现，信息技术在建设工程全生命周期中的应用得到越来越多的重视和越来越广泛的普及。

信息技术已经成为当今世界最具竞争力的生产力要素，信息化和全球化以极其迅猛的势头改变着传统建筑行业的面貌。信息技术在工程管理中的应用大大提高了工程管理中信息传递、存储的效率，也大大提高了工程管理工作的有效性。建设工程信息化促进了建设工程管理变革。

1. 工程管理手段的变革

计算机技术对建设工程管理产生了前所未有的影响。目前，复杂建设工程管理人员已广泛使用工程管理信息系统来处理建设项目全过程中出现的问题。在建设项目全生命周期中，由于项目信息管理不善，产生了诸多问题。为了解决这些问题，需要利用信息技术对以前的建设项目管理方式进行改进。当前众多复杂建设项目将各个不同区域的项目管理单位利用Internet/Intranet联系在一起，通过一些互联网工具进行项目信息沟通，利用Internet/Intranet技术开创了建设工程的信息化时代，促进了复杂建设项目全生命期信息管理的发展。建设项目各个参与单位信息交换平台的出现，充分表明了这种变革（Schein，2007）。

2. 工程管理组织的变革

建设项目中传统的信息交流方式不能适应于当前建筑行业的发展，信息技术的出现改变了建设项目全生命周期中信息的交流方法，管理人员更喜欢利用同等信息相互交流的方法对建设项目进行管理。分布在不同区域的不同项目参与单位利用互联网进行信息交流与共享，形成相互合作的虚拟项目组织。该组织不仅解决了原有地域上的难题，保证了信息的准确性，防止信息丢失，并且能够以总目标为指导，根据信息发生的变化随时对项目进行调整，从而保证项目目标的顺利实现。

3. 工程管理思想方法的变革

当前建设项目复杂性大大提升的趋势决定了以往的管理方式已经跟不上建筑行业的发展步伐。以前的项目管理方式在解决问题时采用一种被动的方式，并不能高效地解决相关问题。信息技术有效地改善了项目管理方式存在的不足，有利于保证项目前期决策的准确性，同时使得项目管理从传统的被动控制转化为主动控制；借助项目管理理论和网络技术为工程管理提供充分的支持，能够实现建设工程信息的集成与交流，保证项目参与单位可以相互合作、相互协调，有利于建设项目目标的实现，孕育出新一代的工程管理思想方法以适应当前环境下的复杂建设项目。

4. 新的工程管理理论

信息化对项目管理产生的影响是顺应时代的变化，通过结合项目管理理念、方法和工具等，对复杂建设项目进行更好地管理。其中，新的工程管理理念是极其关键的部分。复杂建设项目管理实际上是指建设项目信息管理，即建设项目根据业主要求制定项目目

标，通过搜集、传递、处理、共享项目信息，对建设项目进行管理。建设项目管理的改变引起了建设项目信息管理模式的改变（Blaha，2001）。目前，信息化的发展已日益成熟，信息化也影响了建筑行业的发展方向与进程，促进了建筑行业的发展。但信息的集成与管理仍然存在一定的问题，没有制定出系统的管理方法，复杂建设项目全过程中信息的传递、存储以及共享仍然存在一定问题：信息传递的载体仍然是书面文件，容易出现误差；复杂建设项目各个参与方在进行信息搜集存储的过程中，仍然使用人工录入，不能确保信息的准确性。

2.1.2　BLM 思想的形成

复杂建设项目的单件性和多样性决定了其信息管理具有极大的挑战性。BIM 技术的出现使建筑业找到了产品设计数据管理（PDM）的工具，BIM 是建筑业产品的信息模型。通过使用 BIM 技术进行复杂建设项目信息管理，可以将项目施工前的信息搜集起来，并利用这些信息建立相应的信息管理模型，项目参与单位利用该模型进行信息提取、交流，并及时补充、扩展该模型中的信息，确保项目信息的即时性、有效性，同时为各个参与方提供最准确、最前沿的信息，从而提高项目管理的效率。

而 BIM 软件头部公司之一的 Autodesk 公司的 PhilBemestni 发表评论认为，BIM 将使建筑业的生产过程更加有效率，但仅有 BIM 的支持还不足以使建筑业发生根本的改变，存在另外一个与 BIM 同等重要的概念，即 BLM。BLM 思想集中于挖掘整个建设工程全生命周期内 BIM 的应用价值，而不仅局限于设计阶段，BLM 能够发挥 BIM 产生的数字化设计信息在整个建设工程全生命周期中更大的作用，并以数字化的设计信息为基础，发展新的项目协同工作形式，提高建设工程管理效率。由此，BLM 的名称和基本思想得到建筑业广泛承认（Aouad，2006）。

2.2　基于 BIM 的全生命周期信息管理框架构建

2.2.1　基于 BIM 的信息管理框架总体设计

1. 构建思路

一个建设项目的顺利实施，需要项目开发商、项目施工方、设计部门、供货方等各个单位的合作，在该过程中，随着建设环境的快速变化以及众多单位、人员的参与，项目过程中会产生很多信息。项目管理人员需要不断地搜集各种信息以确保项目的顺利进行。传统的信息管理方法需要耗费大量的时间及人力，严重降低了建设项目的效率（刘晴，2010）。基于这种现象，需要利用 BIM 来进行项目信息管理，充分发挥 BIM 信息平台的优势，对各部门之间的信息进行集成处理，最后实现项目信息的共享。

BIM 可以看作是一个信息共享平台，通过收集信息作为基础，建立三维建筑模型，最后模拟出建筑物的信息以供项目人员使用。因此，要实现建设项目全生命周期的信息管理必须要解决数据、模型、实现方法的问题。

（1）数据问题

由于建设项目的参与方众多，在工作交接过程中会产生许多信息，每个项目组所使用的计算机软件也不一样，信息处理方法也不一样，这就导致每个项目组需要录入全部的信息，产生了信息冗余。现在需要解决的就是信息冗余问题，确保各个项目组能够成功利用项目全过程信息而不需要一遍又一遍地输入。因此，利用BIM建立一个数据共享中心——数据库显得异常重要，通过数据库可以实现信息的沟通与共享。

（2）信息模型

建设项目信息量庞大，众多的信息都存放在数据库中，在信息存放过程中需要对信息进行分类处理，最有效的方法是在建设项目全生命周期中，利用BIM建立不同的子信息模型，将各种信息进行分类后分别存储在不同的子信息模型中。当需要使用信息时，可以直接提取不同子信息模型中的信息数据，实现信息共享与集成，建立全生命期信息模型。

（3）功能实现

在建设项目的实施过程中，需要对建筑信息进行高效的管理以实现建筑目标。对于一个管理模型来说，功能的顺利实施是最重要的环节，只有利用好各个子信息模型，才能更好地指导各个功能的实施（邓雪原，2007）。

2. 管理框架

根据以上构建思路，基于BIM的复杂建设项目全生命周期信息管理框架如图2-1所示。这个框架分为三部分，分别是数据层、模型层和功能层。最下面是数据层，是一个

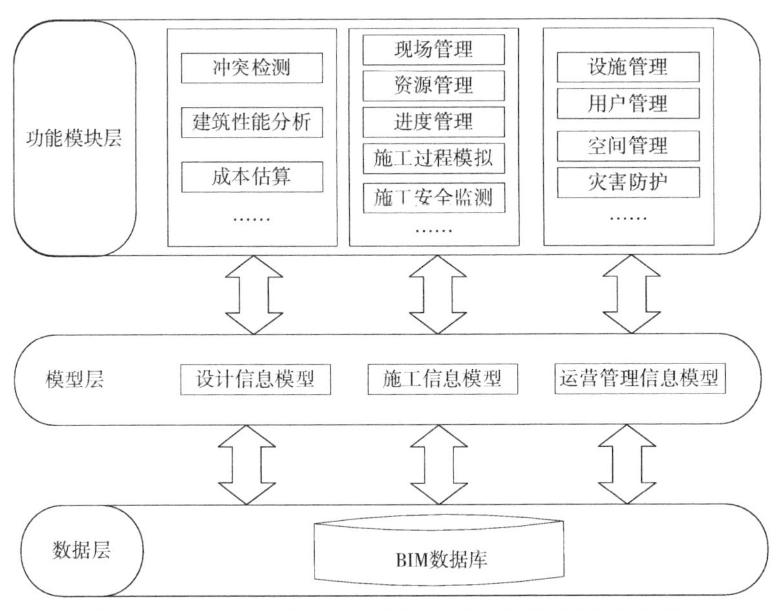

图2-1 基于BIM的复杂建设项目全生命周期信息管理框架

信息集成与共享平台，建设项目全过程的所有信息都位于数据库中，各参与方都可以直接利用该信息，可以避免信息冗余。中间部分是模型层，是一个中转站，数据层和功能层通过模型层进行交汇。最上面是功能模块层，是建设项目的实际应用，每一个应用都对应着一个子 BIM 模型。

2.2.2 基于 BIM 的信息管理框架数据层

数据层是该框架的基础，对信息管理尤为重要。数据层是 BIM 通过计算机三维模型所建立的数据库，是建设项目所有阶段信息的汇集中心，这些信息在建设项目全过程中随着项目的变化而自动调整变化。BIM 数据库由两种数据组成，分别是基本数据和扩展数据。前者是指建筑制图、建筑物本身等图层信息，比如建筑物的大小、尺寸、特性等；后者是指在建筑施工过程中所产生的其他信息，比如各种操作方式、管理办法等（陈建国，2008）。BIM 数据库是一个信息共享平台，随着建设活动的开展，BIM 开始进行信息的收集与共享，项目参与方可以通过该平台获取自己所需的信息进行项目活动，并且及时反馈不同操作过程中的信息以补充扩展数据库，为后续的工作提供更多的便利。由于 BIM 数据库中的信息可以共享利用，故只要有一方输入信息，其他各参与方都可以直接利用，而不需要再次进行同样的工作，极大地提高了工作效率，缩短时间成本。

在复杂建设项目中，人员众多、工序繁杂、环境多变，种种因素综合所产生的信息数据量惊人且形势复杂，难以用同一标准处理，故需要对这些数据进行存储和共享以更好地实现复杂建设项目全生命周期信息管理。

因此，数据层应能保证数据存储、数据交换、数据应用三个功能的实现。

1. 数据存储

由于 BIM 的数据信息涉及复杂建设项目的各阶段，而各阶段都是独立运行操作的，各阶段的信息在对接过程中都会比较困难，而且容易出现信息不一致的情况。因此，需要有效的管理和存储这些数据，为项目后续开展做准备。对于这些项目信息，应按照一定的规则和标准进行分类处理，如按项目目标划分，可以分为投资控制信息（各种估算指标、物价指标、概算定额、施工图预算等）、质量控制信息（国家有关质量法规、政策及质量标准、建设标准等）、进度控制信息（项目总进度计划、进度目标分解、网络计划等）和合同管理信息（工程投标文件、工程建设施工承包合同、物资设备供应合同、咨询监理合同等）；按项目信息来源划分，可以分为项目内部信息（工程概况、设计文件、施工方案、合同结构、信息目录表等）和项目外部信息（市场变化、新技术、新材料、国际环境变化、投标单位信誉等）；按项目信息稳定程度划分，可以分为固定信息（生产作业计划标准、设备工具损耗度、定额）和流动信息（项目实施阶段的质量、投资、进度、项目原材料实际损耗量、机械台班数、投资进度统计等信息）（肖伟，2008）。

在复杂建设项目中，可能会看到图纸、表格、音频、图片等各种信息，这些信息来源众多，种类各不相同，主要用于对复杂建设项目的投资、质量、进度、合同、造价等各方面进行管理。这些数据在存储过程中需要分门别类，对每一方面的数据进行归纳汇总后存储在 BIM 数据库中。这样分类存储有利于各参与方较快地搜寻并获取信息，从而确保项目的运行速度。

2. 数据交换

数据交换是各种不同建筑软件之间进行数据信息的交流与互换，主要存在于有业务交集的两个软件之间，由于各个软件的功能与标准不一样，在数据交流过程中存在许多问题，如软件之间的信息不能相互识别，一个软件不能对另一个软件的产品进行操作修改。故解决数据交换的难题是 BIM 数据层的重要任务之一。

目前，解决数据交换的一个有效方法是确定一个公认的、可以通用的数据交换标准，所有建筑软件在这个标准的基础上进行数据交流与共享。现阶段，适用于数据存储的标准有很多，但大多数标准都不能完全支持各种软件的数据存储，仍然有许多软件不能完全按标准进行数据处理。当前，认可度最高的标准是 IFC（Industry Foundation Class，工业基础类）标准格式，大多数软件都支持这个标准的数据。IFC 是一个公开的标准，在复杂建设项目全生命周期中，对每一个软件的建筑数据和交换标准进行处理，帮助建设项目进行数据交流（李晓东，2007）。通过使用 IFC 标准，不同的软件、专业、项目之间可以进行有效的数据共享。因此，数据存储的问题可以通过创建数据标准来解决。

3. 数据应用

在 BIM 数据层中，数据应用主要是在项目运行阶段，项目信息管理人员能够从数据库中查找、收集所需信息，也能及时地反馈各自项目的信息。各参与方在应用数据时应注意两点问题：

（1）项目参与方在使用数据时不能随意对项目数据进行操作，应该弄清楚每个参与方的权责，再对相应的项目数据进行操作。

（2）各参与方对项目数据进行改动后应该通知其他项目组负责人，并对其说明改动的具体操作，然后即时将这些信息反馈到 BIM 数据库中。

2.2.3 基于 BIM 的信息管理框架模型层

模型层在基于 BIM 的复杂建设项目全生命周期信息管理框架中处于核心位置，负责连接数据层和功能模块层。模型层接受功能模块层的信息需求，从数据层中查询相关信息，对这些信息进行分类，分别存储在不同的 BIM 子信息模型中。在信息传递过程中，BIM 对各阶段的信息进行集成处理，完全体现了 BIM 的关联性、一致性、协同性等特点。复杂建设项目全生命周期管理是为了给业主或开发商争取到最大的利益，从这个角度出发，发现在设计阶段、施工阶段、运营阶段三个阶段能够将 BIM 的效益最大化。所以，模型层可以定义为设计信息模型、施工信息模型和运营管理信息模型。

1. 设计信息模型

设计阶段主要制定项目实施方案，确保项目功能的顺利实施。在该阶段，虽然不会

进行实际施工，工作相对简单，但参与人员众多、信息种类复杂、专业差异较大、信息交流较困难，因此，实现信息共享与集成十分关键。

设计信息模型对后续 BIM 模型具有一定的指导作用，根据设计方案进行功能设计。设计信息模型主要由三部分构成：建筑师设计的建筑模型、结构工程师设计的结构模型以及水暖电工程师设计的水暖电模型。三个模型中的信息向下传递、汇集，最后形成 BIM 集成的基础，即设计信息模型。功能模块层信息模型的创建可以直接在设计信息模型中获取所需信息，避免信息的重复输入，减少信息冗余，提高了复杂建设项目工作效率。

（1）建筑模型

由建筑师利用 BIM 软件绘制的建筑物三维模型，主要表现建筑物构建的几何信息。建筑模型直观地展示产品每个组成部分（屋顶、顶棚、墙壁、楼板等）的面积规模、空间拓扑关系、空间分配关系、外观真实表现等。

（2）结构模型

建立在建筑模型的基础上，是结构工程师从建筑模型中提取结构方面的有关信息再输入相应的构件物理特性和功能信息，建立用于计算分析的结构模型。根据力学方面的知识，对结构模型进行分析和计算，在满足业主要求及建筑安全的前提下，选择合适的结构方案。同时为了确保项目信息的及时调整，这些变动也需要反馈到相应的建筑模型中。

（3）水暖电模型

设计人员利用建筑模型和结构模型的信息进行给水排水、暖通、电气的设计，根据设计法规与方案，利用一定的计算公式进行负荷计算，确定产品型号，进行系统设计，建立全部的水暖电模型。

2. 施工信息模型

目前，许多复杂建设项目都开始往信息化方向发展，项目各阶段的活动都利用计算机软件进行辅助管理，如施工质量管理、项目成本控制、项目合同管理、项目信息管理、采购管理等。由于目前计算机技术不太成熟，比如进行质量管理时，各阶段的信息都是孤立的，实际操作中需要将这些信息再一次输入到软件中，这样不仅增加了工作，而且容易出现错误信息。但 BIM 技术可以解决这一问题，通过使用 BIM 技术，在施工阶段根据管理目标及功能模块的需求，可以直接从 BIM 数据库中提取决策和设计阶段的部分信息，并从进度、质量、资源等方面进行信息扩展，这些扩展的信息都将存储到数据层中，逐渐形成完善的施工信息模型（李永奎，2006）。该完善的施工信息模型的信息主要由两个部分组成：

（1）基本信息

基本信息主要是用来描述建筑物几何特征的信息，比如图纸上建筑物的面积、结构、布局，项目质量安全要求，概算定额等。这些项目各阶段的不同信息构成了信息模型的基础。

（2）扩展信息

扩展信息是复杂建设项目在施工过程中产生的各种信息，是对基本信息的补充。随着项目的开展，程序复杂，工作量增加，基本信息不足以应对施工过程中的问题，这时需要获取其他信息来进行项目管理，扩展施工信息模型。

3. 运营管理信息模型

运营管理是建筑物交付使用后，物业公司对建筑物进行管理，为业主提供一个舒适安全的居住环境。为了更好地对建筑产品进行管理,物业公司需要收集大量的建筑物信息，包括施工方式、设计方案、材料采购等。尽管物业公司已开始使用各种计算机软件，然而复杂建设项目各阶段的信息不能被直接录入，需要管理人员再次录入，这增加了管理工作的负担，也无法保证信息的准确性。但利用 BIM 进行复杂建设项目全生命周期信息管理,却可以很好地解决这一问题,通过 BIM 录入的项目全过程信息可以被运营阶段使用，并且通过模拟技术可以生成建筑物的可视化模型，方便运营单位利用信息进行物业管理。

基于 BIM 的运营信息模型可以直接获取建设项目决策期、施工期的所有信息，保证了信息的连续性,防止形成信息孤岛。运营管理信息模型中的信息由运营管理的基本元素、建设前期的共享信息、扩展信息三部分组成。

（1）基本元素

主要针对管理对象的各种信息，包含建筑物各组成部分的信息，比如墙壁厚度、隔声效果、楼板承重、门窗尺寸、建筑面积、柱高度、管道设置。

（2）共享信息

主要是指复杂建设项目决策阶段、施工阶段的各种基本信息，这些信息可以直接从 BIM 数据库中获取，不需要再次输入。

（3）扩展信息

为了更好地完成运营维护阶段的工作目标，复杂建设项目可以对现有基本信息进行扩展，以方便工作的顺利实施，比如居住情况、资产管理数据、建筑维护计划等。

2.2.4 基于 BIM 的信息管理框架功能模块层

功能模块层是 BIM 在复杂建设项目管理中的应用构成，这些管理功能模块会自动将分析结果反馈给相应的专业人员，由专业人员将信息数据存储到 BIM 数据库中，以方便后续阶段和参与方使用，提高信息的利用率，使项目效益最大化。

1. 设计信息模型功能模块

（1）管线碰撞检测

碰撞检测主要是在复杂建设项目开始施工前，找出设计方案中的冲突问题，方便后续工作的开展。管线碰撞在复杂建设项目全生命周期中是一个十分棘手的问题，通常在安装工程中产生。每一种管线是由不同专业的人员设计的，这些人员之间不会进行信息沟通与交流，而且设计的原理、方法各不相同，因此，管线布置后经常会出现交叉碰撞

的现象（陈宇军，2010）。一般来说，设计人员会对管线进行碰撞检测，但还是会出现图纸遗漏、信息不足的现象，并不能完全检测出所有管线重复的问题，降低碰撞检测的正确设计方案也不能得到完善。

为了解决这一问题，可以利用BIM建立管线综合碰撞模型。该模型通过搜集设计信息模型中的各种信息形成BIM数据库，该数据库中包含建筑物的各种信息，如建筑面积、设备数量、管线布置、材料性能、施工方案等，还有各种管线的设计原理、施工工艺等信息数据。在进行检测时，直接从BIM数据库中提取所需信息，形成一个子信息模块，将检测要求、技术标准、安全标准等信息直接加入该模块中，然后进行管道碰撞检测。如若出现管线冲突问题，该模块会立刻标注出来，以方便相关人员及时对方案做出改进。该模型的运行流程如图2-2所示。

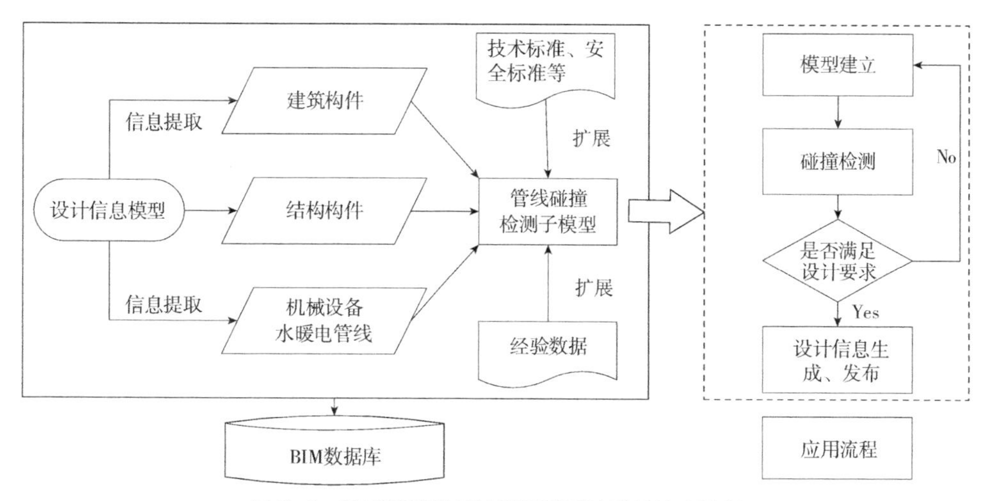

图2-2　基于管线碰撞检测子模型的碰撞检查流程

（2）建筑性能分析

随着我国经济的快速发展，人们的生活水平不断提高，对房屋的要求也越来越严苛。以前，人们对房屋的要求是遮风避雨、保温保暖；现在，人们在挑选房屋时要考虑地理位置、房屋采光、室内通风、交通设施、居住环境、面积大小、布局情况等，人们开始看重建筑物的质量和功能。为了满足上述需求，需要对建筑性能进行分析。在建筑设计前期，搜集建筑物的各种相关信息并输入计算机软件中，相关人员对各个方面进行分析，在满足业主要求的前提下，选择最优方案。在该过程中，若相关信息发生变化，则需要调整整个过程，会耗费大量的时间与精力。

利用BIM模型进行建筑性能分析时，首先需要建立一个数据库，将设计模型中的相关信息直接录入数据库，方便后续工作人员直接利用，利用BIM数据库的信息可以建立一个三维模型进行建筑性能分析。该模型可以保证信息的连续性、一致性，提高建筑性能分析的准确性，并在一定程度上降低复杂建设项目的成本。模型运行流程如图2-3所示。

（3）成本估算

传统的成本估算方法是按照图纸标注信息，直接采用手工计算，这种方法不仅工作量大，而且容易出现计算误差，导致后续工作不能顺利开展。随着计算机技术的逐步成熟，开始出现许多绘图软件，比如CAD等，通过这些软件可以较快地绘制出一幅图纸，但这些软件对工程量的计算却无能为力。后期出现的一些造价软件，手工输入建筑物相关信息就可以对工程量进行计算，但在信息录入过程中会出现误差，导致工程量计算错误。利用BIM技术进行成本估算，图纸绘制与工程量计算可以一起实现，BIM数据库可以实现数据信息的共享，方便各参与人员利用建筑信息，确保信息的连续性，由于工作量的减少，成本估算的速度大大提高。同时BIM的关联修改功能，保证了各种工程设计数据、价格数据更新及时、高效。成本估算功能模块构成如图2-4所示。

设计信息模型
建筑位置、规模、朝向
门、窗、洞口
屋顶面积、形状、层高
BIM数据库
建筑性能分析指标
热能分析、能效分析
照明、绿色材料分析
室内空气质量分析
提取建筑数据
扩展分析数据
创建信息模型
建筑性能分析
是否符合数据要求
Yes
方案比较和选择
No

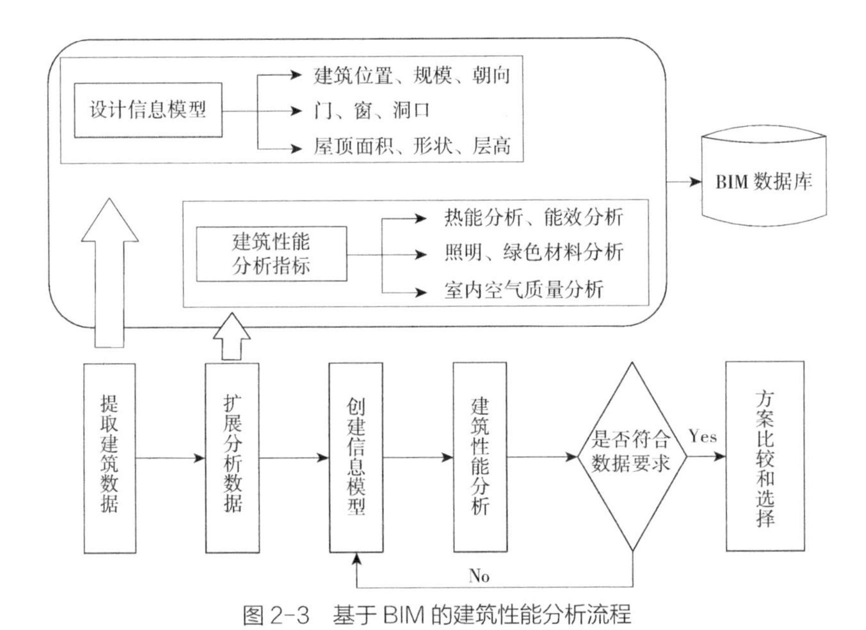

图2-3 基于BIM的建筑性能分析流程

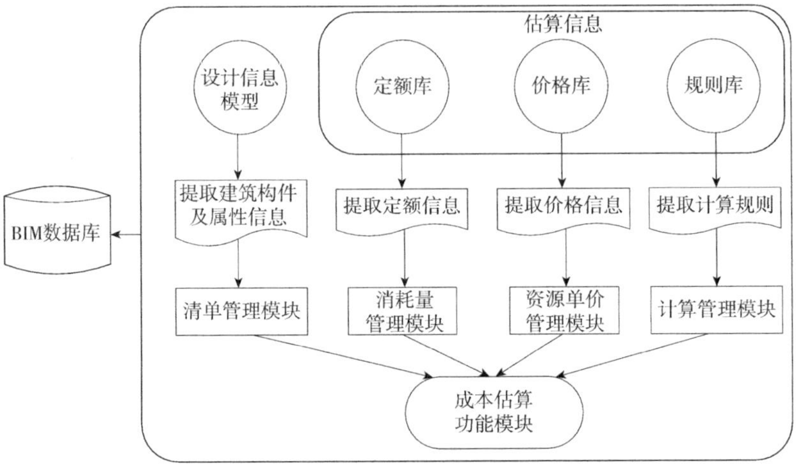

估算信息
设计信息模型
定额库
价格库
规则库
BIM数据库
提取建筑构件及属性信息
提取定额信息
提取价格信息
提取计算规则
清单管理模块
消耗量管理模块
资源单价管理模块
计算管理模块
成本估算功能模块

图2-4 成本估算功能模块图

2. 施工信息模型功能模块

（1）场地管理

场地管理是指管理人员在施工工地解决设计施工过程中的一系列问题，对现场进行安排布置的一种管理。主要包括现场测量、基坑开挖、管道布置、脚手架摆放、控制项目进度等，以确保项目的有序进行。

通过 BIM 建立的三维信息模型，可以帮助施工人员快速了解现场情况以及项目进度、数量要求等。若复杂建设项目发生变更，建设信息可以自动调整。该模型可以展示复杂建设项目全过程的各种信息，方便各参与人员进行信息沟通，有利于管理人员进行全过程管理。

（2）资源管理

资源的合理分配是复杂建设项目顺利完成的基础，资源管理主要涉及对人力资源、建筑材料、机械设备、技术、项目资产等进行管理，力求投入最小、收益最大，实现复杂建设项目的最终目标。通过资源优化配置与组合，对各种资源进行组合，因地制宜地分配资源，满足复杂建设项目需求。资源管理是动态的，根据项目的规律有计划地组织协调各种资源，使之达到均衡状态。传统的资源管理是按照项目的实际施工计划确定资源需求量，编制资源分配方案。而基于 BIM 的施工信息模型可以直接利用复杂建设项目的进度以及物资需求量形成资源需求计划。通过该计划可以直观地看到每一个阶段的资源需求量，管理人员可以进行动态分配。

（3）进度管理

每一个复杂建设项目都需要进行进度管理，进度管理是为了保证复杂建设项目目标的顺利实现。在复杂建设项目开始施工前，需要对项目各阶段的任务做出详细的计划，以便指导施工工作的进行。由于复杂建设项目的可变因素众多，随时会出现一些变更，需要及时调整进度计划，使进度计划更合理。目前，进度管理的手段主要有横道图、网络图、关键路径、项目范围结构、EVM 等，使用最广泛的是网络图和横道图，许多进度管理软件都支持这些手段，但是这些管理工具的可视化程度很低，不能清楚地表示各个建筑物之间的相互关系，也不能展示出施工的动态过程。

利用 BIM 进行进度管理，首先从设计信息模型中获取信息并建立数据库，然后利用数据库中的信息形成子信息模型，利用该模型进行进度管理。该模型利用搜集的各种信息来模拟项目的运行进度，编制项目进度计划，当复杂建设项目发生变更时，利用模型的可视化功能分析实际情况与计划方案的差异，找到解决方法，对进度计划进行调整，以确保目标的顺利完成。进度管理功能模块流程如图 2–5 所示。

（4）施工过程模拟

随着综合国力的提升，复杂建设项目如雨后春笋般涌现，由于不重视施工过程的模拟，这些建筑很容易出现一些问题，并且造成大量资源的浪费。基于 BIM 的信息模型，通过搜集建设施工过程中的各种信息，建立三维立体模型对施工过程进行模拟。通过施工进度模拟，不仅可以合理分配各种物资的数量，减少资源浪费，还可以直观地反映施工过程，施工人员可以合理安排施工工序，实现人员利用的最大化。同时，施工模拟可以提前发现建筑物结构设计的不合理，及时做出更改，避免建筑物出现重大事故。

（5）施工安全监测

建筑工程是风险较高的一个行业，安全监测是复杂建设项目的重中之重。为保证施工安全，减少伤亡事故的发生，每一个项目都要做好施工安全监测工作。施工安全监测是为了在事故发生之前就找到安全隐患，并采取措施解决该问题。利用BIM施工信息模型，搜集建筑安全标准以及建筑物信息建立BIM数据库，利用这些信息建立施工信息模型，利用该模型对复杂建设项目进行安全控制。通过BIM可以将危险源标注在施工信息模型中，提醒施工人员注意，采取措施避免问题发生。在该模型中，项目参与人员可以充分了解操作规范，每个人都按照规定施工，减少安全事故的发生。

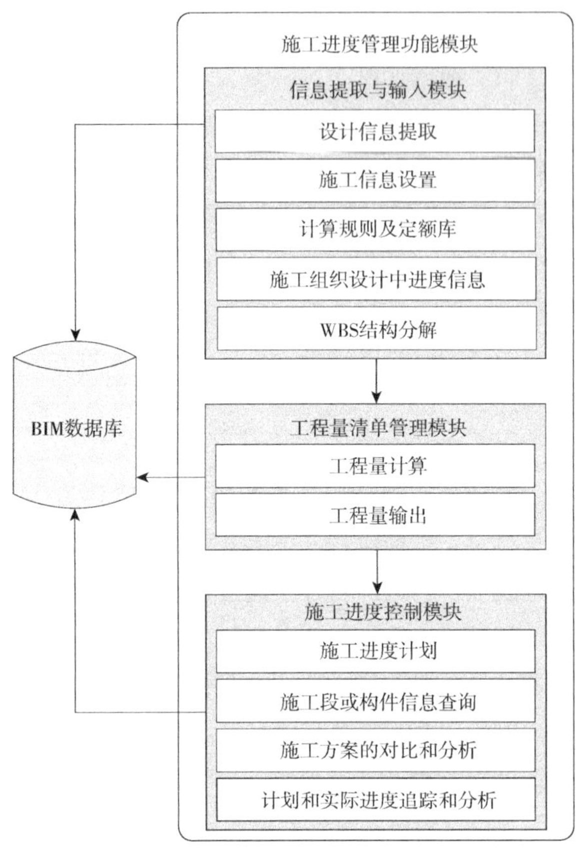

图2-5　进度管理功能模块图

3. 运营管理信息模型功能模块

（1）设施管理

设施管理主要包括资产管理和运行管理。传统的建筑设施管理由于运营阶段与项目设计施工阶段是相互独立的，在进行设施管理的过程中，项目前期信息不能及时地传输到运营阶段，导致设施管理工作容易出现误差。利用BIM技术对建筑信息进行分类存储，建立子信息模块，以便设施管理人员直接使用，对于一些发生变化的信息可以在后期对信息模块进行补充，完善相应数据库，方便设施管理（李伟光，2010）。通过BIM技术对设施进行管理，不仅可以确保信息的连续性，降低后期返工的可能性，而且利用BIM技术可以直观地观察到各种建筑设备的使用情况，有利于管理人员安排设备维护时间，保证建筑设备的功能。

（2）用户管理

用户管理主要是管理人员在系统中增添、修改用户信息，并对用户信息进行分类统计，以方便下次直接使用。使用BIM技术可以搜集全过程的用户信息，比如空房率、房屋面积、租赁信息、房屋环境等，通过对这些信息进行一定的处理，可以方便运营维护阶段的人

员对建筑物进行管理。

（3）空间管理

BIM空间管理主要应用在照明、消防等各系统和设备空间定位方面，对于各种系统和设备几何信息进行三维直观描述，并将其编号或者文字说明转换为三维图形的属性信息，直观形象且方便查找，比如需要装修改造时可以从模型快速获取不能拆除的管线、承重墙等建筑构件的情况，直接生成相关范围内的房间平面图、立面图、剖面图用以指导拆除和重新建筑隔墙，再次建成的房间格局又可以实时录入建筑信息模型，作为新的运维管理依据。

传统的建筑信息是以图纸方式呈现的，当工作人员需要使用时，需要重新查找纸质版信息，不仅增加了工作量而且容易产生人为误差。运营单位利用BIM技术录入建筑物的各种构件和设备几何信息，然后生成三维模型，在该模型中可以直观地观察到建筑物的空间利用率，方便对建筑空间进行合理的安排与布置。业主可以利用该模型进行空间布局模拟，通过不断的实验与分析，选择一种最合适的方案。

中央音乐学院音乐厅项目内部空间关系变化复杂，座席部分更是对视线高度位置提出了极高的要求，利用传统的CAD技术处理起来十分困难，因此，该项目大胆采用了BIM技术。在项目中，利用各种信息建立了BIM信息模型，利用该模型的实时相关性对座席进行调整，根据模拟数据选择最佳的施工方案（张立军，2005）。

（4）灾害防护

建筑物灾害种类众多，比如结构不稳定所产生的倒塌事故、地震引起的房屋毁坏、防火性能弱引起的火灾。针对这些可能会发生的灾害，需要采用一些防护措施，利用BIM软件建立三维信息模型，对灾害产生过程进行模拟，从中找出灾害出现的各种情况并分析其中的缘由，然后制定出相应的解决方案，指导后期防护工作。根据该模型，工作人员可以提前预防建筑隐患，减少灾害发生的可能性。同时，该模型提供的信息可以方便工作人员尽早获取灾害发生的地方并安排相关人员进行救援活动，减少人员、物资的损失。

2.3　复杂建设项目全生命周期信息管理的实施

基于BIM的复杂建设项目全生命周期信息管理框架建立后，为了保障基于BIM的全生命周期信息管理的顺利实施，需要从网络协作平台的构建、信息管理体系的建设以及信息管理实施保障三个方面展开。

2.3.1　网络协作平台的构建

现在建筑业竞争激烈，信息管理水平比较落后，设计变更过程中容易出现纰漏。目前使用的一系列软件大多数是二维绘图的形式，除了图形尺寸以外，无法表达建筑物的其他信息。此外，设计人员更改信息模型后，新的信息很难被其他工作人员获得，这导致复杂建设项目在实际实施过程中会出现很多问题。基于上述问题，有必要实现复杂建设项目全生命周期信息的集成与共享，尽量减少复杂建设项目信息管理过程中出现的一些问题。因此，需要建立一个面向复杂建设项目全过程的网络协作平台，利用计算机技术处理项目全过程的信息，为复杂建设项目各阶段的工作人员提供一个信息沟通平台和共享的网络环境。

1. 网络协作平台构建原则

（1）实时性原则

网络协作平台利用计算机技术可以显示建设工程的实时状态以及各种工艺、材料使用情况等，若复杂建设项目过程中发生任何变更，能够及时更新信息库中的信息，并保证更新的信息能够被复杂建设项目全过程中的各个参与单位所获得，避免信息不一致所带来的问题。通过网络协作平台可以实现信息的集成与共享，保持信息传递的一致性，减少信息误差导致的各种问题，并且通过网络平台的施工模拟技术，可以尽早发现项目存在的隐患，尽早解决。

（2）流畅性原则

目前，我国还未制定出统一的 BIM 标准，当前使用最多的是 IFC 标准，然而许多 BIM 相关软件所支持的标准不太一样，这就造成复杂建设项目全生命周期的信息不能充分实现交流与共享（Zhang，2011）。网络协作平台能够保证 BIM 软件之间进行信息交流与共享，确保基于 BIM 的复杂建设项目数据交换与共享的流畅性。

（3）安全性原则

复杂建设项目全过程的信息涉及范围极其广泛，包含项目准备阶段到运营维护阶段的所有信息，复杂建设项目参与人员在自己的权限内可以从网络协作平台上获取相关信息，若超出权限范围，则获取失败。这样保证了复杂建设项目信息的安全性，切断了网上信息泄漏的可能性。

2. 网络协作平台体系架构

网络协作平台是利用现有的信息化基础设施，联合复杂建设项目领域的各种知识理论等构建的一个进行信息沟通与交流的平台，方便复杂建设项目各阶段的工作人员及时共享各种信息。这是我国信息化技术在建设领域的一种创新，对建筑业来说是一个新的刺激。根据其他行业网络平台的构建方式，建筑业网络协作平台的结构如图 2–6 所示。

下面对网络协作平台体系架构的各个层次进行简要的分析。

（1）参与方软件交互层

基于 BIM 的复杂建设项目全生命周期信息管理框架中的功能模块层对应着网络协作平台中的参与方软件交互层，功能模块层又对应着 BIM 在实际项目中的一个应用，因此，参与方软件交互层是对复杂建设项目的实际过程进行管理。根据复杂建设项目每一阶段的不同目标，将 BIM 各阶段的软件进行集成，更好地对每一阶段进行管理。

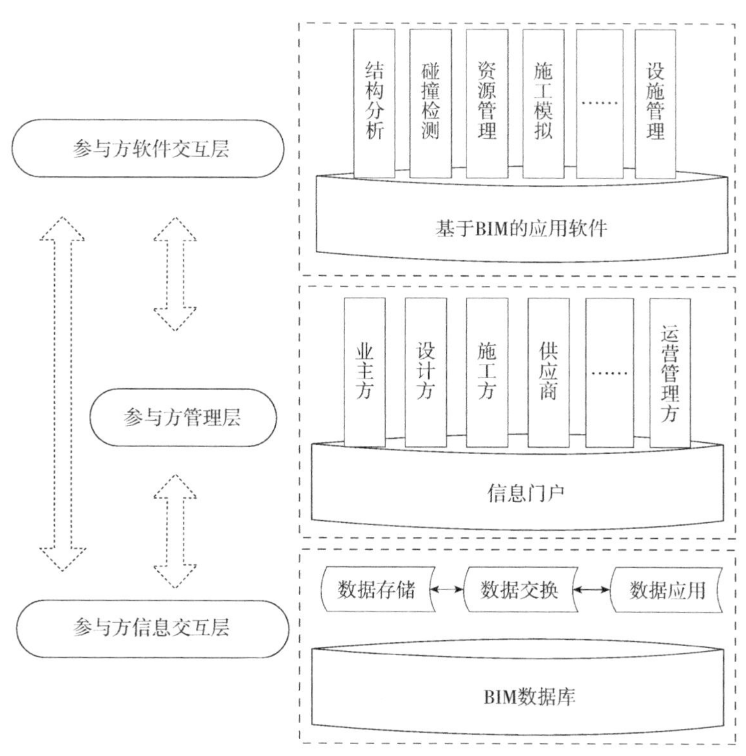

图 2-6　建筑业网络协作平台体系的构建过程

（2）参与方管理层

参与方管理层对搜集的信息进行分类处理，以供复杂建设项目各参与方使用信息和反馈信息。参与方管理层是利用 Web 建立的网络站点，并利用项目信息门户进行信息交流与共享，保证复杂建设项目全过程信息的一致性与连续性。

（3）参与方信息交互层

参与方信息交互层进行信息的搜集、储存、交换和应用。管理人员将搜集的信息存储在 BIM 数据库中，在数据库中完成信息的交流、更新，在完善信息库中的相关信息后，各参与方就可获取所需信息并应用于各个阶段。参与方信息交互层为软件交互层提供所需信息，软件层可以及时提取所需信息后进行 BIM 的相关功能应用。

3. 网络协作平台的功能

网络协作平台是利用现有的计算机技术和互联网功能，为 BIM 实施信息管理提供了一个交流操作平台。在该平台上，复杂建设项目每一阶段的信息都能进行交流与共享，项目各阶段的专业人员都能相互协调、相互配合。网络协作平台有很多不同的功能，主要功能有三种：BIM 数据库管理、网络协同工作、成员信息交流。接下来分别介绍这三种主要功能：

（1）BIM 数据库管理

通过收集复杂建设项目全生命周期中的所有信息建立 BIM 数据库，再对这些信息进行调整、增加、修改、存储、扩展，将数据库初步完善后，参与方就可以从数据库中获取相关信息。

（2）网络协同工作

在计算机技术和互联网的支持下，通过建立协同工作环境，实现复杂建设项目工程活动的协调开展。前期主要利用网络技术进行远距离的方案商讨、进度规划，设计过程中各阶段的专业人员可以利用数据库中的信息进行人员分配，实现各参与方的协同工作。

（3）成员信息交流

主要利用BIM软件进行信息交流，包含：参与方获取所需信息；管理人员进行信息管理；各专业人员进行信息交流；接受、提醒信息；处理各种信息。

4. 网络协作平台的实现

网络协作平台利用计算机技术及互联网功能，为复杂建设项目提供了一个协同工作的虚拟环境，通过将复杂建设项目不同阶段的信息集中，再利用软件编程设置权限，保证信息可以被相关单位提取使用，以实现复杂建设项目全生命周期信息的交流与共享。上述平台功能是构建网络协作平台的大体思路，下面需要从技术方面来构建网络协作平台。

（1）利用PIP实现远程协同工作

PIP是项目信息门户，是建设项目信息化管理的科学技术成果，是复杂建设项目投资信息化时代的一个重大变革。PIP通过搜集、管理建设项目施工阶段的所有信息，利用网络技术建立一个能够提取复杂建设项目信息的入口，以供项目各参与单位使用，为复杂建设项目提供一个信息沟通与协同工作的环境。网络协作平台的实现离不开PIP技术。PIP设置一定权限后建立了提取项目信息的入口，保证了网络协作平台信息传递的安全性。PIP是实现网络协作平台的核心技术，不仅可以顺利实现网络协作平台的总目标和总功能，而且还能够实现网络协作平台各阶段的小目标、小功能。PIP的应用保证了网络协作平台的顺利实现，而且有助于复杂建设项目过程中的信息管理，提高了信息利用率，保证了信息质量，有助于BIM信息管理模型的成功构建。

（2）运用中间件实现多个系统的集成

中间件是一种独立的系统软件，分布式应用软件借助中间件实现不同领域之间的信息共享。目前，由于BIM系列软件采用的标准不同，各个系统软件之间很难进行衔接，信息共享十分困难。运用中间件解决网络环境下分布式应用软件的互连与互操作问题，尤其是解决BIM统一标准的问题，以实现复杂建设项目全生命期信息的集成与共享。

（3）运用分布式数据库系统进行数据管理

BIM数据库中存储了复杂建设项目全生命周期的信息，是建设项目各参与方制定施工方案、指导施工活动的基础，也是BIM应用功能实现的基础。通过利用BIM数据库中的信息，实现了复杂建设项目全生命期的信息集成与共享。运用分布式数据库系统对复杂建设项目全生命期的信息进行管理是指项目每一个参与单位都建立局部的数据库系统，并对其中的信息进行增删、更新、扩展，随着复杂建设项目的逐步深入，这些局部数据库通过网络互相连接，并与BIM总数据库进行数据交流与共享，逐步完善BIM总数据库和各参与单位局部的数据库。

2.3.2　全生命周期信息管理体系的建设

基于 BIM 的复杂建设项目全生命周期信息管理的成功实施受到很多因素影响，而组织体系的建设是信息管理成功进行的重要保证。下面主要从业主驱动、项目各参与方之间虚拟组织模式以及组织文化的建立三个方面探讨保障基于 BIM 的信息管理成功实施的管理体系的建设。

1. 发挥业主的驱动作用

进行复杂建设项目全过程管理可以极大地提高业主的受益程度，为了获得更大的利益，业主方应该积极推进 BIM 技术在复杂建设项目全过程中的应用，以便更好地进行复杂建设项目全过程信息化管理。业主在基于 BIM 的生命期信息管理过程中起驱动作用，利用复杂建设项目全过程的信息对建设项目各参与单位进行管理，协调各个单位之间的工作，实现复杂建设项目全过程信息管理的目标。

业主需要对复杂建设项目全过程的活动负一定的责任，因此业主应该积极推进项目信息管理，合理安排各参与单位的活动，大力推广 BIM 技术在复杂建设项目中的应用，促进复杂建设项目全过程信息的交流与共享。为实现业主的驱动作用，可以采取以下措施：

（1）经济措施

业主可以从复杂建设项目中获得很大的好处，因此业主可以承担建立网络协作平台的主要费用，这样不仅减轻了项目其余参与人员的负担，激起他们的积极性，有助于提高工作效率，还可以提高硬件设施的质量，为网络协作平台的建立提供更好的创新空间。

（2）合同措施

复杂建设项目信息管理主要利用网络协作平台在互联网上进行，互联网上的不安全因素很多，这都对复杂建设项目信息管理提出了一定的挑战。为了更好地进行复杂建设项目信息交流，需要进行权限规定以保障各参与方的切身利益。故业主应该与各参与方签订一些合同条款，说明各个单位的职责与义务。

（3）管理措施

随着建筑市场越来越规范化，复杂建设项目管理显得极其重要。业主可以通过制定奖惩办法、加强人员管理、明确权限等管理方法进行项目管理。通过制定信息管理制度，确定网络协作平台进行信息沟通的方式，并设置相关权限，保证项目信息的安全使用。

2. 建立网络制组织模式

复杂建设项目全过程涉及不同的阶段、许多建筑行业相关人员，并且由于建设工程是在全国范围内开展的，涉及的地理位置极其宽广，项目组成员临时变动，种种原因导致了复杂建设项目组成员之间在利用互联网进行信息沟通与交流时，都面临巨大的挑战。因此，为了更好地进行复杂建设项目全生命期信息管理，必须构建网络制组织模式。项目管理成员和项目成员是网络制组织的重要构成元素。前者主要由一些精通 BIM、网络技术，并了解网络协作平台、精益建设思想、项目管理理念的人员构成，主要负责通过网络平台对复杂建设项目组成员进行安排和管理，对复杂建设项目进行进度管理，并保证网络协作平台的安全。后者主要指复杂建设项目的各参与单位，服从复杂建设项目的总体目标和项目管理成员的管理，为实现项目目标而努力。网络制组织模式相比传统的项目组织模式而言，具有以下三个特点：

（1）参与方地位平等

复杂建设项目各参与方利用虚拟的网络进行信息管理，他们在信任的基础上进行信息交流与共享，实现项目全生命期的信息集成与共享。

（2）组织结构扁平化

组织结构扁平化是指改善公司一层又一层的结构，减少公司管理层次，加强管理力度，进行裁减冗员，促进信息传递，大大提高管理组织的管理幅度与效率。

（3）具有动态联盟特性

动态联盟是指由多个参与方共同构成的一种暂时的相互信任合作的组织，可以在较短的时间内对市场变化做出应对之策。在复杂建设项目全过程中，由于项目涉及的人员、物资众多，项目环境也不断发生变化，只有形成动态联盟组织，各参与方才能更好地进行合作与交流。网络协作平台是由各参与方的数据库组成的数据库系统，也具有虚拟组织的特征。

3. 组织文化建设

目前流行的项目管理模式，如设计－投标－施工（DBB）、设计＋施工（DB）、交钥匙和承担风险的 CM 管理模式，都把参与方置于对立的位置，即参与方的目标与项目的总体目标不一致。经常出现这样的情况，即项目的目标没有完成（例如投资超出预算），但某个参与方的目标却圆满完成（例如施工方实现盈利），这也是传统项目管理模式的一个致命缺陷。在上述传统项目管理模式下，各参与方只是将合同中规定的有关自身的内容作为努力的目标，例如项目设计是设计单位的工作，与施工方无关，因此很多设计问题直到施工阶段才会被发现，严重影响施工的工期、质量和成本（李晓东，2007）。因此根据上述网络制组织模式和网络协作平台的特点，组织文化建设的要求如下：

（1）信任文化

一个复杂建设项目的顺利完成离不开建筑行业各个专业人员的努力，在这个过程中，项目组成员之间的相互信任是极其重要的。各个专业人员通过网络协作平台进行项目信息的交流与共享，这需要建立在信任、平等合作的基础上，项目组成员之间相互合作以更好地完成项目目标。复杂建设项目中的信任文化主要针对项目而言，项目组成员之间相互信任、相互合作，将各自数据库中的信息上传到 BIM 数据库中，实现项目信息的传递、交流，为复杂建设项目目标的实现作出贡献。信任文化可以加强项目成员之间的信任，形成一种相互信任、相互合作的文化，有利于复杂建设项目全过程中的信息传递、交流和共享，有利于提高复杂建设项目的质量与效率。基于 BIM 的复杂建设项目全生命周期

的信息管理系统通过网络协作平台进行信息管理，项目各参与方应该秉承信任文化，不仅成员之间相互信任，也要对基于 BIM 的信息管理充分信任，通过相互合作来促进复杂建设项目信息管理的建设和发展。

（2）利益趋同

业主是复杂建设项目的受益者，需要推进复杂建设项目的建设进程，负责组织安排复杂建设项目的进度与任务。因此，在复杂建设项目开始动工前，业主应该制定一个复杂建设项目的总目标，在该目标的统筹下指挥复杂建设项目的各种活动。复杂建设项目各参与方都应该接受总目标的领导，为了总目标的顺利完成而做出努力，只有大家同心协力，才能减少各参与方之间的矛盾，消除摩擦，在建设项目全过程中完全展现出自己的能力与效率。

（3）沟通文化

复杂建设项目全生命周期的信息管理涉及许多参与方，因此这些参与方之间应该进行沟通交流，只有相互沟通才能更好地相互合作、相互协调，实现建设项目的目标。在项目管理全过程中，各参与方之间的沟通方式有许多种，比如垂直沟通、水平沟通、单向沟通、双向沟通、语言沟通、非语言沟通、书面沟通和口头沟通等，只有进行有效的信息沟通，才能更好地进行建设项目信息管理，更好地实现复杂建设项目的目标。因此，需要利用网络协作平台进行有效的沟通，更好地进行信息管理。

2.3.3　全生命周期信息管理实施的保障

网络协作平台的构建和组织体系的建设，是从理论上探讨基于 BIM 的复杂建设项目信息管理的实施，而在具体实施方面，应该从人员保障、软硬件平台的确定两个方面做好保障。

1. 人员保障

（1）明确参与方职责

基于 BIM 的复杂建设项目全生命周期信息管理的关键是要创建 BIM 模型，由前文的论述可知，BIM 模型的形成是一个不断集成的过程，如何保证 BIM 模型创建过程中建筑信息提取和输入的质量，保证需要的信息等能够集成到 BIM 中并做好建筑信息的管理和维护，就需要明晰建设项目各参与方的职责，通过采取业主总协调、参与方阶段负责制来保证信息传递过程的高效，提高复杂建设项目信息管理的效率。

1）业主总协调

业主是复杂建设项目的最大获益者，有责任组织建设项目全过程的所有活动。在利用 BIM 进行建设项目信息管理的过程中，业主负责对 BIM 的使用进行管理，指挥各参与方利用 BIM 进行项目建设，对 BIM 使用过程中可能会出现的一些问题进行防范。业主应该采取一些措施来确保每一个参与方都能较好地建立 BIM 模型，并利用 BIM 进行项目信息管理，保证各参与方的利益。

2）参与方阶段责任制

复杂建设项目是由多个阶段组成的，因此基于BIM的建设项目全过程信息管理模型在建立过程中也需要考虑每一个阶段工作信息的差异。作为设计方只对设计阶段的工作非常了解，而对施工阶段的工作并不清楚，因此对于BIM的应用也是如此。所以在前期策划、设计、施工、运营维护等不同阶段，分别由业主方、设计方、施工方、物业方负责相应阶段的BIM模型，即作为阶段责任方，按照合同、法律法规、政策规范的要求进行管理，并随时根据工作开展情况对BIM模型中的信息进行集成和管理。

3）其他参与方配合制

除了各阶段的责任方以外，BIM的参与者还有很多，如生产厂商和材料供应商、政府部门等。非本阶段的责任方以及其他阶段性的参与方应积极配合责任方进行BIM模型中信息的收集、提取和输入，在过程中及时发现存在的问题，并将问题反馈给该阶段的责任方，由责任方及时做出处理，并将处理后的结果反馈到BIM模型中。

（2）重视人员培训

基于BIM的信息管理是新的方法理念，可以进行性能分析、冲突检测、设施管理等，但是这些应用都是基于相对应的子BIM模型，涉及大量BIM软件的应用，因此项目参与方不但需要掌握相关的BIM软件，还需要熟悉计算机和网络技术，所以应从以下两个方面开展复杂建设项目参与方的培训工作。

1）BIM软件及PIP等相关信息技术的培训

BIM技术逐渐在复杂建设项目管理中进行应用，必将会为建筑业带来一场技术革命。BIM技术对于大多数复杂建设项目参与方来说还是比较陌生的技术，因此要对相关的项目参与人员进行软件培训，主要内容有BIM软件知识、BIM软件应用、PIP的使用、计算机和网络知识、办公软件，以及其他基于网络的信息交流工具的使用等，其中相关的BIM软件和PIP的培训可以委托给相关的专业推广机构。

2）信息管理流程及组织文化培训

在复杂建设项目全生命周期信息管理中引入BIM技术后，信息管理大多是基于网络环境进行的，相关的参与方不用坐在一起面对面地沟通协调，原来的沟通方式将改变，因此参与方应及时熟悉和掌握基于网络协作平台进行信息管理的流程。同时，要强调信任文化、利益趋同在信息管理中的重要性，以保证参与方能够形成统一战线，实现各方利益的均衡。

2. 软硬件平台的确定

软件和硬件的确定是从技术措施上保障基于BIM的复杂建设项目信息管理的实施。通过软件和硬件构建网络协作平台，因此软硬件的选择对于信息的存储、获取以及参与方之间高效交流至关重要。每个参与方都应该有必要的硬件设备，如计算机、公司内部局域网、能与外界联系的网络设备，以保证基于BIM的网络协作平台的形成，保证基于互联网的交流和沟通的顺畅性。计算机设备在选择上要能够满足BIM数据库的容量要求，

还应该有能满足网络会议的视频工具等。而业主方作为总协调人，除了上述基本的硬件工具外，还应该有能够满足来自于不同参与方的各种形式的数据集成和交换平台，该BIM信息集成平台要能够满足复杂建设项目信息在规模、数据标准和网络协作方面的需求。软件的选择主要基于BIM的应用软件和PIP产品的选择。BIM模型的建立以及BIM的应用在很大程度上依赖于BIM软件。BIM软件不止一个产品，有很多种类型，在选择BIM软件时，也要充分考虑其对数据标准的支持、与其他软件接口的兼容性等问题。而PIP的选择和购买一般由业主方牵头或承担，因为业主方获益最大，可以避免其他参与方在应用PIP产品时的抵触情绪，调动他们的积极性。在选择PIP产品时要保证足够强大、安全，足以保证用户进行连续调整和改进，满足建筑规模以及市场需要。Autodesk的Buzzsaw就是众多PIP产品之一，其使用广泛。

2.4 本章小结

复杂建设项目的结构复杂、参与方众多、建设周期长，如何实现项目全生命周期各阶段信息的共享和利用，是目前建筑业亟待解决的问题之一。本章以复杂建设项目信息管理为对象，通过阅读大量的文献资料和分析研究，在详细分析复杂建设项目全生命周期各阶段信息的特点、归纳总结目前复杂建设项目信息管理存在的问题以及出现信息管理问题的原因的基础上，展开基于BIM的复杂建设项目全生命周期信息管理的研究：构建了基于BIM的建设项目全生命周期信息管理框架，分析了支持BIM信息管理的网络协作平台的构建，阐述了信息管理体系建设以支持基于BIM的信息管理；从理论层面上提出了信息管理的框架体系以及相关的实施保障，在框架体系的完善和具体实现方面以及基于BIM的信息管理的具体实施过程中涉及的技术问题还有待进一步研究。

本章参考文献

[1] Aouad G，Wu S，Lee A. N dimensional modeling technology：past，present，and future [J]. Journal of Computing in Civil Engineering，2006，(3)：151-153.

[2] Blaha M，Premerlani W. 面向对象的建模与设计在数据库中的应用 [M]. 宋今，赵丰年，译. 北京：北京理工大学出版社，2001.

[3] Fu CF，Aound C，Lee A，et al. IFC model viewier to support nD model application [J]. Automation in Construction，2006，(15)：178-185.

[4] Schein J. An information model for building automation systems [J]. Automation in Construction，2007，16(2)：125-139.

[5] Isikdag U，Underwood J. Two design patterns for facilitating building information model-based synchronous collaboration [J]. 2010，(19)：544-553.

[6] Zhang J P，Hu Z Z. BIM-and 4D-based integrated solution of analysis and management for conflicts and structural safety problems during construction：1.principles and methodologies [J]. Automation in Construction，2011（20）：155-166.

[7] 陈建国，周兴 . 基于 BIM 的建设工程多维集成管理的实现基础 [J]. 科技进步与对策，2008（10）：150-153.

[8] 陈宇军，刘玉龙 . BIM 协同设计的现状及未来 [J]. 建筑设计信息化，2010，2：26-29.

[9] 陈远，张雨，张立霞 . 基于 IFC/IDM/MVD 的建筑工程项目进度管理信息模型开发方法 [J]. 土木工程与管理学报，2020，37（4）：138-145.

[10] 邓雪原，张之勇，刘西拉 . 基于 IFC 标准的建筑结构模型的自动生成 [J]. 土木工程学报，2007，40（2）：6-12.

[11] 丁士昭 . 建筑工程信息化导论 [M]. 北京：中国建筑工业出版社，2005.

[12] 方立新，周琦，董卫 . 基于 IFC 标准的建筑全息模型 [J]. 建筑技术开发，2005，32（2）：98-100.

[13] 李伟光 . 分专业协作 BIM 体系实现 [J]. 土木建筑工程信息技术，2010，2（3）：28-32.

[14] 李晓东，张德群，孙立新 . 建设工程信息管理 [M]. 北京：机械工业出版社，2007.

[15] 李永奎，乐云，何清华 . BLM 集成模型研究 [J]. 山东建筑大学学报，2006，21（6）：544-552.

[16] 刘晴，王建平 . 基于 BIM 技术的建设工程生命周期管理研究 [J]. 土木建筑工程信息技术，2010，2（3）：40-45.

[17] 马中军，王晓威，张延欣，等 . 基于 BIM 技术的绿色建筑项目全过程信息管理 [J]. 建筑结构，2020，524（8）：168-168.

[18] 宋战平，肖珂辉，成涛，等 . 基于 BIM 技术的隧道全生命周期管理及应用研究 [J]. 西安建筑科技大学学报：自然科学版，2020，52（1）：47-53.

[19] 肖伟，胡晓飞，胡瑞 . 建筑行业的挑战与 BLM/BIM 的革新及应用 [J]. 中国勘察设计，2008（1）：68-70.

[20] 张建平 . 基于 BIM 和 4D 技术的建筑施工优化及动态管理 [J]. 中国建设信息，2010（1）：18-23.

[21] 张立军，苏萍 . 项目信息门户成功运用的组织环境分析 [J]. 现代管理科学，2005（11）：40-42.

第 3 章 BIM 全生命周期的应用研究

BIM 全生命周期的应用在信息处理、协同工作、专业任务能力上相较于传统模式有着巨大优势，而信息管理仅为其中一方面。本章将接续上一章信息管理的内容，构建基于 BIM 的复杂建设项目全生命周期应用框架，分析 BIM 在全生命周期实施的软件平台构建以及本土化发展策略，展开对 BIM 全生命周期应用的整体研究。

3.1 BIM 全生命周期应用优势及发展现状

3.1.1 BIM 的核心——信息处理能力

在我国项目实施过程中，项目全生命周期内各阶段相对独立，项目各参与方信息交流的方式主要基于图纸类文件，这很容易造成信息断层和信息相对孤立，而且在信息传递过程中很容易导致信息丢失，即使在各阶段实施过程中采用一定的软件系统，各软件之间的数据信息也难以完成完全的转化和传递，更不用说信息共享。根据上述情况，再结合 BIM 概念可以得知，BIM 是一个共享性非常强的数字化模型，该模型可以通过三维数字技术将复杂建设项目各阶段以及各参与方的信息集成在一个工程信息数据库模型中，这个数据库模型也是实现项目全生命周期体系应用与管理的基础。项目全生命周期信息数据模型建立、管理与共享的优势正是 BIM 能被人们广泛接受的重要原因之一。项目全生命周期实施过程中存在不同的阶段，不同阶段对应了不同的模型，BIM 数据源是单一对应的，因此各阶段模型的信息是一致的。比如几何构造等基础信息不用重复录入，上个阶段与下个阶段对应一致的信息可自动传递到下个阶段，如果在某一阶段对某一信息进行了修改和扩展，由于 BIM 信息模型存在着支持数据信息动态变化的特点，相关人员也无须再去关联阶段修改数据信息。对于这些优势也可以这样理解，BIM 信息模型是一个完善的数据模型，模型中不同阶段的信息是独立又联系的。当模型中某个对象发生变化时，与之关联的对象也会发生同样的改变，但更改其中独立的信息时又不必修改其中很多有联系的数据，此特性可保证项目全生命周期数据的一致性和共享性。

因此 BIM 在信息处理方面带来的优势可归纳为以下几点：

1. 关联修改性

在传统设计模式下，设计阶段进行专业设计时，不可能实现不同专业的无缝对接。由于失误产生的设计变更是不可避免的，一旦出现这类情况将花费大量的人力对设计数据进行修改，如果这些失误或变动在施工阶段才被发现或提出，就会导致项目返工，将会造成更大的资源浪费。而应用BIM软件系统，通过数据关联的方法修改这些变更的内容，可以有效消除不同专业人员之间的协调错误，提高设计的质量和精确性，节省大量的人力和财力，为后续目标的实现提供有力保障。

2. 数据一致性

BIM是数据化的三维模型，所以不同阶段、不同参与方的相关数据信息都可以整合集中在一个数据库里。因此，可以做到数据的反复利用，数据在传递过程中也不会丢失，这样就大幅减少了信息不断被重新录入的人力资源浪费，提高了数据整合的工作效率，保证了数据的一致性。

3. 信息交流性

项目建设过程持续时间长，贯穿全生命周期各个阶段，因此项目各参与方之间需要进行密切的信息交流。以项目实施过程中的一部分举例，业主方的建设意图是由设计单位进行设计并表现在建筑图纸上，然后向施工单位传达；建设过程中出现的问题可以通过协调会议的方式，将业主方、设计单位、施工单位、供应商和运营管理单位等项目各参与方集合在一起，进行信息的交流和研究，通过协商解决；施工单位、运营管理单位可以在设计阶段就介入项目中，与建筑师、结构工程师等共同完成设计任务。当能做到这些信息交流的畅通无阻，才可能保证复杂建设项目信息管理的高效高质进行。

3.1.2 BIM的应用过程——协同工作能力

协同工作是指一种网络式交流手段，可以简单理解为数据的可视化共享、方案评审、同一软件平台下的不同用户登录等，如BIM的设计协同就是指在三维图形中，构件、图形集成，各专业在同一平台中的交流。其实不光是设计协同，BIM给管理带来的便利还包括施工协同、成本协同和运营协同等。借鉴麦格劳－希尔建筑信息公司于2007年发布的报告《建筑行业的协同设计》，该公司在这份报告中分析了未进行协同设计而造成的成本增加，其中增加3%的成本是由软件之间数据不兼容导致的。这3%成本的费用包括：不同软件之间数据的重新录入、复制软件及相关数据所花费的费用以及文件版本检查的费用。因此很多最终软件购买者在购买软件时都会考虑软件协同工作的兼容性能力。

BIM技术支持下的协同工作是基于BIM完成信息模型的集成，它支持项目的全生命周期。目前，我国对BIM的探索研究还处于初级阶段，对BIM的协同工作能力应用还不适应也不熟练，但是大多数项目参与方都知道BIM能建立一个可共享的数据库，通过数据的共享，每个参与单位可在任意时间提取自己所需的任何数据，这样就可以提高整个团队的工作效率。在项目全生命周期的实施过程中，各阶段一般都采用不同的软件来辅助，那么各软件之间进行协同工作的一个具体体现就是数据传递。这里所说的BIM数据库包括两部分，一部分是该项目核心建模形成的基础数据库，不同专业部门的各个阶段都可以提取利用；另外一部分数据库则是各阶段实施过程中的扩展信息，这部分信息想要做到共享只能通过各专业的协同工作，把BIM各关联软件结合再将信息建模，从而服务于项目的各阶段。

还有一个对协同工作产生巨大影响的是随着BIM的应用，传统的二维协同逐渐转变成三维协同，这是一种全新的生产模式。在原有的设计模式中，二维设计图纸最终产物是现实场地存在的三维建筑物，但由于经历了很多相对独立的阶段，再加上数据与模型的多次转换和修改,将会影响建筑物的整体性。未来该方面的协同工作将与BIM体系结合，它使得传统意义上协同工作内容的交流成为项目各阶段本身的一部分应用过程，再加上其寿命是项目全生命周期，所以协同内容将会更加广泛，产生的效益也会更加巨大。

3.1.3　BIM的目标——专业任务能力

BIM的核心思想就是要建立一个项目全生命周期的协同工作环境，在可持续设计理念的推动下，项目实施的各个阶段都需要参与方具备强大的专业能力，从而实现提高建筑物性能的目的。如BIM在设计阶段可贡献的专业能力就是保证三维建模参数化的实现和对其进行协调达到一致；施工阶段的专业能力则体现在改善施工现场的系统协调，利用4D模拟施工过程避免冲突，以及使用5D模拟制定精细的项目全生命周期成本计算方法；在运营管理阶段，将竣工模型信息与GIS系统结合等都是其专业能力方面所能带来的优势。

3.1.4　BIM在国内的应用现状分析

BIM技术在国内的应用起步于2001年。在政策方面，2011年住房和城乡建设部发布了《2011—2015年建筑业信息化发展纲要》，界定了“十二五”规划期间建筑业信息化发展的总体目标。2012年中国BIM发展联盟成立，着力于加强我国BIM的软件开发、技术研究和标准制定。2013年中国BIM标准委员会成立，对于加快国内BIM标准体系的建设步伐，促进管理制度的改革具有重要意义。2013年中国BIM标准委员会发布了《绿色建筑设计评价P-BIM软件技术与信息交换标准》，标志着我国BIM系统编制工作的正式启动。经过这段时期的进步，我国的BIM应用研究进入了快速发展阶段。

在项目应用方面，主要应用于上海世界博览会的德国国家馆、奥地利国家馆和上汽通用企业馆、苏州星海生活广场、中央音乐学院音乐厅以及银川火车站等复杂建设项目。其应用阶段主要为设计阶段、深化设计阶段、模拟施工流程，实现了复杂建设项目施工阶段工程进度、人力、设备、成本和场地布置的4D动态集成管理以及施工过程的4D可视化模拟。

同时，BIM全生命周期应用在国内也存在许多发展障碍：

1. 复合型BIM人才缺乏

BIM从业者不仅需要熟练掌握BIM的理念和相关软件的实际操作，还必须熟悉工程方面的专业知识并具备复杂建设项目的实践经验，有可能还需要能够结合企业和项目的实际需求制订BIM的应用方案和技术标准。总体来说，对于BIM方面的人才需求，需要的是复合型人才，然而这类人才从我国建筑企业现状来看是非常匮乏的。

2. BIM综合应用模式缺乏以及应用深度不够

目前BIM的应用主要集中于设计领域，在复杂建设项目的其他阶段并没有得到很好的应用，也就是说国内大多数项目的BIM集成应用太少。而BIM所具备集成化能力强、协同化能力强等特点需要在集成应用中才能发挥出优势。此外，BIM与项目管理系统结合的应用较少，也不利于发挥BIM的最大价值。

一个完善的BIM系统需要能够连接建设工程全生命周期不同阶段的数据、过程和资源，为建设项目各参与方提供一个集成管理、协同工作、科学决策的环境。所以，推动BIM在复杂建设项目全生命周期的综合应用是建筑领域新的变革和目前的发展重心。但由于企业在这方面经常遇到资金投入量大、业务熟练度低、技术缺陷以及应用模式不完善等众多问题，导致BIM综合应用模式在缩短工期、提高项目投资收益率、降低成本等方面收效甚微，这也是目前很多企业缺乏变革积极性的原因。

3. BIM应用大环境不够成熟

第一点体现在我国目前与BIM相关的标准与法律责任界限不明。BIM技术应用于施工阶段所产生的复杂建设项目风险的承担和保险，BIM模型的所有权以及该技术模型数据错误而导致重大损失引起的索赔、争议等法律责任问题都有待设立相关法律法规和标准去解决；同时复杂建设项目各参与方之间的法律责任界限也需要明确。目前我国建筑行业的设计成果主要是以二维平面图（CAD）形式表达，BIM技术在生成二维图纸方面也缺乏国家相关标准的支持，从而导致部分细节表达混乱，这些问题都凸显了我国BIM标准制定的滞后性。此外，在不同项目参与方之间的数据交互性方面也缺乏相关标准的支持，这些都是推广BIM应用亟须解决的障碍。

第二点在于BIM软件的匮乏以及本土化程度不够。国内市场上的BIM建模软件有很多种类型，但大多用于设计和施工阶段的建模，在性能分析、施工管理、协同建造、进度分析、成本管控等方面的应用软件相对匮乏。大多数BIM软件仅能够满足单项应用，集成化程度高的BIM应用往往不能满足，与项目管理系统进行集成管理应用的软件更是匮乏。这两点成了BIM推广应用大环境不够成熟的主要原因。

4. 建筑领域传统思维及方法的转型障碍

BIM是一个涵盖复杂建设项目全生命周期内各阶段的完整技术理念，因此，国内BIM的应用正处于从单项到全生命周期的转型阶段。但是建筑信息模型的应用费用高、应用软件体系不健全、培训难度大以及短期工作效率低等不利于发展的因素，都会导致建筑行业转型的驱动力不足，同时工程技术人员对BIM的不正确的个人认知和传统二维图纸的思维方式禁锢对建筑业转型来说都是不小的阻力。

3.2　BIM 全生命周期实践与应用框架构建

3.2.1　BIM 全生命周期的应用分析

复杂建设项目的全生命周期一般包括：决策阶段、设计阶段、招标投标阶段、施工阶段、运营阶段和拆除阶段。在复杂建设项目的实施过程中，该项目的所有参与方都有自己应该关注的问题要解决。例如项目的投资成本就是建设单位所需要注意的问题，投资金额的多少、能否创造收益、收益率的高低等。对于设计单位来说，首先要考虑设计方案的可行性。对于施工单位来说，必须要重点掌握施工进度控制、工期的保证、质量的保证。而对于运营管理单位来说，则需要考虑用什么样的方法保障复杂建设项目在完工后的整体运营情况。

BIM 可以帮助复杂建设项目各参与方建立一个统一的模型，这样所有的单位都可以在同一个数据平台上进行协同工作和数据共享，再结合 BIM 的三维可视化，建设单位可以准确知道项目的工程量，并整理出十分精确的预算明细。设计单位则可以从多方面进行模拟设计，得到一个最优的设计方案。施工单位可以结合 BIM 虚拟建造的能力进行施工组织模拟，提前预测施工中可能遇到的不良影响并制定对策。运营单位可以利用 BIM 数据共享的能力进行后期的各种运营管理，保障项目的整体运营。由此可以看出，BIM 体现在复杂建设项目全生命周期各阶段的实践价值。

但是前文分析的内容表明，目前国内 BIM 的应用集中体现在全生命周期中的设计阶段，再者还面临各阶段的相对独立性、项目各参与方信息传递过程中容易导致数据丢失、各阶段的协同应用未能达到很好实现等问题。因此，要想实现 BIM 的价值最大化，就必须找到一个在建设项目全生命周期中进行统一协同的实践应用方法。

3.2.2　BIM 全生命周期的实践分析

1. 规划设计阶段的实践分析

对于项目规划阶段，以小区建设项目为例，前期进行项目定位时需要根据方案图纸设定产品分区，但是由于方案图纸作为一个二维信息只能提供建筑的大致轮廓，无法和项目的成本紧密联系，营销部门必须通过考察建筑物周围的不同环境、不同楼层、不同用途才能确定销售的价格定位。假设该项目 3~18 层为小面积办公区域，而从项目销售的经验中提取到的价格信息为楼层越高，价格可以制定得越高，那么就需要对高层部分的面积进行控制，比如考虑机房杂物间等功能性房屋占用的建筑面积应该下调。同时有的方位房间的朝向也会直观地影响着定价，那么对于此类房间也要进行面积的优化设计。面对这些问题时，对比各种不同的建筑设计所形成的价值数据，从而选出优化方案会变得非常复杂，如果存在一个可视化强、信息提取准确的方法来协助开发商评估项目价值，将会更加方便和准确。解决这一问题时就可以利用 BIM 平台，通过减少可行性研究阶段投资预算误差，对建筑模型进行合理分析，建立方案的建筑模型。建模期间对建筑的基本构件进行对比分析，将用地面积、建筑面积、外幕墙材料等基本建筑信息通过 BIM 录入到所建立的模型中，便可以做到自行分析建筑产品价值并形成数据库。

复杂建设项目的设计阶段是项目全生命周期过程中最基础和重要的环节，它不但直接影响着建安成本以及运维成本，还与工程质量、工程投资、工程进度以及建成后的使用效果、经济效益等很多方面都有着直接的联系。

首先在设计的方案阶段，需要对建筑形成一些初步方案的内容，包括建筑设计图、建筑总平面、设备专业设计说明等信息，在该阶段需要对建设项目的容积率、公共绿地面积规划、建筑红线、建筑坐标以及电气、暖通、给水排水等布设进行确定，而这些信息是影响复杂建设项目最终成本的源头，所以对这部分的管控措施极其重要。BIM 的基础设施建模（Autodesk Infrastructure Modeler）软件可以提供快速搭建规划信息和三维演示，在方案阶段，业主可以通过 BIM 直观地看到方案设计的真实情况，对周边环境进行详细地了解，从而做到对市场情况更加可靠地探讨，加强设计单位初步设计阶段对建筑功能的定位和决策能力。

其次进入初步设计阶段，需要对已确定的方案和建筑项目的实现从建筑、结构、机电等各分项专业进行进一步的细化。在此过程中要解决诸如实现建筑方案应采取的结构方式，通过对主体结构特征参数的计算，得出一个较为合理的结构形式等工作，还要分析为达到建筑功能需采用的供电、供暖、供水方式等。此时，各不同专业的配合推动建筑功能的实现就需要考虑施工时的难度、主要设备材料、运行维护费用等问题，大型公建类项目很大可能会涉及扩大初步设计，从而对建筑实施的可行性、概算等问题进行论证。由于初步设计图纸的深度问题，根据初步设计所得的概预算经常与实际项目形成的成本有着较大的出入。这时的概算不准确会导致建设单位对项目的价值评估偏离，从而引发复杂建设项目资金预估不足导致停工或由于建安成本增加导致房价上涨等问题。通过 BIM 组建的模型可以准确地定位建筑信息，还可以通过 PKPM、鲁班软件（鲁班软件股份有限公司系列软件，本书简称为鲁班软件）等 BIM 造价算量软件进行工程量计算，由计算机得到的计算结果很好地避免了人为概算的失误率，也更加精确。

最后，初步设计阶段结束后进入施工图设计阶段，该阶段各个专业综合绘图时经常会有“错、缺、漏、碰”的情况，主要是由于设计师只顾自己专业领域的设计，在各专业间互提条件和整改要求时，也经常因为沟通平台的不一致导致发生设计的错漏，例如结构留洞与建筑留洞的移位、大小不一，机电设备管线与梁相碰等问题。这些都是将来施工中的隐患，留洞错误会导致建筑物千疮百孔，机电管线与土建的碰撞引起各种拆改砸，这种情况出现时就必须要进行设计的大量变更，又会直接影响着工期、成本甚至项目使用。而 BIM 目前最常被用到的就是在机电管线综合碰撞检查、结构与建筑模拟检查、门窗检查等方面，利用 BIM 三维可视化的特性，以及数据信息资源的统一性和关联性，可以快速查找出有问题的地方并及时加以修正。在施工过程中，减少“错、缺、漏、碰”带来的设计变更和工程隐患。除了能利用 BIM 的可视化对项目设计阶段作出贡献，其基于BIM模型的可持续设计也有很大的意义。随着国家对绿色建筑、可持续设计的越发重视，建筑的性能分析也逐渐成为方案设计需要考虑的事情，借助Autodesk Ecotect、Autodesk Project Vasari等软件可以对建筑项目的整体和局部空间做出相应的风洞模拟、FI日照阴影分析、可视度分析、采光和热环境以及声环境模拟，为绿色节能设计提供了强有力的支持和参考依据。

2. 项目施工阶段的实践分析

施工阶段是建筑物实体的成形阶段，是人力、物力、财力消耗的主要阶段。此阶段工程量大、涉及面广、影响因素多，经常会遇到施工周期和政策变化、材料设备价格调整、市场供求波动等问题。要提高复杂建设项目的最终质量，合理控制工程造价，发挥投资效益，就要在施工阶段加强对工程建设的管理，以及对复杂建设项目建设全过程的控制。通过之前对BIM模拟特性的介绍，了解到在施工进程中，利用BIM建立的3D模型模拟各阶段的施工工序，可以对施工组织计划和施工进度计划进行直观地制定和管理。根据建筑信息模型的相关数据信息，施工单位还可以将建筑信息模型与施工计划与材料采购计划进行5D集成整合，直接生成材料统计资料，这一步对施工单位进行材料采购和进度备料有着不小的帮助，可以减少材料的浪费，控制建设成本。所以利用前文提到的BIM在施工阶段的优势和价值，可以在施工过程中的很多方面产生实践影响。下面仅以其中的几个典型应用为例说明。

（1）基于BIM的生产管理

在构件生产阶段和物流运输阶段，通过BIM可以完成对厂区物流的管理、厂家发货管理等。在现场施工阶段，BIM又可以完成现场手持设备管理、施工管理、远程可视化、现场堆放管理等工作。

（2）基于BIM的施工模拟

在后期施工模拟阶段，在已设计好的3D-BIM模型数据库的基础上，可以通过将施工进度数据与模型对象相关联，产生具有时间属性的4D模型。借助Autodesk Navisworks的API，实现基于Web的3D环境工程进度管理。还可以在4D基础上增加成本信息，形成5D模型，从而对施工进程中的材料采购工程量、采购时间、进度备料进行统计，达到减少施工材料浪费的目的。另外，在工程竣工时，建筑信息模型在施工过程中可以录入索赔和变更等相关信息，竣工结算时便可直接由BIM得到结算值，这样可以较好地避免结算阶段造成的争议，能有效地帮助建设单位控制造价。

（3）基于BIM的工程变更应用

工程变更是在复杂建设项目管理中很难规避的风险，但结合BIM技术对其进行变更管理可以有效地减少变更的次数以及变更引起的工期、成本增加。

首先，BIM的可视化能力起到关键作用。相比其他而言，建筑信息模型更容易在形成施工图前修改完善，设计师可以直接利用三维设计更容易发现设计错误，也更容易修改。BIM构建的三维可视化模型能够准确地再现各专业系统的空间布局、管线走向，其中专业冲突一览无遗，通过这样直观地观察可以提高设计深度，实现三维校审，大大减少"错、缺、漏、碰"现象，在设计成果交付前一旦消除了设计错误可以减少后续的设计变更。

其次，BIM的设计协同能力非常强大。从检查并减少各专业间的碰撞问题到构件之间的连接，可以使工作中更容易发现潜在的变更。BIM技术之所以可以做到真正意义上的协同修改，大大节省开发项目的成本，主要原因在于：BIM技术改变了以往"隔断式"的设计方式，将以前过分依赖人工协调项目内容的方法以及分段交流的合作模式改变成平行、交互的方式。发现单项专业图纸本身发生错误的概率非常小，但是设计各专业之间的不协调、设计和施工单位之间的不协调往往会导致图纸出现冲突甚至严重错误，而通过BIM的协调综合能力可以从一定程度上解决这些问题。在施工阶段，即使工程发生变更，如果是通过BIM建立的共享式模型，用BIM进行管理，就可以实现对设计变更的高效管理和动态控制。通过设计模型的建筑数据信息的关联和远程更新，建筑模型根据设计变更可以做到即时更新，这样便可以消除信息传递的障碍，减少设计师与业主、监理、承包商、供应商间的信息传输和交互时间，从而使索赔签证管理更有时效性，实现造价的动态控制和有序管理。

3. 项目运营管理阶段的实践分析

在建设项目竣工和移交物业后，经常需要解决建筑问题、进行设备维护和布置合理的管线走向，通常这些问题只能通过查找竣工图纸解决。而物业部门熟悉图纸往往是一个耗时很长的过程，人力资源的调动和流失也对建筑产品的后期运维带来很大困难，对于租售的业主来说更是不小的麻烦，这些问题总会导致物业陷入索赔及拖欠物业费等麻烦。在处理自持项目运营问题时，建筑整体性能的衰减、设备的使用损耗，都会导致项目资产评估值变低，整体项目移交或出售时，也难以避免让未来业主产生怀疑。

运营维护成本是建筑产品运行后的主要成本，对于建筑、设备等的维护都会直接影响着建筑产品的寿命，能源的浪费与消耗也是项目产品运行后要面临且必须协调解决的问题。利用BIM模型和基于Revit软件的FM System，可以带给业主更好的空间利用率以及能耗管理，也为物业精益化的维修保养管理提供了更高的建筑绩效表现及更长的设备寿命。

3.2.3 基于BIM的全生命周期应用框架总体设计

复杂建设项目全生命周期的实施涉及多单位以及多专业参与，项目各参与方之间信息的交换非常复杂，在信息传递过程中容易出现流失和错误，不利于建设项目全生命周期的应用与管理。因此，基于BIM的全生命周期管理框架的构建思路在于改变传统的信息传递方式，利用BIM创建的信息集成性强和共享性强的优势，来实现建设项目真正的全生命周期管理应用。对于这一应用框架的整体构建应该从以下三个层面展开：

1. 框架构建的基础——数据信息

BIM管理的实施需要很多软件协同合作，但在实施过程中不同性质的软件数据格式不完全开放，经常会出现不兼容的问题，这会成为BIM信息交流的一大障碍。而且这一

情况与 BIM 数据共享的理念是背道而驰的，所以如何使这些不同性质、不同专业的软件包含的各种数据在应用过程中能够被共享，是目前要实施 BIM 全生命周期应用所亟须解决的问题，也是最基础的问题。

2. 框架构建的载体——模型建立

BIM 应用的信息载体是多维模型，从复杂建设项目最开始的概念设计阶段到项目完工后的运营管理阶段，整个项目全生命周期的所有数据信息都包含在所创建的这一多维模型之中。在项目全生命周期管理实施的各个阶段，都会形成对应的子系统，不同专业的工作过程中也会形成对应的子系统。而所构建的这一多维模型的作用就是将各个子系统联系到一起，形成一个有着高度协同性的整体模型，其中包括项目全生命周期管理过程中规划、设计、施工、运营等各个阶段的模型，如图 3-1 所示。通过对整体模型的讨论协调和整改，最终实现项目全生命周期的管理。

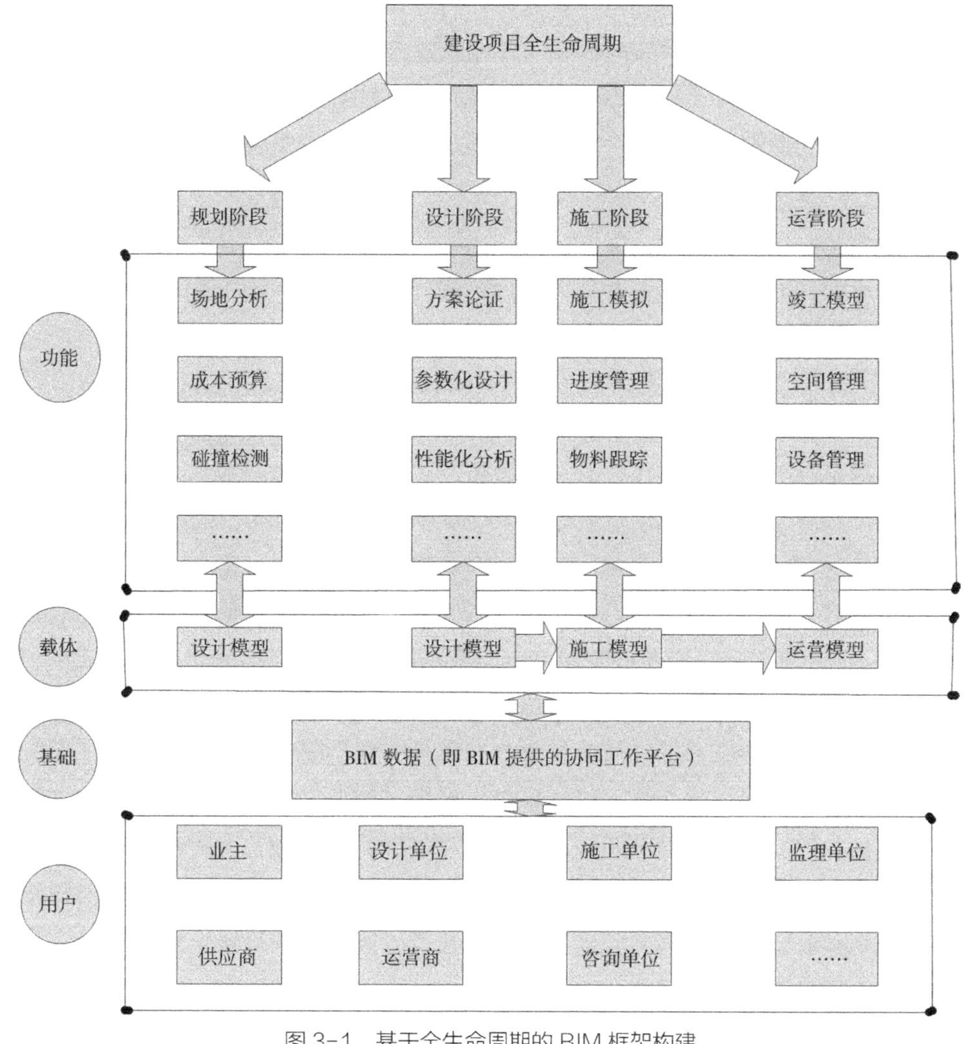

图 3-1 基于全生命周期的 BIM 框架构建

3. 框架构建的功能——实践应用

BIM 构建一个高度集成且共享性强的多维数据模型，其最终目的是 BIM 在全生命周期各阶段实现其价值，发挥其优势并使其功能最大化地服务于项目。例如 BIM 可实际应用到项目不同阶段的碰撞检查、施工模拟、空间管理等。根据以上框架构建的初步思路，对 BIM 在项目全生命周期的应用构建模型如图 3-1 所示。该框架由三个层面组成：首先构建一个基层数据库，不同阶段数据信息通过载体来集成和共享，每个阶段的载体则建立一个对应的模型。

3.2.4 基于 BIM 的全生命周期应用框架基础分析

利用 BIM 软件建立的数据库是项目全生命周期应用的基础，也是每个复杂建设项目全生命周期数据建立、传递和共享的唯一平台，在项目进行过程中企业也会将项目不同阶段、不同专业的模型集中在一个数据库里。这样的好处在于项目各个阶段的各参与方可以根据自己的需求从数据库中调取数据，还可以通过将自己协商分析甚至修改的数据录入到数据库中，不断改良完善数据信息，还能有效避免数据的丢失以及数据的重复输入。根据上述分析和 BIM 的特点，数据的开放性以及共享性对于实现 BIM 全生命周期的应用就显得尤为关键。要做到这一点，那么与数据相关的工作主要包括数据的存储、交换和应用。

1. 数据储存

项目全生命周期各个阶段和各个单位的工作内容都不相同，任务目标也不一样，其间所产生的数据信息也不相同，例如设计阶段经常涉及的数据有招标投标文件、合同文件、法律法规相关文件、施工组织设计以及图纸审查意见等内容；施工阶段会涉及的数据信息一般有工程信息概况、进度计划、质量保证计划、成本控制以及资源计划等数据信息；项目运营管理阶段一般包括的数据信息有设备的使用信息、房间布置、空间信息、住户档案资料等。所有这些相关的信息数量庞大、类型繁多，而且会不断发生动态变化，这就使数据信息的存储变得非常困难。所以，在数据存储过程中，工作人员必须要先了解信息的类型和分类标准，还有相关信息所处的阶段，才能保证数据的存储和检索能高效应用，最终实现不同专业以及不同阶段间有关数据信息的各种操作能高效准确地实行。

2. 数据交换

在传统的数据管理模式下，信息的交流和传递方法主要依赖纸质手段，经常导致数据信息的丢失以及数据不能直接在后续阶段中使用，例如设计阶段的数据很难直接在运营管理阶段被使用，这种情况不利于项目全生命周期目标实现。BIM 应用时这些问题也会出现，其根本原因在于不同专业需要结合不同的 BIM 软件进行分析，但由于软件数据标准的不统一和数据接口的影响，会使数据交换难以体现在项目全生命周期中。要解决 BIM 不同软件间信息交换的问题，就需要制定统一的数据标准格式，现在被全世界普遍接受的数据格式是由国际协同工作联盟组织（IAI）研究的 IFC 标准格式。IFC 标准设立的最终目标是使复杂建设项目中不同专业以及同一专业工作过程中使用的不同软件可以共享同一个数据源，从而实现数据的共享和交互。通过引入IFC，在复杂建设项目的整个生命周期中可以提升沟通能力、生产力、时间、成本控制能力和质量控制能力，为全球的建筑专业与设备专业中的各个阶段的数据信息共享提供了一个普遍意义的基准。如今越来越多的建筑行业相关产品提供了IFC标准的数据交换接口，使得多专业的设计、管理一体化整合成为现实。在我国基于IFC标准的数据存储和交换应用以及研究才刚进入起步阶段，但是大家都很认可它所能体现出来的数据存储和交互性，不过对于IFC数据标准的研究还有待更多研究人员的努力。目前国内上海交通大学BIM研究团队已自主研究开发了上海交通大学基于IFC标准的BM协同平台。

3. 数据应用

数据应用是指在复杂建设项目全生命周期的各个阶段，建设项目的所有参与方可以及时地建立、更新、访问各自所需要的数据信息。数据应用过程中项目各参与方还应关注哪些数据是需要保密的，以及哪些数据是可以共享的，做好数据边界的界定。另外，任意一个单位或专业在自己数据信息的权限内进行数据的修改和更新时，还要注意数据的联动特性，以确保数据的时效性。

3.2.5　基于BIM的全生命周期应用框架载体分析

基于BIM的复杂建设项目全生命周期应用载体是模型，在项目全生命周期的规划阶段、设计阶段、施工阶段、运营管理阶段分别对应需要建立设计模型、施工模型以及运营管理模型，从而在项目整个生命周期中充分发挥BIM的数据共享性，体现出项目各参与方协同工作的优势，真正实现BIM在项目全生命周期的集成应用。

1. 设计模型

设计模型是项目全生命周期应用载体中最基础的部分，在涉及该模型的规划设计阶段会有很多不同专业的人员参与到模型建立过程，形成一个巨大的基础信息库。该数据库中会包括建筑设计、结构设计、水暖电设计等，规划设计阶段中各专业所形成的信息传递与流动，就构成了设计模型的数据库。列举其中的三个基础模型，即建筑、结构和水暖电，可以明确看出一个设计模型数据库的形成方式。

（1）建筑模型：在BIM平台上，建筑设计师将建筑物的几何信息用三维模型表示，从而反映出项目的平面布置、空间关系、空间内容展示等。

（2）结构模型：结构设计人员根据建筑模型反映的建筑物几何信息，从力学的角度分析结构或构件的受力情况，为实现保障建筑物安全的前提下正常使用的目的，通过软件产生数据信息，该数据的变动将会关联到建筑模型的数据信息，因此也能保证数据信息的准确性。

（3）水暖电模型：设备设计人员在建筑模型与结构模型的基础上，利用BIM软件分析数据信息，处理设备的安装与布置设计，形成水暖电模型。其工作流程表达如图3-2所示。

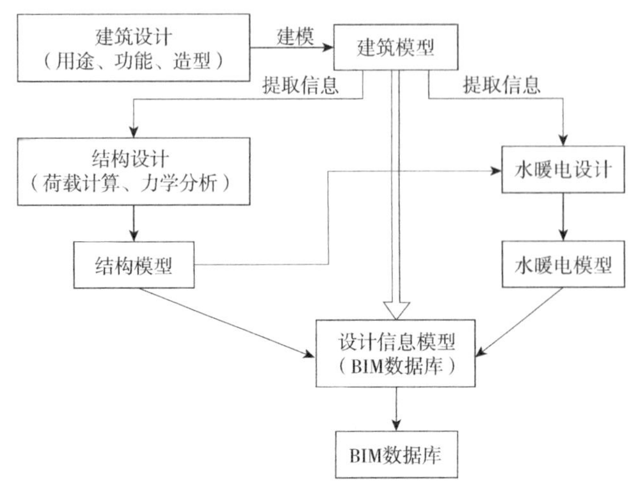

图 3-2　设计模型建立流程

2. 施工模型

目前国内施工企业所表现出来的信息化水平参差不齐，有很多大型企业已初步实现了企业的信息化管理。但很多施工企业信息化程度还比较低，信息基础平台不健全，这就导致专业软件的作用很难发挥，在使用施工软件时不能直接调用设计模型中的数据信息，还需要将设计的数据信息重新输入软件内，浪费了大量的人力和时间。基于 BIM 技术建立的施工模型，可以直接从设计模型中提取信息在施工阶段使用，施工过程中发生的各种资源利用和管理工作又会增加不少施工相关数据，例如成本、进度、质量等，把这些数据录入到数据库中，又可以与其他阶段相关联，这对于项目全生命周期的实现也有很大的益处。

3. 运营管理模型

和设计模型数据不能为施工模型所用的道理相同，设计模型和施工模型的数据也很难为运营管理模型所用，如需使用就需要在运营管理模型中重新输入数据，浪费大量的人力和时间且容易出错。但基于 BIM 的运营管理模型可以集成设计模型与施工模型中的所有信息，利用 BIM 信息共享的能力可以形成可视化模型，从而对建筑物进行更加合理高效地运营维护。

3.2.6　基于 BIM 的全生命周期应用框架功能分析

1. 设计模型功能分析

对于设计模型，列举两个最典型的应用：

（1）管线的碰撞检查：碰撞检查是指在施工前利用电脑提前检查复杂建设项目中各专业在空间上会出现的碰撞冲突。传统的做法是各专业先进行独立的设计工作，在施工前再进行图纸会审，如果出现问题再进行修改。这样做的最大问题在于如果图纸会审时没有发现图纸冲突，施工时出现问题就得返工，浪费了很多资源。而基于 BIM 可以创建管线综合碰撞模型，利用 BIM 的三维可视化特点，可以预演管线的布设，施工方可以通过这一模型准确发现问题，其构建模型如图 3-3 所示。

（2）成本的估算：成本估算的发展经历了纯手工演算、工程造价软件计算以及基于BIM的软件成本预算。纯手工演算的问题显而易见，出错的概率非常大且不容易修改；工程造价软件计算需要将CAD图纸的数据信息输入到软件中，如果数据发生改变或需要利用到其他阶段，需要重复输入。如果利用BIM其信息集成性强的特点，可以做到项目的信息共享，如果信息发生改动，BIM也能实现数据的关联变动，从而保证成本估算的准确性，其模型构建如图3-4所示。

2. 施工模型功能分析

对于施工模型的应用，列举两个应用较为广泛的功能进行分析：

（1）场地管理：传统施工模式下的现场管理方法是项目各参与方在现场通过图纸的比对进行，这种方法效率低且不够精确。基于BIM的施工现场管理通过对项目完整信息的集成，

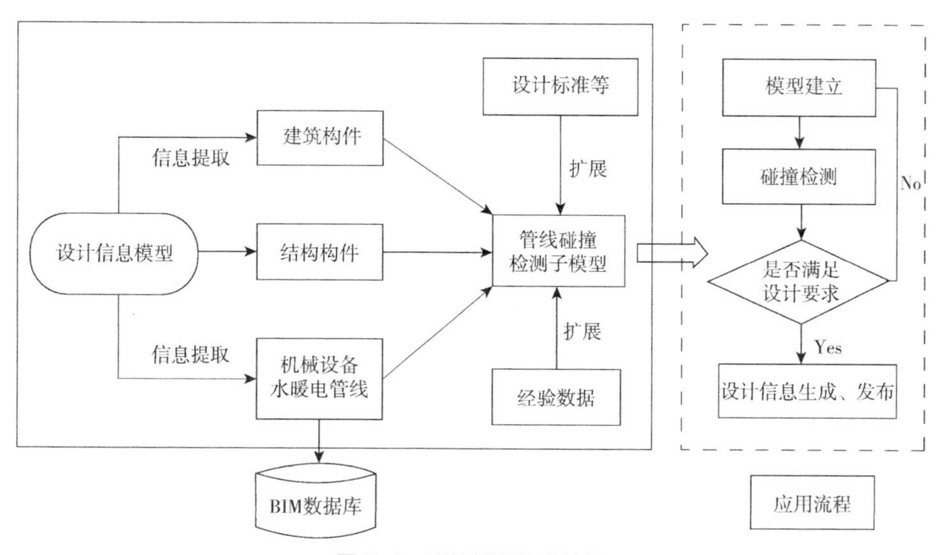

图3-3　碰撞模型构建流程

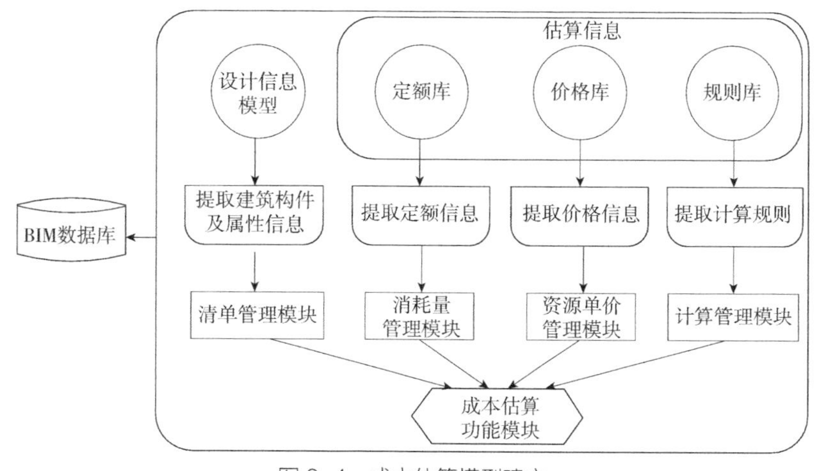

图3-4　成本估算模型建立

为项目人员的交流提供了一个可视化交流平台，及时排除风险，减少错误率，也提高了效率。通过构建一个可视化模型，可以直观准确地看出现场布置的合理与否，非常直接且准确。

（2）进度管理：建筑施工过程随着工程规模的扩大，复杂程度也会不断提高，因此施工过程是一个时刻呈现动态变化的过程，这使得目前项目进度管理中使用最广泛的横道图和网络计划图等二维手段，由于可视化程度低的缺点不再满足表达项目进度的要求。采用BIM施工进度管理，可以结合设计模型提供的数据信息再加上时间信息，从而建立一个可视化的4D模型。那么利用4D模拟技术便可以实现施工进度的模拟，从而对整个施工进度进行更加高质高效地管理和协调。

3. 运营管理模型的功能分析

基于BIM的运营管理模型使用最多且最有利的几个应用点：设施管理、用户管理、空间管理以及灾害防护。

（1）设施管理：传统模式下，因为设计、施工和运营管理的数据信息独立割裂工作，在运营管理阶段大量的设备信息需要被重新录入到运营管理系统，导致人力、物力和时间的大量浪费。采用BIM技术后，储存在BIM模型中的设备信息能从设计阶段、施工阶段关联并传递到运营管理系统中，这一优点大大减少了运营初始阶段时间和人力的消耗。利用BIM数据中记录的信息，还可以提前对资产的使用状态做出合理的判断，从而提高设施的使用性能和安全评价，并降低维护成本。

（2）用户管理：运营阶段的用户管理是指利用BIM技术可以随时记录用户的基本信息，例如房屋的销售与出租、物业的管理维护信息、访客信息记录等，这些信息的管理和集成可以提高运营阶段的管理水平和效益。

（3）空间管理：空间管理是指通过BIM模型记录的数据信息，查看并分析建筑物空间的使用情况，这可以帮助业主合理利用空间、节约成本，也可以为客户提供更好的生活环境。如果用户有空间变更上的需求，则可以利用BIM模型分析空间的使用现状，对建筑物空间重新进行合理布置，确保空间达到利用最大化。

（4）灾害防护：由于BIM有与之相关的灾害分析软件，所以在灾害发生前，使用BIM的虚拟现实技术可以对灾害发生进行模拟，分析灾害发生的原因，并制定合理预防灾害的措施，还可以针对灾害发生时人员的疏散、救援最佳应急预案进行制定。在这个阶段，利用BIM的可视化技术，可以直观地向工作人员、客户等展示灾害的应急预案，使用户更安心。

3.3 BIM在全生命周期应用的实施保障

3.3.1 软件平台构建保障

BIM是一种建筑的信息化理念，是一门技术，而不是单一的软件，但是BIM的实现手段是软件。复杂建设项目全生命周期由多个不同阶段组成，每个阶段都会应用至少一种专业相关软件。所涉及的软件主要分为两大类：BIM核心软件和BIM关联软件。

1. BIM 核心软件

BIM 核心软件是指整个 BIM 应用的核心组成内容，目前国内市场上主流的核心软件包括 Revit、Bentley、Archicad、CATIA，其核心软件特点如表 3–1 所示。

BIM 核心软件体系及特点 表 3–1

软件系统	特色	局限性	国内应用情况	适用项目
Revit	参数化强，支持所有阶段的设计和施工图纸	需要更加符合国内标准的族文件	软件齐全，是目前普遍认可的 BIM 软件	民用建筑
Bentley	有一整套完整的解决方案	熟悉的人少，格式不流行	在工厂设计和基础设施领域优势巨大	工业设计和基础设施
Archicad	最早具有市场影响力的软件	与国内地区与设计院多专业体制不匹配	最早进入中国	单专业建筑事务
CATLA	全球顶级的机械设计制造软件	构建过程过长	因其价格高昂，国内使用不流行	完全异形项目

2. BIM 关联软件

对 BIM 关联软件的分析如表 3–2 所示。

BIM 关联软件分析 表 3–2

BIM 关联软件	国外	国内
BIM 方案设计软件	Onuma，Affinty	广联达鸿业软件
几何造型软件	Rhino，SketchUP，Formz	空白
可持续分析软件	Ecotech，IES，Green Build Studio	PKPM
机电分析软件	Trane Trace，Design Master，IES Virtual Environment	博超软件，广联达鸿业软件
结构分析软件	ETABS，STAAD，Robot	PKPM
可视化软件	3DS Max，Ligtscape，Accurender，Artlantis	空白
模型检查软件	Sloibri	空白
深化设计软件	Tekla Structure	探索者软件
模型碰撞检查	Navisworks，Projectwise Navigator，Solibri	空白
造价管理软件	Innovaya，SoHbri	鲁班软件，广联达软件
运营管理软件	ArcWbus，Navisworks	空白
发布和审核软件	PDF，3D PDF，Design Review	空白

备注：（1）广联达科技股份有限公司系列软件，本书简称为广联达软件。
（2）北京博超时代软件有限公司系列软件，本书简称为博超软件。
（3）北京探索者软件股份有限公司系列软件，本书简称为探索者软件。

通过对比可以发现，我国在 BIM 核心软件和大部分关联软件的领域基本处于空白状态，这种状态需要引起我国政府相关部门、建设项目各个阶段的所有参与方、高校、科研机构、软件开发公司的高度重视，并制定出相应的发展战略和相关措施。

3.3.2 BIM的本土化发展

BIM系统作为当今建筑界整合设计的一个崭新的平台和服务，已被国际建筑师协会（UIA）作为建筑师职业实践政策推荐导则之一在全球推广。BIM正受到广泛关注。国际建筑师协会职业实践委员会联席主席、清华大学建筑设计研究院院长庄惟敏指出：但纵观我国目前的状况，BIM的发展和推广相当不平衡，究其原因就是从西方国家发展起来的BIM系统缺乏在我国本土化的过程，妨碍了BIM在我国的推广。

1. BIM本土化发展应持的态度

随着BIM的发展，计算机在建筑行业起到越来越重要的作用，但同时也产生BIM是万能论的这一错误观点，而这种观点是片面性的看法，是一种危机。应该认识到计算机辅助设计仅仅是一种工具，只不过其功能比人工强大，但其最终的成果是需要人脑去选择以及管理，而BIM也只是手段之一，只不过它通过更加先进的技术，把人更多的思维结合或者实现，但处于核心地位的还是人的创造性思维。所以应该杜绝“BIM万能论”，坚信思维创新与计算机功能的结合，才是未来建筑发展的正确道路。

另外，BIM本土化发展一定要融入中国特色的大环境中，对于BIM的推广不能直接摒弃或者推翻所有国内维持的现有做法，而应是一个逐渐演变和进步的过程，同时也需要时间的积累，这样才能更健康地发展。使用BIM不能浅尝辄止。人们习惯于熟悉的生活状态，对于接受新事物存在一定的排斥性，建筑行业也是如此，从建筑业第一次革命——CAD的普及就可以看出来。而且由于国内传统模式已经根深蒂固，想要改变需要经过痛苦的重建，这也会引起很多抵触。BIM的发展自然也会遇到相似的问题，设计人员要花费大量的时间来学习BIM相关软件，业主和施工单位在项目前期的投资和运营成本会增加，未来模糊的收益有可能会让业主和施工单位放弃继续使用BIM，这些问题都可能使BIM的发展受到阻碍。在谈到BIM在中国市场的发展还面临哪些问题时，清华大学建筑设计研究院院长庄惟敏提出：目前BIM的推广主要面临两个方面的问题，首先，BIM是一个设计平台，可以在此基础上协同设计，而要完整地构建这个平台，涉及软硬件、培训等多方面因素，但这些都需要做一定的前期投入；其次，还面临市场认知问题，很多人误以为采用BIM以后很快就能收回成本，但实际上这是一个漫长的过程，BIM是不能浅尝辄止的。

因此，BIM的发展和应用的实现还存在很多挑战，这不仅要求有迎接挑战和敢于创新的勇气，更要坚信信息化高速发展和广泛的使用能给整个建筑行业创造更大的价值。

2. BIM本土化发展的探索

结合本章分析，在BIM本土化发展问题上，应该首先解决以下问题：

（1）政策扶持

纵览国外BIM的发展，BIM发展都离不开政府的推手。例如新加坡的BCA（Building and Construction Authority），类似于国内的住房和城乡建设部，BCA一直积极推动新加坡

建筑行业使用 BIM，还出台了 BIM 五年实施计划。目前，要在我国发展 BIM，政府扮演的角色相当重要，政府对 BIM 的政策扶持可以加速 BIM 在我国的进程。

2011 年 5 月住房和城乡建设部在印发的《2011–2015 年建筑业信息化发展纲要》中提出，“十二五”期间，基本实现建筑企业信息系统的普及应用，加快建筑信息模型（BIM）在工程中的应用，推动信息化标准建设。

2012 年 12 月深圳将 BIM 技术引入政府工程管理。深圳市建筑工务署成立了 BIM 工作领导小组和课题小组，考察了 BIM 在实际建设过程中的应用，深圳市建筑工务署已与美国 Autodesk 公司建立战略合作关系，为政府工程 BIM 应用提供技术支持。

（2）标准设立

随着 IFC 标准得到越来越多的认可，国外很多国家如美国、英国、芬兰等相继出台了 BIM 标准来指导本国 BIM 的实施和使用，各国 BIM 标准中的数据也是基于 IFC，我国在“十五”时期就引入 IFC 标准的平台部分、研究数据的转换等功能。

关于我国 BIM 标准的制定发展：《2011–2015 建筑业信息化发展纲要》的颁布，使 2011 年贴上了“中国的 BIM 元年”的标签；紧接着为了促进 BIM 更加健康有序的应用发展，2012 年住房和城乡建设部正式启动了一系列 BIM 国家标准的编制工作，分别是《建筑工程设计信息模型交付标准》《建筑工程设计信息模型分类和编码》《建筑工程信息模型应用统一标准》和《建筑工程信息模型存储标准》。其中中国建筑标准设计研究院有限公司负责两项标准，分别是《建筑工程设计信息模型交付标准》和《建筑工程设计信息模型分类和编码标准》，另外两项标准由中国建筑科学研究院有限公司负责，分别是《建筑工程信息模型应用统一标准》和《建筑工程信息模型存储标准》。

虽然我国基于 BIM 的标准研究还处于起步阶段，但是应该意识到，在实际过程中不仅需要基于 IFC 的技术数据标准，还需要较高层次的应用标准，例如三维建筑设计标准，才能更好地满足 BIM 技术的应用需求。

（3）培育主流软件

国内有很多成熟的市场占有率非常高且大家非常喜欢的 BIM 类软件，但是没有一个软件能够完成一项完整的工作更不用说项目全生命周期了。很难说哪个公司从零开始可以开发出一套完整的 BIM 软件，这样就需要考虑 BIM 标准软件的同步发展，BIM 是实现这一目标的基本工具。国外 BIM 软件优势是投入研发资金高、系统性强，但是不符合我国国情。国内有很多很好的基础软件，市场认知度很高，像 PKPM、广联达软件等，设计预算施工项目管理都有很好的基础，但是与很多国外引进的软件相比还有差距，大家都积极地参与到 BIM 的发展当中，但还不是很成熟，所以设计的研究思路分为两个步骤：第一步，先改造现有的软件，市场格局不变，软件架构不变，专业功能不变，只改造数据，数据是后台的事情，做一个数据管理平台这件事情很好做，所以计划在一年的时间里让这些改造工作做完，这样就可以解决 BIM 软件的基础问题；第二步，在将来有时间、有经济能力的情况下，按照 BIM 的构架重新开发更符合我国国情的软件。

（4）BIM的培训与认证

BIM是一种手段，是一种技术，也可以把BIM比喻成一辆高档的小轿车，要能开车上路，就得掌握一定的驾驶技术，而驾驶技术要经过驾校的培训，考核合格拿到驾驶证后才能上路。现在越来越多的人意识到BIM的重要性，如果想在工程中应用BIM技术，就必须接受培训学习才能掌握BIM技术的手段——软件，而且BIM软件体系还是一个系列的软件体系，所以要花费大量的精力、时间来培训学习。

那么，接下来就是要到哪里培训学习的问题。哪些机构有资质来做培训，哪些人有资格来做培训，都需要有一定的公正性。培训机构当然最好是有政府背景的非营利性机构。目前除了软件公司组织的大部分培训外，国内很多机构开展了BIM技能等级考试类职业培训项目，宗旨就是加快BIM技术人才培养。另外，针对哪些人有资格来培训的问题，从大部分培训来看，基本上是国内在BIM领域研究和应用的佼佼者，结合实际案例培训。从整体来看，目前我国BIM人才较少，需求量大，BIM培训工作已是刻不容缓，这样才能跟上国内BIM发展的节奏。

最后，通过培训且考核合格，就可以用一个更专业的称呼来标记考核通过的群体——BIM咨询师，就像以前的结构设计师、建筑设计师一样，属于业内承认和认定的职业称呼。这类人员可以向项目的各参与方如业主、设计单位、施工单位等提供相关的咨询服务，BIM咨询师也可以成立专门的咨询机构，咨询机构的能力与咨询机构咨询师的数量有很大关系，而且像单位资质评定一样，所属的资质对应要有一定数量的BIM咨询师。从建筑业更高的角度分析，BIM咨询服务将对整个建筑行业产生巨大的变革，专业分工更细，专业程度更高。

（5）引进国外先进经验

BIM的概念是从国外引入我国的，国外许多国家BIM的应用时间长、经验丰富，有很多东西值得借鉴分享，比如我国BIM应用的数据平台IFA。美国BIM理论知识的本土化研究都是借鉴国外BIM成熟经验，但是也应注意国外经验并不是原封不动地照搬过来就能有所帮助，应该把它与BIM本土发展结合使用，才能充分发挥BIM的价值。

3.4 本章小结

本章以BIM在复杂建设项目全生命周期应用为研究对象，构建了由基础层—数据、载体层—模型、应用层—功能组成的复杂建设项目全生命周期应用框架；同时分析了BIM全生命周期实施从软件平台的构建和本土化发展策略两个方面的内容；研究了如何保障我国建设项目BIM全生命周期的应用。我国对BIM的管理体系还未建全，在BIM全生命周期的应用方面，对于设计持续协同管理、施工协同的流程管理、合同管理、变更管理以及人力资源管理等，都需要根据BIM特点、BIM标准等进行深入研究。

本章参考文献

[1] Ciribini A L C，Mastrolembo V S，Paneroni M . Implementation of an interoperable process to optimise design and construction phases of a residential building：A BIM Pilot Project [J]. Automation in Construction，2016，71：62–73.

[2] Cao D，Li H，Wang G，et al. Identifying and contextualising the motivations for BIM implementation in construction projects：An empirical study in China [J]. International Journal of Project Management，2015，35（4）：658–669.

[3] Rezgui Y，Beach T，Rana O. A govermance approach for BIM management across lifecycle and supply chains using mixed–modes of informantion delivery [J].Journal of Civil Engineering and Management，2013，19（2）：239–258.

[4] Ding Z K，Zuo J，Wu J C，et al. Key factors for the BIM adoption by architects：A China study [J]. Engineering，Construction and Architectural Management，2015，22（6）：732–748.

[5] 程建华，王辉 . 项目管理中 BIM 技术的应用与推广 [J]. 商业经济，2012（6）：29–31.

[6] 代洪伟 . BIM 技术在现代公共建筑结构中的综合性运用 [J]. 建筑结构，2020，50（22）：160–160.

[7] 樊振家，曾莎洁 . 建设项目全生命周期的 BIM 协同工作框架研究 [J]. 产业与科技论坛，2015，10：45–47.

[8] 傅竹松 . 浅述建筑信息化模型（BIM）在建筑全生命周期的应用 [J]. 中外建筑，2015，11：108.

[9] 过俊 . BIM 在国内建筑全生命周期的典型应用 [J]. 建筑技艺，2011，Z1：95–99.

[10] 何清华，杨德磊，郑弦 . 国外建筑信息模型应用理论与实践现状综述 [J]. 科技管理研究，2015，3：136–141.

[11] 贺灵童 . BIM 在全球的应用现状 [J]. 工程质量，2013，3：12–19.

[12] 纪博雅，戚振强 . 国内 BIM 技术研究现状 [J]. 科技管理研究，2015，6：184–190.

[13] 李勇，管昌生 . 基于 BIM 技术的工程项目信息管理模式与策略 [J]. 工程管理学报，2012，4：17–21.

[14] 刘波，刘薇 . BIM 在国内建筑业领域的应用现状与障碍研究 [J]. 建筑经济，2015，9：20–23.

[15] 刘晴，王建平 . 基于 BIM 技术的建设工程生命周期管理研究 [J]. 土木建筑工程信息技术，2010，3：40–45.

[16] 刘占省，赵明，徐瑞龙 . BIM 技术在建筑设计、项目施工及管理中的应用 [J]. 建筑技术开发，2013，3：65–71.

[17] 卢琬玫，王巍 . BIM 技术在建筑全生命周期中的应用探索——天津市建筑设计院科研综合楼项目实践 [J]. 建筑技艺，2014，2：99–103.

[18] 路希鑫，王中杰，钱浩，等 . BIM 技术在施工项目综合管理中的应用 [J]. 建筑技术，2020（2）：242–245.

[19] 潘广川，宋伟 . 基于建筑信息模型的工程项目全寿命周期管理的组织构建 [J]. 中国管理信息化，2016，9：156–158.

[20] 彭正斌，纪文娟 . 基于 BIM 的建设项目全生命周期应用框架构建 [J]. 四川建筑，2014，5：220–221.

[21] 任小妮 . 推动工程建设全生命周期 BIM 应用——2014 Bentley 协同设计主题研讨会侧记 [J]. 中国勘察设计，2014，7：91.

[22] 宋战平，肖珂辉，成涛，等 . 基于 BIM 技术的隧道全生命周期管理及应用研究 [J]. 西安建筑科技大学学报：自然科学版，2020，52（1）：47–53.

[23] 孙璟璐，张建平 . 面向建筑全生命周期的 BIM 应用和研究 [J]. 中国建设信息，2013，22：10–13.

[24] 王爱领，苏盟琪，孙少楠，等 . 基于生命周期理论的装配式建筑 BIM 应用能力评价 [J]. 土木工程与管理学报，2020，37（2）：27–33.

[25] 王珺 . BIM 理念及 BIM 软件在建设项目中的应用研究 [D]. 成都：西南交通大学，2011.

[26] 王阳 . BIM 技术在建设项目全生命周期的应用研究 [J]. 建筑与预算，2015，1：5–7.

[27] 吴吉明 . 建筑信息模型系统（BIM）的本土化策略研究 [D]. 北京：清华大学，2011.

[28] 徐友全，孔媛媛 . BIM 在国内应用和推广的影响因素分析 [J]. 工程管理学报，2016，2：1–5.

[29] 许炳，朱海龙 . 我国建筑业 BIM 应用现状及影响机理研究 [J]. 建筑经济，2015，3：10–14.

[30] 杨德磊 . 国外 BIM 应用现状综述 [J]. 土木建筑工程信息技术，2013，6：89–94，100.

[31] 尹亚辉 . BIM 技术在项目全生命周期的应用研究 [D]. 北京：北京建筑大学，2015.

[32] 赵源煜 . 中国建筑业 BIM 发展的阻碍因素及对策方案研究 [D]. 北京：清华大学，2012.

[33] 赵振兴 . BIM 在建筑全生命周期的应用 [J]. 中国物业管理，2015，10：68–69.

[34] 朱佳佳 . BIM 技术在国内的应用现状探究 [J]. 电子测试，2013，17：97–99.

第 2 部分

BIM 全过程管理应用

第4章　基于BIM的复杂建设项目IPD模式

即使在BIM蓬勃发展的今天，项目各参与方利益冲突、集成化程度差的问题依旧存在，BIM技术带来的优势难以发挥，超过70%的复杂建设项目存在超预算和工期滞后的现象。美国建筑师学会（American Institute of Architects，AIA）在2007年的一项调查中指出，83%的业主要求改变传统的复杂建设项目交易模式。而如今，IPD模式为这一业界难题的解决带来了希望。本章将基于BIM平台，针对复杂建设项目IPD模式进行研究，以探索能够全面发挥BIM优势的交易模式。

4.1　复杂建设项目IPD模式涵义

IPD的权威定义于2007年由美国建筑师协会提出。IPD是Integrated Project Delivery的简称，又称集成项目交付，是将人、各系统、业务结构以及实践经验集合为一个过程的项目交付方式。在集成过程中，项目各参与方可以充分利用各自的才能和洞察力，通过在项目实施的各个阶段中通力合作，最大限度地提高生产效率，减少浪费，给业主创造更大的价值。

4.1.1　IPD模式的特征

1. 参与方在早期介入

在IPD模式中，项目各主要参与方在项目早期就参与到项目中，并充分发挥各参与方不同的知识、经验和社会关系等重要资源，提高工作效率，保障项目的顺利开展。比如，施工方在设计阶段就参与到工程中，可以减少项目实施过程中错误的发生，进而提高项目的工作效率。

2. 对先进技术要求高

由于主要参与方的早期加入，使得IPD项目的实施需要依赖先进的协同技术。基于学科领域的标准与透明的数据结构、开放和相互的交换建筑信息模型是IPD项目的基础，可以使项目参与者进行无障碍地沟通与协作。

3. 极大地满足业主的愿望

IPD模式早在可行性研究阶段就使项目的关键参与方加入进来，使施工和设计能够同时进行。项目各参与方的早期介入使他们能够在早期就能确定项目的目标和计划，同时IPD模式通过Revit等BIM软件的应用，能够使业主提前知道项目的成果，最大程度地满足业主的愿望。

4. 参与方有共同利益

根据美国、澳大利亚相关组织的经验，通过IPD合同的签订使得业主、设计方、总承包方等主要参与方的利益紧密相连。因此，通过IPD的项目管理模式使得各参与方的利益与工程的成功紧密联系起来。

4.1.2 IPD模式的流程

IPD模式下复杂建设项目实施流程可以概括为：概念规划、初步设计、细部设计、施工文件准备、审查报批、材料采购、施工建造和交付运营八个阶段。

第一步是所有主要项目团队成员参与项目概念规划阶段，也就是决定要做怎样的项目、主要运用的技术方法（例如是否采用BIM平台），并且要拟定项目的主要技术经济指标，是项目的发起阶段。第二步是进入项目的初步设计阶段，除了建筑设计师，业主还要在此阶段邀请总承包商、结构设计师、土建工程师、相关分包商等，一起针对各种不同的方案进行设计与分析。初步设计阶段主要产出项目预算资料、初步工期计划等。初步设计完成并经过IPD团队审核通过后，项目进入细部设计阶段，各专业人员按照之前拟定的共同目标，在各自领域范围内在初步设计基础上深化整合成为细部设计文件，并最终汇总为整个项目的初步设计资料。之后进入项目的施工文件准备阶段，也就是团队共同拟定项目详细的施工计划。由于是团队共同拟定，如果给予沟通良好的BIM平台进行，可以使得施工计划具有独特性、动态性、时效性以及主导性。然后可以全面展开的分别是审查阶段和采购阶段。由于设计的递进性以及项目团队的早期介入，这两项工作可以从项目早期开始开展，随着设计的深入而不断地深入。前面都准备充分后，就可以进入项目的建造阶段。由于前面阶段已经建立了详细的BIM模型，并融合了施工需要准备的相关资料，整个施工建造过程可以顺利开展。最后是交付运营阶段，除了交付建筑实体产品外，还要将BIM竣工模型一并交付给业主，为项目后期的运营管理所用。

4.1.3 IPD的原则与层级

根据美国建筑师学会（AIA）的划分，将IPD的原则分为合同原则和行为原则，其中合同原则包含重要参与方的提早介入、共享风险或者利益、共同确认项目各项目标、主要参与方的责任免除、主要参与方的财务透明、协同决策等方面，而行为原则包含互相尊重和信任、开放式沟通、愿意协同等方面。

2010年发布的《Integrated Project Delivery For Public and Private Owners》针对目前项目各参与方之间的合作等级，将IPD合作分为三个层次，即标准型的合作（各参与方之间的合同并没有对其他合同范本应当相互合作的相关条款，即没有合同级的合作）、增强型的合作（各参与方之间的合同对于合作有部分条款的要求，存在合同级的合作，如各利益相关方提早介入项目或者BIM模型的共享等）和必须型的合作（合同必须是多方合同或者是单一实体合同，相互之间的合作在合同中明确规定，存在合同级的合作。各参与方共同承担财务风险并且收益建立在项目成功的基础上）。

IPD 的团队组织结构分为多层组织结构，大致分为三个层级：

（1）解决方案管理团队（SMT）：通常是由业主、设计单位、承包商派出代表组成，通常是由各公司高层管理人员组成，不介入 IPD 管理的日常工作之中。

（2）项目管理团队（PMT）：由业主、设计单位、总承包单位或其他重要参与方派出代表组成，负责从日常管理到预算的所有项目层面。

（3）项目执行团队（PIT）：是一个较大的团队，包含这三方及设计顾问、分包商、重要的供应商等人员，PIT 团队主要负责执行 SMT 和 PMT 团队做出的决策，其成员是项目中具体负责项目设计、细节设计和施工的人员。

4.1.4 IPD 与传统模式的对比

2010 年，美国建筑师学会（AIA）颁布的《IPD 模式案例分析》中对美国已完工的应用 IPD 模式的复杂建设项目进行统计，发现 70.3% 的项目实现成本节约，59.4% 的项目成功缩短了工期，58.6% 的项目实现了信息的充分共享利用。IPD 与传统模式的对比具体如表 4–1 所示。

IPD 与传统模式的对比　　表 4–1

	IPD 模式	传统交付模式
文化、思考方式	系统思考，整体优化，培育和支持多边合作与开放共享	个人利益最大化，拒绝承担风险；把项目分为多个部分
管理思想	由外及内：从业主角度出发，基于系统基础上的行为模式	自上而下：主要管理合同、人、项目、成本等
决策与措施	以数据为基础，合作决定；措施与目标、能力、变更相适应	独立决策；根据预算、标准等输出措施
组织设计与结构	基于需求、价值、流程、开放、合作，集成项目团队的关键成员	职能专业化，强调层次与控制，承包商直到设计阶段结束才介入项目
进程	并行与多层次；高度信任与尊重	线性的，隔离的
知识管理与专家	开放式共享，早期就介入	仅在需要时启用
风险	合作、适当且共摊风险	个人管理，尽量转移
利益	个人所得是以项目成功为前提	希望小投入换取高产出
交流方式、技术	基于数字化、可视化；BIM；Last Planner（末位计划者）	基于纸质的，二维的
合同	关系型，共享合作，以项目成功为目标	交易型，未集成项目参与方，各自经营，较少风险

4.1.5 研究现状

美国建筑师学会（AIA）在 2007 年给出了关于 IPD 模式的定义。紧随美国建筑师学会（AIA）之后，许多国家都拟定了 IPD 模式执行的标准合同。与此同时，Kermanshachi

将美国现阶段各类建设项目所采用的IPD合约形式做了总体分类介绍。2010年1月，美国建筑师学会（AIA）颁布了关于IPD模式在美国的应用案例分析。

在国内，张连营（2010）将传统模式和IPD交付模式进行了对比研究，并总结了IPD模式在建设项目运用中的演化过程，进而探究出IPD模式在应用中的障碍与挑战。张连营（2013）还对IPD交付模式下复杂建设项目的成本管理问题进行了相关研究，总结了IPD模式在成本控制方面相对于传统交付模式的优势，并提出了具体的成本控制方法。马智亮等（2011）则将现阶段在BIM平台下采用IPD模式所出现的问题进行了归纳，并总结出提升IPD模式实施效果的有效途径。徐奇升等（2012）从BIM与持续改进、并行工程、价值管理等概念的集成方面，深入分析了IPD模式下的BIM与精益建造关键技术间的集成应用。张琳等（2012）则认为现阶段我国广泛推行IPD模式的核心是需要建立信任机制，指出项目各利益相关方只有相互信任，才能在IPD模式实施过程中改善绩效并降低成本。

综上所述，就我国而言，IPD模式还处于初期探索阶段，BIM的应用以及推广也存在各种障碍。因此，若要实现BIM技术与IPD模式的应用和推广还需要进行更加深入的研究。

4.2　基于BIM的IPD模式实施

4.2.1　基于BIM的IPD模式技术支撑

在任何行业一项新技术的应用都是充满挑战的。美国麦格劳希尔（2009）有关BIM应用的报告显示，几乎39%的建筑行业在重大项目的独立设计以及建筑采购过程中使用BIM。

加拿大BIM研究所（Institute for BIM in Canada，IBC）针对BIM重点做了一次调查，目的是更好地理解在加拿大建筑业有关BIM的使用和应用问题。它强调了现有做法的差距，并确定了采购仍然是围绕职能和项目，而不是围绕流程。此外，它提到在BIM技术的附加价值方面公众客户缺乏认识。

2011年11月，英国国家建筑规范（National Building Specification，NBS）随访了他们在2010年做的BIM研究，希望用进一步的调查来追踪人们对于使用BIM的态度。调查显示，约90%的用户采用BIM过程需要针对当前行业实践做出一个重大调整。几个比较大的建筑组织在公共项目的招标投标中被要求使用BIM。他们意识到由于成本通常被视为进入的障碍，尤其是对于小型组织，过程/实践的变化出现了真正的挑战。

通过澳大利亚建设智慧（2010）的调查，自然和建筑环境的学校（南澳大学），根据当前澳大利亚BIM的应用、惯例、成本以及优势的现状提供了一张有用的插图。然而，BIM技术需要的转变不仅是在使用技术方面，也应该针对设计和施工方的工作方式方面。根据合作研究中心（Cooperative Research Centers，CRC）对于澳大利亚建筑创新方面的研究，对于 BIM 的实施存在许多技术障碍，这可能与所需的组织变化和业务流程的变化有关。

随着 BIM 技术的不断发展，并不是所有公司都能以同样的速度采用系统和技术。BIM 的使用者将需要经历一个管理过程的变化，包括他们的外部供应基地和客户的内部组织接口。

模型进展规范（Model Progression Specification，MPS）对于 BIM 的部分（E202—2008）已经被美国建筑师学会（AIA）所采用，强调了阶段成果、里程碑和可交付成果，以及关于在一个最合适的人的基础上分配任务的想法。

以 BIM 技术为平台产生的 IPD 模式构建了从设计到运营的高度协作流程。通过各参与方的协同工作，可以创建具有协调一致性的数字设计信息与文档，利用 BIM 进行可视化仿真、模拟和性能分析。BIM 和 IPD 的耦合使合作水平不仅提高了效率、减少了错误，而且还可以探索替代方法。在其他的一些应用中，IPD 实现了作为一个传递方法能最有效地促进建设项目使用 BIM。

BIM 的核心价值和 IPD 的核心思想相契合，二者均是以实现协同管理为目的。BIM 技术将建设项目全生命周期产生的基本信息储存整合至一个数据模型中并且可以实现不同专业、不同人员同时分工和协同。不同专业的工作人员可以从同一构件的属性列表中获取各自所需的信息，在核心模型上同步进行各自的设计工作。一项数据的更新带动模型所有关联数据的自动更新，大大提高了建筑项目各参与方之间的协作与信息交流的有效性，从而缩短设计和评审周期，减少复工与返工的次数，加强团队合作。IPD 模式可以通过合同关系保证项目各参与方稳定的组织关系，最终使信息流动从传统交付模式下各阶段的流动上升到基于 BIM 的 IPD 项目持续的全生命周期内的流动与共享。

总之，BIM 技术有利于 IPD 模式解决信息碎片化的问题，从而提高建设项目的实施效率，实现项目价值的最大化。如何在 IPD 模式各阶段充分发挥 BIM 技术的优势是实现协同管理的重点。

4.2.2 基于 BIM 的 IPD 模式实施关键点

基于 BIM 技术的 IPD 模式作为一种全新的交易模式，需要通过不断的项目实践应用才可以完善和成熟。通过查阅相关资料发现：项目团队是整个模式的主导，团队成员之间缺乏信任则不能开展有效的合作，相互信任的项目团队是基于 BIM 技术的 IPD 模式成功运行的基础。BIM 模型的深度或格式的统一直接影响项目团队的交流与合作效率，是整个模式顺畅运行的支撑。激励能够促进团队成员充分发挥自身价值，提高相互协作的积极性，是优化项目整体利益推动整个模式顺利实施的动力。任何模式下的复杂建设项目都可能存在风险，为了防止风险事件对基于 BIM 技术的 IPD 模式的不利影响，必须做好风险掌控。

1. 建立项目团队

任何建设项目在前期都会成立该项目独有的工作团队，IPD 模式也不例外，成立有

竞争力的项目团队是IPD实施的第一步。值得注意的是，IPD在启动初期成立的项目团队几乎包含了所有项目参与方，包括业主、设计院、总承包商、分包商、供应商以及咨询单位和后期运营方等。

成立项目团队前最重要的工作是项目团队成员的选择。项目参与方是整个项目的主导力量，参与方的选择影响着项目的整体收益，关系着交易模式运行的成败。基于BIM技术的IPD模式要求各参与方在项目早期就介入到项目中，因此对于主要的参与方，业主在项目初期就要做出选择。业主在确定项目参与方时，首先要制定初选条件，如公司资质、公司履历、BIM应用水平、合作经历、项目报价、协作能力等进行筛选，初步缩小选择范围，然后根据项目的具体特征和要求以及IPD的原则对意向单位进行考核评价，在考核后的单位中进行多属性决策，直至选出满意的合作伙伴。一个相互协作的团队是基于BIM技术的IPD模式成功的基础，在选出合适的参与方组建成项目团队后，应明确各成员的责任与义务，通过多方协议的方式约束成员，并使各成员明确认识到团队的重要性，避免出现参与方中途退出的情况。任何一个团队成员的退出都将会破坏团队的合作氛围，影响整个团队的信息交流与合作效率。因此，最初挑选团队成员时就应考虑到团队成员的固定性，尽量减少项目团队成员的变动。

选择了最优项目团队成员后，下一步就是确立团队组织结构。IPD模式的组织结构主要有三种：IPD理念改进传统交付模式的组织结构、多参与方合同下的IPD组织结构以及SPE下的IPD组织结构。每一种组织结构都有其适用性，根据项目特征、团队成员特征等因素进行选择。在初次运用IPD模式操作项目时，可以尝试先按照前两种组织结构进行运作。但是，前两种组织结构都是传统结构的发展，不属于IPD独创的新模式。IPD真正使用的组织结构模式是SPE下的IPD组织结构。SPE构架强调成立项目的有限责任公司，从公司层面约束团队成员。合理的团队构架既保证了IPD的顺利启动，也是IPD预期目标得以实现的必要条件之一。

2. 签订合作协议

IPD是建立在团队协作基础上的一种项目交付模式。因此，只有在团队所有成员都使用并共享同样的价值观和目标的基础上，项目才能取得成功。IPD合作协议签订的基本原则有相互尊重、互利互惠、加强沟通、明确协作标准、确定适用技术。

合作协议签订的模式主要依据项目团队成立的组织结构模式。在SPE结构下，项目各参与方与SPE签订单独的IPD标准合同。合同约定项目各成员在团队中所处的地位、工作范围、薪酬情况、风险分担以及后期项目分红比例等问题。

3. 建立信任机制

信任是项目团队成功的前提，信任可以对团队中其他成员的投机行为产生制约，是项目团队的核心凝聚力。良好的信任关系有助于消除团队成员合作中的顾虑与隔阂，使信息在团队中高效传递，经验在团队中共享，所有项目参与方都处于和谐融洽的工作环境中。对于基于BIM技术的IPD模式项目团队而言，信任直接影响着团队的合作程度，而合作又对项目目标有着很大的影响,加强团队合作可以显著提高项目的整体效益。因此,信任间接影响着复杂建设项目的整体效益。

在复杂建设项目团队中，成员之间的关系既存在正式的组织关系也存在非正式的组织关系。正式的组织关系往往由合同规定，非正式的组织关系通过日常的合作和交往建立，其中非正式的组织关系中就包括信任关系。

信任包括成员对团队的信任、成员之间的信任以及成员自身的信任：

（1）成员对团队的信任

成员对团队的信任与以下因素有关：良好的团队文化促进合作；领导有能力激励信息共享；项目团队的管理是主动性的，对风险能够进行分析预测，及时做出决策防止风险事件的发生；成员任务分配合理；鼓励通过创新提高项目的整体效益；运用互联网技术及通信技术加强团队成员的沟通交流；团队内部制定完善的针对隐性知识共享的奖惩机制。

（2）成员之间的信任

成员之间的信任包括真正接触之前的快速信任、沟通合作中基于信息的信任以及彼此认同之后的信任。其中,快速信任是成员对项目目标、团队文化等方面达成的初步共识。尽管快速信任比较脆弱，但这种信任对成员在后期的信息共享中具有积极影响。当团队成员建立合作关系，在合作中获得有用的信息时，便会产生基于信息的信任。基于认同的信任强调团队成员之间的相互理解并且与他人建立情感上的联结，成员人际关系加强，成员之间彼此相互协作，并产生更大的凝聚力。

（3）成员自身的信任

成员自身的信任体现为自我效能。自我效能是一种对自己的认识和评估，它影响着人们在遇到困难时所采取的行动。若团队成员在信息共享时缺乏自我效能，则该成员不太可能与他人共享信息，那么就会制约合作的顺利进行。因此，为了实现信任，必须从以下两个层面采取适当的策略：

团队层面：在成立领导层时要注意领导层成员的能力，努力营造良好的团队文化和氛围，鼓励创新。通过 BIM 技术和互联网等手段实现及时交流和信息共享，制定合理的责权分配和奖惩制度。

成员层面：成员选择时，尽量选择 BIM 水平较高、有 IPD 模式经验的成员、满足 IPD 模式要求的成员、具备充分自我效能的成员，为各种层次的信任创造有利条件，促进交流协作，进而提高项目的整体效益。

4. 创建 BIM 模型

在 IPD 模式中，BIM 模型的创建以建筑专业为主，结构、给水排水、电气、暖通、基础设施、工程管理、经济等专业为辅，将各专业相互协调，并统筹设计、施工建造、设备及预制构件制造、后期运营、项目改扩建等不同阶段的特点和相互关系。BIM 相关工具主要包括创作工具和分析工具两大部分。其中创作工具是由设计模型、施工模型、

进度（四维）模型、成本（五维）模型、材料制造模型、运营模型等组成；而分析工具则由模型检查、进度安排、可视化估算、人流控制、能耗分析、绿色建筑评价等组成。

创作工具中，制造模型是基础，可以替代传统的设计图纸、预制构件及设备制造资料，由材料、预制构件及设备制造企业共同完成，同时还要考虑设计、施工以及后期运营维护的要求。设计模型是核心，由建筑、结构、电气、给水排水、暖通、土木、岩土等子模型组成，主要由设计单位完成，同时考虑施工建造、进度、成本和运营维护模型的数据接口需要。施工模型是将设计模型细分为不同的施工步骤，施工进度（四维）模型是将工程细分结构与模型中的项目要素联系起来，施工进度（四维）模型是由施工企业完成。成本（五维）模型是关键，是将成本与模型中的项目要素联系起来，由设计、施工、材料预制构件设备制造单位的经济技术人员共同完成。运营维护模型是精华，主要为业主模拟运营服务，由竣工模型与运营管理系统融合而成。

分析工具中，模型检查是关键，根据用户选择的业务规则，自动检查设计模型，确定有无冲突、是否符合限定及建筑法规等，由设计单位完成。进度安排由施工企业完成，首先将工程细分结构与相关项目联系起来，然后进一步规划施工顺序，还可产生具有动画效果的视觉化程序。可视化估算是关键，是将成本编码与BIM要素进行匹配，演算出施工预测，进而制作“可视化估算”，由设计、施工、材料预制构件制造单位的经济技术人员共同完成。能耗分析和人流控制是由设计单位完成。能耗分析是根据场地附近的风力条件、太阳年度运行轨迹、温度以及其他相关信息，模拟建筑物的整体能耗性能，进而提供建筑物的最佳能耗解决方案。人流控制是将人的因素引入到BIM中，如模拟高峰期电梯排队情景和紧急疏散等。

5. 实行激励机制

项目团队是基于BIM技术的IPD模式的灵魂。对项目团队成员进行合理有效的激励，不仅能够促进团队成员充分发挥自身价值，最大化贡献自己的力量，还可以让团队成员更加关注项目的整体利益。激励包括项目前期激励和项目过程激励两部分。

（1）项目前期激励

项目前期激励是指项目立项后，对是否采用基于BIM技术的IPD模式进行的激励和提倡。根据项目特征确定本项目是否在该模式的适用范围内，并且分析采用该模式的优势，进而激励采用基于BIM技术的IPD模式。通过团队合作与目标一致化，项目各参与方都可通过这种模式获益。

对于业主方而言，BIM技术的可视化分析使设计更加符合业主要求，信息管理水平的提高有利于项目的全生命期管理。通过项目前期三维模型的建立、施工过程的模拟仿真，业主能够更直观地认识项目，从而制定更加合理的项目目标。经过与其他参与方的讨论可以使得业主在前期就做出前瞻性的决定，而不必等到后期。通过加入项目决策管理团队，可以加大业主在施工过程中对项目的掌控力，加强对成本、工期、质量的控制，得到完美的双赢结局。

对于设计方而言，基于BIM技术的IPD模式中，设计方在设计的前期阶段就能够得到来自承包方的专业建议，设计过程中就可以提前解决很多问题，而且BIM模型的构建不仅对于各专业图纸的审核具有很好的效果，对于现场各施工方也可以起到一个很直观的效果，利于施工。

对于总承包商、施工分包商而言，通过IPD团队的建立，加强了相关人员的沟通与协作。对于项目上重大事项的确定不再依据业主一方的决策，而是由各参与方相关人员协商确定。由于利益分配模式以及奖励机制的确立，使得各成员具有更高的积极性来进行项目的实施，最终相关参与方都可以达到一个共赢的状态。

（2）项目过程激励

项目过程中的激励对象包括业主、设计方、承包方、咨询单位、供应方等各参与方在内的整个项目团队。最常见的激励方式包括：设置激励池法、鼓励创新和杰出表现奖励法以及绩效红利激励法等。

设置激励池：IPD模式中最具代表性的激励措施是设置激励池，从项目各团队的一部分酬金中抽取一部分放入激励池，激励池中的资金由项目团队提前商定一些准则增加或减少，在项目进行过程中依据各团队的工作实施情况，对各团队进行合理的奖励，最后项目结束时再将激励池中的剩余资金分给各团队成员。

创新和杰出表现奖励：根据团队成员为项目创造（或节省）的价值提供奖励，鼓励发现新技术和新方法，不仅可以改善项目的实施过程，还可以激发团队成员努力工作并不断创新。

绩效红利激励：根据完工质量发放红利，例如，当项目实际成本低于目标成本时，各参与方按照其投入的成本比例共享节约成本，并对其创造的绩效根据花费的成本得到一定的补偿，以此激励各参与方创造更大的价值。

4.2.3 基于BIM的IPD模式实施案例

1. 国外典型案例

（1）项目实施过程

①项目背景：沃尔瑟姆改造项目，建筑面积5.5万平方英尺（1平方英尺≈929cm^2），三层建筑,项目目标是通过内部空间改造得到一个全新的办公区域。业主：Autodesk公司，设计方：Klingstubbins公司，施工方：Tocci公司。设计、施工单位的选择不仅看重企业自身实力，还考虑到是否愿意尝试IPD模式。

②多方协议：由业主、设计方和施工方三方签署协议，协议还包括主要的分包商（设备、防火、电气、幕墙），责任明确且按成本工作并共享激励方案。

③风险承担和奖励：由于项目存在风险，因此设计方和施工方的利润也都建立在一定的基础上，如果设计、施工达到项目目标，则设计方和施工方会共同得到利润。同时合同建立激励补偿机制，如果项目目标超额完成，设计方和施工方则会得到20%左右的奖励。

④协同决策：项目各参与方按照合同要求对项目进行协同管理，设立三个小组，包括项目实施小组、项目管理小组、高级管理小组。其中，项目实施小组负责项目设计和施工，解决项目问题；项目管理小组包括业主、设计方和施工方的代表，表演领导角色，通过相互之间的协商做出项目决策，并安排下属人员进行操作，而如果问题超过项目管理小组的权限范围或者项目管理小组无法凭借自身能力解决问题，高级管理小组就会接受这个问题并安排三方讨论进行协商以解决问题。

⑤责任豁免机制：项目各参与方放弃除欺诈、故意行为和重大过失行为之外的所有诉讼权利。施工过程中一旦发生纠纷，通过调节解决纠纷，而仲裁只有在必要时进行，合同要求每一方都要求做出保证，无权对其他合作方进行代位清偿。

⑥共同开发：合同定义了项目目标，各参与方在项目过程中必须标准地达成以下条件：工期和预算、功能性、设计施工质量、可持续性。业主、设计方和施工方选择了波士顿地区三个类似项目作为参照基准设置目标的量度，并设立项目仲裁者，一个独立的评估员评估项目是否符合设计质量标准。通过团队和谐共处，充分发挥自身能力，项目最终获得成功并超额完成目标，设计方和施工方也因此获得奖励资金。

（2）项目成功经验

项目中设计方和施工方首次尝试了IPD模式，在实践中通过各方的友好协作及共同努力，圆满实现了项目目标。在本工程中，应用IPD模式的成功之处主要有以下几个方面：

①成本控制：首先项目总预算是固定的，但是在IPD模式下，施工方可以提前与材料供应商签订合同，将材料准时运送到施工现场，从而避免了因时间因素引起的材料价格变动。也正因为如此，在子项目间调动预算，企业通过整合各种资源，减少了投资成本，实现了合理的成本控制。

② BIM模型构建：项目团队制定了一个BIM执行计划。设计方和施工方都使用Revit，技术设计之后模型转移到施工方；施工图设计时，施工方去设计方进行协调；设计执行阶段，设计方去施工现场协调。同时，在项目整个施工过程中，BIM技术还被所有分包商应用，他们还提供各自的一些信息如劳动力单价等给施工总承包方，从而建立准确的模型。

③设计驱动项目实施：业主决定创造一个三层楼高的垂直中庭空间，设计方提出三种替代方案，施工方则依据拟建方案进行施工成本和工期的评估，通过相互协作、有序工作，一周内团队提出了可选方案。BIM的可视化给了业主真实的感受，团队也凭借BIM技术迅速全面地满足了业主的要求，并且BIM是信息的集成，业主可以纵观全局、有效把控，快速做出决策。

④过程控制：按照IPD模式的基本流程，过程控制最主要的是概念设计阶段，在此环节，每一个项目参与方都必须深入了解项目，提供自己的成本信息，制定合理的预算费用，并在后期施工中进行把控；另外就是在施工中要尽量消除偶然因素的影响，规避风险，减少设计变更、返工等；最后是激励机制，项目应按照业主对项目的满意度及运

营年限对设计方和施工方进行奖励。

⑤软件协同：虽然所有的主要参与者都使用BIM，但凭借现有的BIM技术，很难做到系统化的软件协同，因为其他分包商如机械、门窗等都有本专业专门的软件，因此要做到真正的协同，BIM技术发展的下一步目标就是各种设计模型之间的数据处理和交互，这样才可以做到各参与方都使用BIM技术进行设计处理，从而加强交互，实现项目优化。此外，通过软件协同，设计方和施工方依靠BIM技术可以紧密联系沟通，减少不必要的或者不符合实际的设计，将项目初期的图纸就尽量做到完美，减少设计变更，降低变更、返工成本。有了BIM技术，甚至在某些方面可以淘汰施工图。

（3）借鉴与启示

相较于建筑业发达国家的建筑施工，由于BIM技术传入我国的时间还比较短，而且目前我国房地产开发企业、设计施工承包商都适应了传统模式，在对新事物的适应上存在一些问题，因而对BIM技术应用较少，且BIM技术应用水平也远低于欧美发达国家，各参与方参与度不够高，缺乏友好协作，管理人员的"信息化"素质总体不高，设计、施工分步进行，相互之间沟通交流少，信息资源共享困难。设计方更多地还是依靠传统的2D设计，需要施工方凭借以往经验进行想象模拟，不够直观，容易造成误差，且对于复杂建设项目来说，凭借想象显然是不可能的，这就导致设计方与施工方之间必须经过多次沟通交流，增加了时间成本，然后才能勉强了解施工意图，这就导致复杂建设项目施工质量降低、成本控制失效、进度延迟，影响整个项目的整体利益，客户满意度下降且自身利益减少。因此，尽快在国内发展BIM技术，实施IPD模式对于我国建筑业非常重要。

2. 国内典型案例

（1）项目背景

杭州下沙天街项目是一站式服务的多元化时尚生活体验中心（以下简称天街综合体项目），占地面积87876m^2，其中居住用地占地面积34278m^2，建筑面积211846m^2；商业区用地占地面积35565m^2，建筑面积231838m^2；酒店用地18033m^2，建筑面积90165m^2。

天街综合体项目建设规模庞大，结构复杂，配建的超高层写字楼高度为150m，购物中心长度超过230m，并拥有地下三层停车场。项目要求在2015年10月完成购物中心的整体交付，基于项目的复杂性，项目施工非常紧迫。传统建设及交付方式很难解决这样的情况，因此项目采用IPD模式集成业主、设计方、施工方进行协同合作。

（2）IPD模式应用突出点

①协同设计施工流程

目前的设计－招标－建造DBB（Design-Bid-Buiding）模式由于项目各参与方是彼此独立的，并不利于项目各参与方提前介入到项目中，也就因此无法达成BIM技术应用的整体优化；且由于之前没有私人业主的相关案例，因此本项目也无法确定合理的多方合同。项目通过结合传统合同结构与IPD理念，重点研究BIM技术应用的效益，此理念要

求建筑业相关部门签订合作协议，共同承担责任与风险，而在本项目中，业主和施工总承包签订激励协议，规定了目标成本，且风险因素由双方共同承担，若项目超支则双方共同出资，若项目有结余则双方共享结余；业主、设计方和施工方共同成立BIM工作小组，并按层级授权，遵循IPD模式的要求，通过互相协作完成设计工作。

②建立IPD模式要求的合同关系

在传统DBB模式中，设计方、施工方、材料采购方、运营管理方等是相互独立的，而且国内执行的是单方合同，业主对设计方，业主对施工方，施工总承包对施工分包，施工方对材料供应方，且合同严格界定了业主、设计方、承包商、材料供应商等的职责，也就减少了互相之间协作的可能。因此在原有合同交付模式下，BIM技术很难在项目周期中发挥其重要作用。而IPD理念通过在传统模式中进行略微改动，发挥了显著作用，IPD模式要求的协同合作要求各参与方之间加强沟通交流，实现信息资源共享，之后的研究重点则是将IPD带来的效益引入到复杂建设项目中。为了最大化BIM技术的应用价值，业主与设计方、承包方、BIM技术顾问签订了多方合作协议，成立一个BIM虚拟工作组，促进相互协作，同时又制定激励措施，调动各成员的积极性。

（3）主要成果

①通过BIM技术，模拟现实生活中的日照条件、防火条件，设计方轻易避免了常规设计中容易影响建筑物性能的因素，为应对杭州地区的规划条件，如商业住宅，既要最大化地达到可售、可租赁指标，又要保证日照间距和防火间距等提供了方案；同时BIM技术也为人防工程的建设面积分配提供了方便的解决方案，为了不对商业部分的停车效率和商业运营造成影响，最终完美地落实在住宅部分。

②借助BIM技术以及IPD模式下项目前期设计方、施工方等参与方的相互协作，通过对项目信息的收集与输入，绘出项目三维详图，项目各参与方不但能清楚地看到立面效果，还能进入建筑物内部进行三维可视化浏览。业主通过三维详图直观地看到项目建成后的景象，对项目有了一个全局控制，而施工方则可以根据模型中的相关信息更好地理解细部结构和功能关系，保质保量地完成施工任务，而项目其他参与方也可以根据模型发挥自身优势。

（4）实例总结

目前我国国内大部分商业地产项目还是采用传统的DBB模式，但是此种模式由于以下几个原因不利于BIM技术发挥其全部效用：

①传统DBB模式下，合同是独立签订的，是分散的，没有一个全局掌控、把所有参与方同时进行约束的协议。而项目各参与方参与项目的主要目的是盈利，因此侧重于自身利益，追求以最小的投入完成自己的任务，忽略项目的整体利益。而BIM技术的应用则需要项目各参与方能提前加入到项目中，参与项目方案设计与决策，而这又要求各参与方责任共担、风险共担。因此，为了适应BIM技术的应用需要，企业要改革交付模式，采用新型的IPD模式，IPD模式要求项目各参与方从项目前期就介入到项目中，从而实

现项目初期通过多方协作进行 BIM 技术三维建模的有效性和准确性。

②传统交付模式下，首先是项目各参与方之间的沟通少，只有在出现工程疑问时才沟通，互相之间缺乏信息交流，导致信息不全面。沟通方式大多是直线型的，向下传达领导意图和向上审批获得回复，且有时反馈时间长甚至出现信息丢失的情况，可能会引起工期的拖延，甚至可能由于信息传达不到位，出现错误的解决措施从而出现工程问题或者在等待处理的过程中工程现场出现问题，对项目的总体利益产生严重影响。而 IPD 模式要求项目各参与方之间加强合作和沟通，互相尊重和信任，做到信息共享，通过 BIM 平台进行数据处理和交互，降低沟通成本，促进项目总目标的实现。

③传统 DBB 模式下，项目各阶段过程之间联系不紧密，甚至有断带。先是设计规划，接着施工，最后是运行和维护，每个阶段都有独立的责任方。设计方、施工方、运营管理方之间除了一个交接过程，缺乏沟通和有效的传递信息，都是分阶段管理，比如 DM（开发管理）、PM（项目管理）、FM（设施管理）等。然而在生产力高速发展的今天，对于某些大型复杂建设项目，这些分阶段管理的模式已然不能满足需求，因为项目本身就是一个复杂的系统，需要各方在项目全生命周期内共同努力，合作进行建设管理，而不能区分开，使其分别负责某一段，这样会影响项目长远利益。而 IPD 模式则是在项目初期就集成各参与方，使其从设计到交付使用全程参与，提高项目的生产效率，提高项目的总体收益。

4.3 基于 BIM 的 IPD 模式应用与策略

4.3.1 基于 BIM 的 IPD 模式应用优势分析

1. 成本控制优势

基于 BIM 技术的 5D 成本数据库能够大大加快成本分析汇总的速度，提高成本数据的准确度，使得企业对项目整体的成本控制能力增强。在 IPD 模式下，各承包商之间有效地沟通配合，并且做到数据及时共享，使得 BIM 技术对成本的控制得到进一步提高。

2. 进度控制优势

在建设过程中各参与方之间由于存在各自的相关利益，无法做到基于项目共同价值的管理及决策。基于 BIM 技术应用 IPD 模式，使得项目各参与方的利益合理分摊，着眼于项目总体，进度计划是以项目总体进度为准则的进度计划，避免了在施工过程中造成不必要的碰撞导致的工期延误。

3. 协调管理优势

在项目开始阶段，IPD 模式要求项目各参与方在复杂建设项目的最初阶段就介入项目，使得各参与方在项目设计阶段就已经有了交流合作。各参与方提供相应的设计方案、图纸、施工方案，通过 BIM 平台进行前期模拟、碰撞检测，使原本在施工现场才能发现的问题尽早在设计阶段就得到解决，以达到降低成本、缩短工期、减少错误和浪费的目的。

4.3.2 基于 BIM 的 IPD 模式应用障碍分析

1. 相关法律体系及合同范本缺乏

目前对我国建筑行业而言，IPD 模式属于一个崭新的领域，并且与 BIM 技术相适应的建设工程合同体系研究尚处于空白。现有的法律法规及合同范本缺乏对协同设计的相关规定，电子信息没有法律地位且电子版本无法归档，造成信息搜集的重复性，并且各参与方的信息版本、更新、维护均严重不协同，以至于项目管理效率较低。

2. 相应的统一标准缺乏

在 IPD 模式下，BIM 技术给各参与方提供了一个数据资源共享平台，但由于尚无统一的标准，导致各参与方在应用 BIM 技术进行数据共享时产生问题。倘若数据无法共享，就无法对各参与方提供的项目信息进行整合分析，BIM 技术的优势也就难以得到充分体现。

3. BIM 技术人员缺乏

相关调研数据显示，在调查对象中有将近 87% 的人对 BIM 有所认知，但在这一群体中只有 6% 左右的人应用过 BIM。目前企业使用 BIM 的直接原因是因为其高回报，但是企业没有使用 BIM 的原因中有近 55% 是因为缺乏 BIM 技术的人才。目前在我国应用 BIM 绝大多数停留在建设项目的某个阶段（主要是设计阶段），IPD 模式要求将 BIM 应用于项目的全生命周期，IPD 项目管理模式为 BIM 技术的发展提供了一定的条件，但同时也对 BIM 人才的需求提出了挑战。在施工阶段结束后，业主越来越意识到 BIM 模型带来的价值，因此决定继续利用其来支撑项目的运营、维护和之后的改造工作，但是许多业主并不懂得 BIM 软件的相关操作，因此不断培养开发 BIM 人才才是关键所在。

4. BIM 模型的所属权与责任界定模糊

在 BIM 技术的支持下，IPD 项目管理模式中各参与方在早期就介入到设计阶段，这为项目各参与方带来利益的同时，也产生了 BIM 模型的所属权与责任问题。BIM 收益最大的一方首先应该是业主，其次是施工方，最后才是设计单位。但是在项目建设过程中首先出现的是施工设计图纸，在 BIM 模型设计过程中设计方的技术含量最高。因此诸如 BIM 设计模型、安装信息数据库、施工信息数据库以及设计责任等问题，仅凭合同规定仍然可能导致所属权与责任的不明晰。再次，在项目完工后，当业主意识到 BIM 技术所带来的巨大价值，很可能需要继续利用 BIM 模型来支撑项目的运营、维护和之后的改造工作，这对 BIM 模型的所有权归属问题又增加了复杂度。因此，BIM 模型所属权的问题有待解决。

5. 企业自身实力不足

当前我国建筑业的承包模式以施工总承包为主，因此很多企业将自身定位为施工总承包企业，但 IPD 模式是建立在复杂建设项目总承包基础上的，很多大型企业还不具备复杂建设项目总承包的能力，所以，基于 IPD 模式下的 BIM 技术的发展受到企业自身条件的制约。

4.3.3 基于BIM的IPD模式实施对策分析

基于BIM的IPD模式为我国交付模式的发展带来新的契机，同时也对我国建筑业提出了更高要求。IPD模式在我国成功实施受诸多因素的影响，应积极应对现有障碍，为BIM技术及IPD模式在我国成功推行创造良好的条件。

1. 通过关系契约，实现IPD项目协同团队的一体化

IPD模式在我国成功实施的关键是应该建立一个高度协同的项目团队，通过各利益相关者的早期介入，尽早实现项目信息的共享。也就是说，这需要改变原有的各利益相关方相互独立的工作模式，通过新的合作关系实现各利益相关方的整合。IPD模式的合作关系，使项目各利益相关方主动分担责任，共同分配利润，实际上就是一种“关系型”合同。在标准合同条件和标准协议下，业主、设计方、承包商等不再是单独签订合同，而是通过SPE（Single Purpose Entity）标准合同或IPD模式，项目各利益相关方签订关系契约，建立一个由各利益相关方组成的有限责任公司。在关系契约下，项目各利益相关方不再是独立的利益方，而是成为一个整体，在业主的领导下共同参与项目实施，采用IPD模式进行团队管理，实现项目利益最大化和团队利益一致化的目标。

2. 早期介入项目团队

在业主组织下，各利益相关方组成的项目团队要尽早介入项目，在项目前期就要集中项目团队成员的智慧和经验定义项目目标和项目范围等，以此减小项目的不确定性，加深团队成员对项目的理解，从而引入BIM在建设项目全生命周期的应用，这样既能够保证项目最大可能地满足业主的要求，同时也可以满足相关技术要求，并保证设计方案具有较高的可实施性，从而减少变更、降低返工率。总体来说，在IPD交易模式下，项目各利益相关方的提早介入有利于实现项目早期规划与项目协同控制的目标。

3. 推进BIM技术，实现IPD项目与BIM技术充分融合

IPD的成功实施离不开BIM技术的应用，而二者的融合可以实现IPD项目的全过程管理，使IPD项目得到更成功的实施。BIM技术可以做到将工程数据细化到构件级（即建筑的DNA），形成一个4D关联数据库，把项目全过程管理所需的数据管理起来，从而实现建筑项目的精细化管理，满足了项目利益相关方对海量信息的需求。

4. 政府主导制定BIM相关标准

我国政府可以主要通过两个方面起到对BIM的推动作用。首先在制定BIM标准时纳入一些以模型为支撑的量化结果作为基础条款，这些对于定义、衡量和表达什么是可持续性设计以及如何实现能源高效利用至关重要。其次，我国政府应结合我国建筑业现有基础，逐步制定建设数据标准，提高信息技术应用的标准化水平，制定信息化标准体系与编码，制定信息技术应用与信息安全的管理制度，不仅可以实现建筑行业数据的公开化和透明化，更为BIM技术在我国建筑行业中的运用创造了极为有利的条件和环境。

5. 提高BIM技术人员的专业素质

随着BIM技术在我国应用规模的逐步扩大，对于BIM人力资源的需求也在增长。为了更好地运用BIM技术，首先应从思想上转变成参与BIM项目实施人员的思想观念，可以从设计人员入手，让其真正了解BIM的内涵。加强对相关项目人员的培训，消除项目人员对BIM技术的误解。培训内容包括对BIM、协同设计等概念的理解、BIM软件的应用，还应包括复杂建设项目管理等相关内容，同时应加强对项目人员的思想和心理疏导以消除其对新技术的抵触心理，加快项目人员思维模式的转化，让其自身对知识更新的忧患意识成为促进其积极转型和不断学习的原动力。建设行业主管部门应加大对BIM的宣传与引导，并积极支持相关协会或组织BIM技术的培训，鼓励建筑企业加大在BIM技术上的投入。由于BIM涉及多学科领域的应用技术，在推行BIM的过程中，行业必须提倡相应的培训制度，根据不同用户的需求调整培训方式、频率和针对性，避免参与培训人员产生消极情绪。

4.4 本章小结

BIM技术为IPD模式中各参与方的交流协作提供了平台，IPD模式为BIM技术价值的最大化创造了环境，两者具有互相促进、相辅相成的关系。在此背景下，本章分析了IPD模式与传统交付模式的差异、基于BIM技术的IPD实施模式、BIM在建设项目IPD模式中的应用障碍以及IPD模式实施对策。基于BIM技术的IPD模式能够促进信息的交流与共享，显著提高复杂建设项目管理水平和管理效率，但其在我国的应用也面临法律、技术等诸多挑战，推广基于BIM技术的IPD模式还有待各界的努力。

本章参考文献

[1] Arayici Y, Coates P, Koskela L, et al.Technology adoption in the BIM implementation for lean architectural practice [J].Automation in Construction, 2010, 2: 189-195.

[2] Dossick C S, Neff G, Homayouni H . The realities of building information modeling for collaboration in the AEC industry [C]// Construction Research Congress. 2009.

[3] Sacks R, Dave B A, Koskela L. Analysis framework for the interaction between lean construction and building information modelling [J]. Proceedings for the 17th Annual Conference of the International Group for Lean Construction, 2009, 135 (12): 221-231.

[4] Sacks R, Koskela L. Interaction of lean and building information modeling in construction [J]. Construction Engineering And Management, 2010, 136 (9): 968-980.

[5] Succar B. Building information modelling framework: A research and delivery foundation for industry stakeholders [J].Automation in Construction, 2009, 18: 357-375.

[6] Zhang Y，Wang G.Cooperation between building information modeling and integrated project delivery method leads to paradigm shift of aec industry [C]// International Conference on Management & Service Science. IEEE，2009.

[7] 包剑剑，苏振民，王先华 . IPD 模式下基于 BIM 的精益建造实施研究 [J]. 科技管理研究，2013，3：219-223.

[8] 毕爱敏 . 基于 BIM 的建设工程项目采购模式与合同结构的初步研究 [D]. 重庆：重庆大学，2014.

[9] 陈会萍 . 基于 BIM 的装配式建筑 IPD 管理模式探析 [J]. 山西建筑，2020，46（9）：158-160.

[10] 陈茜，杨建华 . 基于 BIM 的建设项目 IPD 协同管理应用研究 [J]. 低温建筑技术，2014，5：156-158.

[11] 陈沙龙 . 基于 BIM 的建设项目 IPD 模式应用研究 [D]. 重庆：重庆大学，2013.

[12] 陈燕 . 基于 BIM 的 IPD 协同工作模型在装配式建筑中的应用 [J]. 长春工程学院学报（自然科学版），2019，74（1）：10-13.

[13] 高平，武慧敏 . BIM 技术下 IPD 协同管理应用探究 [J]. 建筑与预算，2014，11：5-10.

[14] 郭俊礼，滕佳颖，吴贤国，等 . 基于 BIM 的 IPD 建设项目协同管理方法研究 [J]. 施工技术，2012，22：75-79.

[15] 郭奕婷，李玉萌，张原 . 基于 BIM 的 IPD 模式在城中村项目的应用研究 [J]. 工程经济，2016，26（3）：49-54.

[16] 姜亚丽 . BIM、IPD 协同模式下的工程造价管理工作研究 [J]. 居舍，2019（13）：139.

[17] 来进琼 . 基于 BIM 和 IPD 协同模式下的工程造价管理 [J]. 建筑技术，2017，48（4）：4.

[18] 李红 . 基于 BIM 技术的 IPD 模式研究 [D]. 南京：南京林业大学，2015.

[19] 李鹏 . 基于 BIM 的 IPD 采购模式研究 [D]. 大连：东北财经大学，2013.

[20] 刘兴淑 . IPD 项目风险分担多边谈判机制研究 [D]. 天津：天津大学，2012.

[21] 马智亮，李松阳 . "互联网 +" 环境下项目管理新模式 [J]. 同济大学学报：自然科学版，2018，46（7）：991-995.

[22] 马智亮，马健坤 . IPD 与 BIM 技术在其中的应用 [J]. 土木建筑工程信息技术，2011，4：36-41.

[23] 马智亮，张东东，马健坤 . 基于 BIM 的 IPD 协同工作模型与信息利用框架 [J]. 同济大学学报，2014，9：1325-1332.

[24] 滕飞，宿辉 . 基于 BIM 标准的工程合同体系研究 [J]. 建筑经济，2012（7）：46-48.

[25] 滕佳颖，吴贤国，翟海周，丁保军，黎曦，邱博群 . 基于 BIM 和多方合同的 IPD 协同管理框架 [J]. 土木工程与管理学报，2013，2：80-84.

[26] 王景 . IPD 模式让 BIM 发挥更大价值 [J]. 中国建设信息化，2015，22：14-16.

[27] 王珺 . BIM 理念及 BIM 软件在建设项目中的应用研究 [D]. 成都：西南交通大学，2011.

[28] 王敏，王卓甫 . 中国建设工程交易模式发展及创新研究 [J]. 人民长江，2007（1）：138-140.

[29] 王禹杰，侯亚玮 . BIM 在建设项目 IPD 管理模式中的应用研究 [J]. 建筑经济，2015，9：52-55.

[30] 王玉洁 . IPD 模式下团队激励机制研究 [D]. 南京：南京工业大学，2013.

[31] 吴皓玄 . 基于 IPD 模式下的 BIM 技术应用 [J]. 城市建筑，2013，4：195.

[32] 肖成志，薛鑫磊 . BIM 技术应用的研究现状及发展趋势 [J]. 建筑技术，2019（7）：798-800.

[33] 徐奇升，苏振民，金少军 . IPD 模式下精益建造关键技术与 BIM 的集成应用 [J]. 建筑经济，2012，5：90-93.

[34] 徐韫玺，王要武，姚兵 . 基于 BIM 的建设项目 IPD 协同管理研究 [J]. 土木工程学报，2011，12：138-143.

[35] 颜红艳，刘华蕊，周春梅 . IPD 工程项目团队信任影响因素研究 [J]. 铁道科学与工程学报，2020，17（5）：1310-1317.

[36] 杨宇，寿文池，汪军 . IPD-ish 在 BIM 项目中的应用研究——以重庆 DC 大厦为例 [J]. 科技进步与对策，2012（18）：115-118.

[37] 张春霞 . BIM 技术在我国建筑行业的应用现状及发展障碍研究 [J]. 建筑经济，2011（9）：96-98.

[38] 张德凯，郭师虹，段学辉 . 基于 BIM 技术的建设项目管理模式选择研究 [J]. 工程管理，2013，5：61-64.

[39] 张建平，李丁，林佳瑞，等 . BIM 在工程施工中的应用 [J]. 施工技术，2012（16）：10-17.

[40] 张建新 . 建筑信息模型在我国工程设计行业中应用障碍研究 [J]. 工程管理学报，2010（4）：387-392.

[41] 张连营，李彦伟，高源 . BIM 技术的应用障碍及对策分析 [J]. 土木工程与管理学报，2013，3：65-69.

[42] 张连营，栾燕 . IPD 交易模式下工程项目的成本控制 [J]. 国际经济合作，2010（11）：69-74.

[43] 张连营，杨丽，高源 . IPD 模式在中国成功实施的关键影响因素分析 [J]. 项目管理技术，2013，6：23-27.

[44] 张连营，赵旭 . 工程项目 IPD 模式及其应用障碍 [J]. 项目管理技术，2011（1）：13-18.

[45] 张琳，侯延香 . IPD 模式概述及面向信任关系的应用前景分析 [J]. 土木工程与管理学报，2012（3）：48-55.

第 5 章　基于 BIM 的复杂建设项目进度管理

BIM 技术的价值随着其应用于越来越多的复杂建设项目而体现得愈发明显，此后三章将分别对基于 BIM 复杂建设项目的进度管理、造价管理、成本管理展开研究。进度管理，作为复杂建设项目管理的三大核心目标之一，建筑行业从业人员也开始重视将 BIM 技术应用于进度管理。BIM 技术如何与传统的进度管理方式结合，才能使得 BIM 技术更科学更合理地应用于复杂建设项目进度管理之中，从而更深层次地发掘 BIM 技术在复杂建设项目进度管理的价值。

5.1　复杂建设项目进度管理理论

5.1.1　复杂建设项目进度管理的内涵

复杂建设项目管理是指以复杂建设项目作为对象，在资源和时间的限制下，将达到工程质量标准以及用最优化方案完成复杂建设项目作为目标，以复杂建设项目的内在规律性作为基础，通过现代化的管理思想与方式，对复杂建设项目从设计、施工、竣工交付以及运营维护的全生命周期内进行计划、组织、协调和控制等管理的过程（蔺石柱，2015）。从而可以知晓，复杂建设项目管理的三大核心目标就是进度、成本及质量。复杂建设项目进度是指复杂建设项目的进展情况。进度管理是指在项目施工过程中，对项目各阶段的工作进行组织、控制和调整，使项目的实际进度与制定进度计划保持在合理的偏差值内，以实现复杂建设项目的工期目标。

复杂建设项目管理的三大核心目标之间存在相互联系又相互制约的关系，具体如图 5-1 所示。由图 5-1 可知，若是复杂建设项目的进度缺乏控制，任由其发展，也会造成工程项目成本的浪费，更谈不上最终完成的项目质量达到合格的标准。所以，在复杂建设项目实施过程中，有效地对项目进度进行控制，也有助于对项目的成本进行控制以及达到质量标准，从而实现三大目标的共赢。

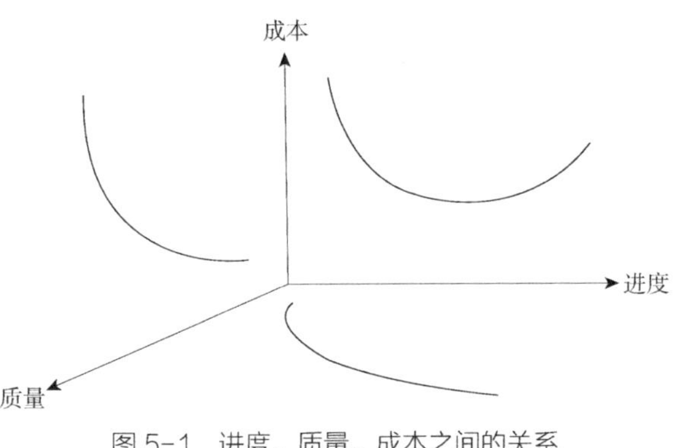

图 5-1　进度、质量、成本之间的关系

1. 复杂建设项目进度管理的内容

复杂建设项目进度管理是指项目管理者根据项目信息编制计划并执行，从而达到项目在目标工期内完成的要求（李忠富，2013）。具体来讲，复杂建设项目进度管理是在工程项目的各个阶段编制进度计划，在实施计划过程中，根据实际施工情况，随时检查计划的实际进展并不断对原计划进行修正调整的过程。对于在检查中发现的进度偏差，需尽快分析原因，制定相应的措施，通过修改进度计划及实施补偿措施两种方法不断缩小偏差，使其保持在允许的偏差值内直至项目竣工结束；同时需对可能会造成施工进度影响的风险进行预估并制定措施方案，协调各方关系，团结一切可行的力量保证项目进度在合理的范围内，使项目在规定时间内顺利竣工，在综合考虑项目质量和成本前提下，尽量缩短项目工期。项目进度管理包含两个内容，即项目进度计划的制定及项目进度计划的控制（张谧，2010）。

（1）项目进度计划的制定

进度计划是为项目所有工作的时间节点、顺序和逻辑关系制定的计划，需遵循科学性和合理性。进度计划可作为参考依据，为后期施工运作的开展提供时间及内容，在制定时需首先将工期分成一个合理的层次，并确定在每一个时期能够有具体的施工内容和施工目标，分配好各施工阶段的具体时间长度，保证工程项目能够按期完工；其次，需要对参与施工的人、材、机和施工场地进行科学分配和布置，并准备一套备用方案。项目进度计划会随着施工对象的不同而有不同的细致程度（海欧，2014）。这个计划的作用包括：①作为进度控制的依据；②合理地调配资源；③各方加入施工的时间表；④督促各参与方完成工期目标。

项目进度计划编制依据有：项目承包合同及设计文件；建筑总平面图、施工图，建筑技术标准资料等；施工组织设计和施工方案、项目物资和施工现场条件；项目造价概预算文件。具体工程项目进度计划编制过程如图 5-2 所示。

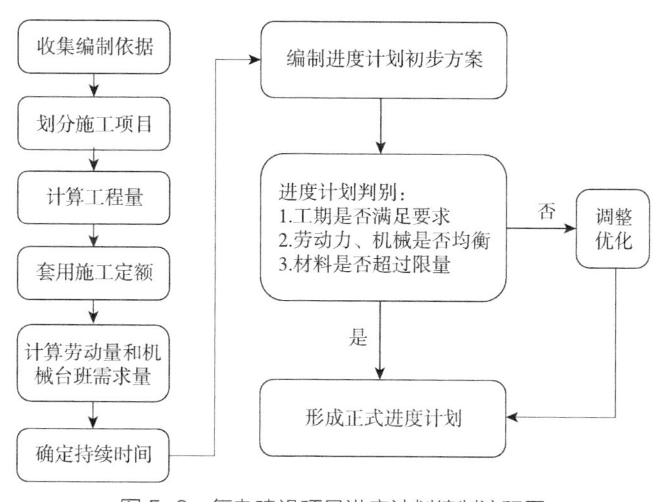

图 5-2　复杂建设项目进度计划编制流程图

（2）项目进度计划的控制

制定一个科学合理的项目进度计划只是项目进度管理的前提，为了实现项目进度管理的目标，还需要对项目进度计划进行控制直至竣工结束。在项目进度计划实施过程中，由于外界条件的干扰和施工环境的变化，项目实际进度与原计划的进度计划产生偏差在所难免。所以，项目进度计划的制定并不说明项目计划不再改变，而项目进度计划的控制就是一个根据项目实际施工情况不断对原计划进行修改的过程。

1）项目进度计划控制的内容包含：

①按照制定的进度计划的目标要求制定具体实施措施，按照预设的工作计划安排各项工作，并严格监督执行。

②定期对项目的施工情况进行检查，项目管理者获取项目信息情报的主要来源就是对项目进行检查，通过检查可以获取项目实时的施工情况和进度数据，然后将收集的信息处理并与原计划进行对比分析。

③将实际进度与制定的原计划进行对比，从而得到进度偏差，进度偏差是调整计划的关键和依据。为了能够准确反映进度偏差，一般使用绘制图表的方式进行数据对比，可以直观地得出比较结果，根据得到的结论（一致、超前、滞后）制订计划调整方案，尽可能使实际施工进度与进度计划一致。

2）项目进度计划调整的方法有：

①在检查实际进度的过程中若出现进度偏差，为了使进度偏差不影响项目的总工期，需要对进度偏差进行缩小，可以在不改变线路上逻辑关系的前提下调整线路上的工作逻辑关系来达到实际进度与进度计划尽可能一致。为了加快进度、缩短工期，可以向快一级的作业关系调整，必要时可以跨越多级。

②在网络计划图中有些工作必须在紧前工作彻底完成的前提下才能开始，此时就不能调整工作的逻辑关系，所以需要通过采取措施提高工作的劳动生产率来缩短紧前工作的持续时间，或者提高施工资源的供给从而加快施工速度。这些方法都是通过加快施工速度、提高劳动生产率从而加快进度追赶工期，达到进度不延误的目标。

进度计划控制流程如图 5-3 所示。

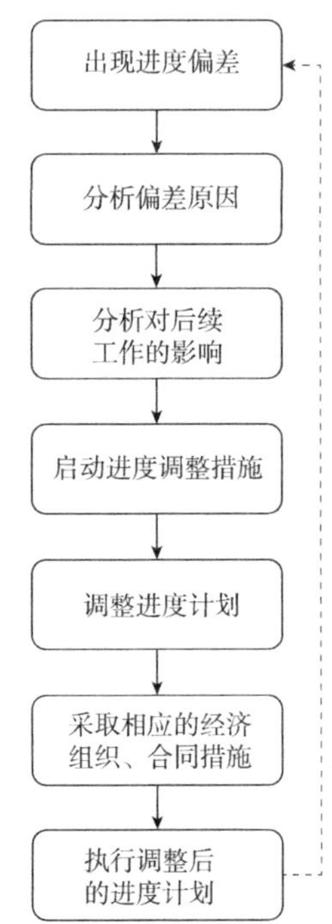

图 5-3　进度计划控制流程图

2. 复杂建设项目进度管理的意义

对于施工企业和建设企业来说，复杂建设项目进度管理是获取良好经济效益的保证。每个复杂建设项目会在建设期投入巨大的财力，而参建单位就会承担财务压力和资金回收的风险，所以工程项目在保证质量的前提下如果能够按期完成并投入使用，有利于运营期工作的顺利开展，获取经济效益。企业经常需要通过预期目标利润来推算目标工期，在签订完承包合同之后，若不发生重大施工内

容更改，就需要通过科学合理的进度管理方式来获取更多的经济效益。如果管理不善导致工程项目延期完成，就会造成企业流动资金超期使用、参建人员工资和机械使用费用的增加，不仅如此，还需要向业主支付工期延误损失费用，在减少施工企业利益的同时还会影响其他参建单位。

复杂建设项目进度管理也是企业管理能力的一种直接体现。若企业各个部门配合顺利，按照计划要求及时组织资源，能够有效地提高企业的工作效率并落实责任制度。优秀的进度管理，是企业遵守合同约定、尊重合同的一种表现，是企业树立诚信形象、获取社会认可的机会。

5.1.2 传统复杂建设项目进度管理

1. 传统复杂建设项目进度管理方法

进度管理的方法随着项目管理理念的深入得到一定的发展，用于指导项目管理，提高了项目的劳动生产率，取得了有目共睹的效益。目前，常用的进度管理方法有横道图法、网络计划技术、关键链法等。

（1）横道图法

横道图，又称甘特图，在第一次世界大战时期由亨利·甘特先生发明，制定了一个完整地用条形图来表现进度的系统，在20世纪初被广泛应用于复杂建设项目进度管理中。由于其简单明了的特征，横道图一般用于小型项目中，而不适合大型复杂的建设项目。

横道图构造简单，能够轻易绘制，通过图表形式能够清晰地表明进度计划。如图5–4所示，在横道图中，图表左侧是各项工序纵向排列，横向线段的起止位置代表着一项工作的开始时间和结束时间，长度代表该工作的持续时间长短，位置代表各工作的先后顺序，由于整个计划进度通过一系列的横向线段组成，所以叫作横道图。横道图还可以根据时间单位的不同，将计划分为日计划、周计划、月计划、季度计划和年度计划等。

虽然横道图容易理解，各工作的顺序、起止时间、持续时间等都能一目了然，但是也存在一些问题，比如：①横道图无法直观地看出在各个工作中对进度目标起着关键作用的关键工作以及对进度目标无影响的非关键工作，这样就会导致项目管理者无法弄清楚哪些工作可以灵活调动，哪些工作必须抓紧完成。②横道图无法确定各个工作可调整的时间先后和时间长短。③对于需要进行调整的进度计划，只能通过手工修改，任务烦琐。

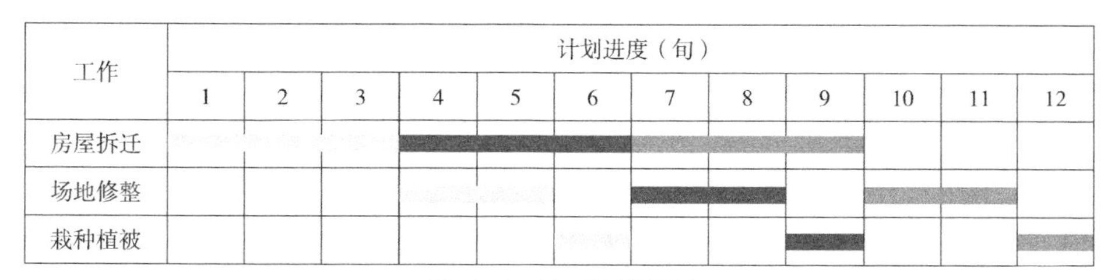

工作	计划进度（旬）											
	1	2	3	4	5	6	7	8	9	10	11	12
房屋拆迁												
场地修整												
栽种植被												

图5-4 某工程横道图

（2）网络计划技术

网络计划技术主要起源于美国率先在化学工业上使用的CPM关键路径法以及建立北极星导弹时使用的PERT计划评审法（何清华，2011）。网络计划图通过节点和箭线组成，用以表明各个工作之间的先后顺序以及逻辑关系。

节点和编号代表工作，箭线代表逻辑关系的网络计划图被称为单代号网络计划图，也被称作节点式网络计划图；而用箭线以及箭线两端的节点代表工作的网络计划图则是双代号网络计划图，因为节点表示工作的开始和结束工作之间的连接情况，所以也被称作箭线式网络计划图。具体区别如图5-5、图5-6所示。

目前使用网络计划技术进行项目进度管理的基本原理是首先根据项目信息，即项目各个工作的逻辑先后顺序绘制出普通的网络计划图，然后计算出各项工作的时间参数，如最早开始时间、最早结束时间、最晚开始时间、最晚结束时间、总时差、自由时差，找出该网络计划图的关键线路（持续时间最长的线路）和关键工作（在关键线路上的工作），通过不断调整逻辑关系和时间参数进行网络计划的优化，直到得出最优方案。当然，

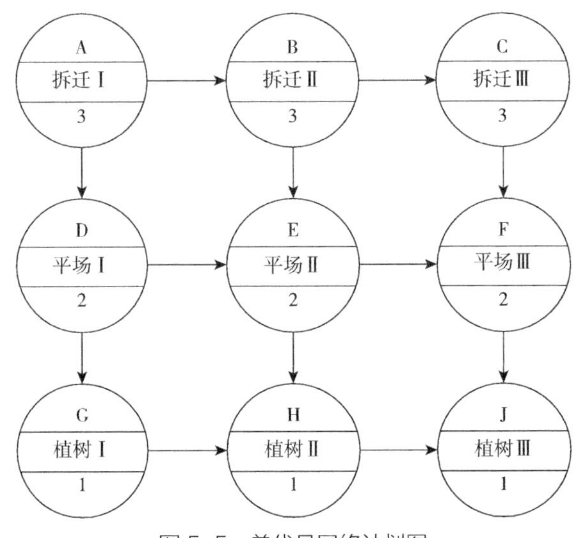

图5-5　单代号网络计划图

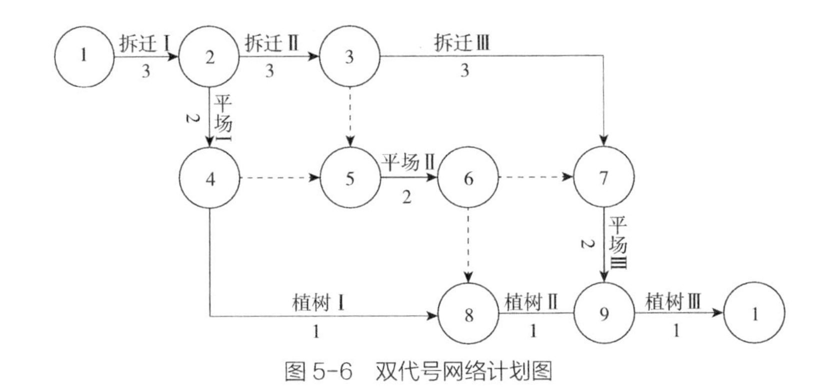

图5-6　双代号网络计划图

方案的执行必须进行严格地监督，在执行过程中按照常规的进度管理方法不断调整，确保工期目标的实现。

（3）关键链法

关键链法，即关键链项目管理方法，其思想主要基于“复杂建设项目须遵守整体优化而不是局部优化”。关键链法是把每道工序中的安全时间提取出来，将50%概率完成工作的时间作为工序的估计时间，并考虑各个工序之间的紧前约束关系和资源约束关系（孙慧，2011）。

关键链法首先估算出项目各项工作的持续时间，根据各项工作的紧前约束关系和依存关系绘制出项目进度网络计划图，在找出关键线路后，在考虑资源配置情况的前提下，绘制出有资源限制的网络计划图，而这种网络计划图因为经常发生变化所以是没有确定的一条关键线路。

关键链法会在网络计划图中加入时间缓冲，以免项目因为关键链的拖延造成延误。在关键链的末端加入一段项目缓冲，它会把之前分散在各个独立任务的保护时间累积至项目末期，用来保护项目的按时完成。还有汇入缓冲，会将一段缓冲时间加入到汇入任务及其之后的关键任务之中，确保汇入任务按时完成。

2. 传统项目进度管理存在的问题

在传统项目进度管理中，施工方是编制项目施工进度计划的主体单位。施工方在详细审阅施工图纸后，会与设计单位进行更深入细致的沟通，更进一步了解施工设计目标及需求，并且对施工图纸存在的问题和纰漏进行修正。然后，施工方会根据从业经验与图纸要求在短时间内编制施工方案初稿，制定出明确可行的施工总进度计划并传达至下层各分包单位，通过材料供应商和下层各分包单位的反馈，对项目进度计划提出修改意见（路铁军，2003）。施工方会根据反馈上来的意见，在考虑全局利益的前提下，对施工总进度计划进行优化，并将优化后的方案以文件形式确定，用于指导具体的施工活动。若在实际施工过程中经检查发现进度延期等问题，会根据具体问题进行施工计划的修改。

由于项目的参与单位众多，会导致各参与单位之间的沟通不能协调一致。在实际施工过程中，进度偏差会以各种形式表现，同时进度偏差信息传递的方式也很多，这就会出现个别参与单位得到项目进度偏差的信息而没有及时知会其他参与单位导致信息滞后。只有在定期召开的项目会议上，各参与方的进度控制人员才会有沟通信息的机会，并请教专业工程师对自己专业内的工作进度进行关注并给予必要的帮助，这样的进度管理形式会将信息在组织内部隔绝。

传统的项目进度管理往往是事后控制，项目管理者是在实际进度已经出现偏差后，才制定出各种修正措施，然而措施指令要下达到各项工作的操作端才会被执行，从偏差出现到制定各种纠正偏差的措施再具体实行，这个过程至少会消耗一周的时间。这就可能导致当初产生的偏差，因为时间的推移而扩大范围，从而导致当初偏差制定的纠正措施无法真正彻底地解决问题。所以，不能动态地进行进度控制，在发现偏差的同一时间做出决策，是传统进度管理方法最大的弊端。

3. 传统项目进度管理产生问题的原因

项目管理者在具体施工之前虽然做了详细的施工分析和周密的进度计划，但在实际施工过程中，实际的项目进度与制定好的进度计划往往不能一致，具体的施工措施得不到准确的实行，主要有以下几点原因：

（1）图纸原因。以往的设计图纸一般都是由设计师通过CAD制图软件绘制，因为CAD软件固有的缺点，如3D显像功能差、图层之间缺少关联等，再加上设计师的技术能力、经验限制以及图纸审核方与设计师之间的沟通合作程度有限，导致施工图纸难免存在错误。此外，施工图纸作为复杂建设项目的重要基础资料之一，施工方并没有参与到施工图纸的设计过程，所以，施工方对施工图纸的掌握了解程度就谈不上充分细致，而由施工方根据施工图纸制定的项目进度计划就肯定不能涵盖施工图纸所蕴含的所有要求，最终也会对项目进度造成一定的影响。

（2）组织结构和流程原因。施工方是制定项目进度计划的绝对主体，在制定进度计划过程中，业主与项目监督单位仅起到监督和审批的作用，各方之间几乎不交流，所以无法在项目前期进行有效地沟通合作并形成详细周密的计划（杨合湘，2003）。施工方在制定项目进度计划时除了将设计图纸作为依据外，更多的是靠施工方以往的施工经验，虽然施工方以往承建过各式各样的项目，即使有可以借鉴的项目经验，但是在复杂建设项目的政策法规、环境以及资源的限制下，因为客观条件的不同而有所不同。因此，若是施工方照抄以往项目的施工经验来编制进度计划，一定会产生各种各样的问题。

（3）进度计划表现形式原因。以往主要是以横道图、网络计划图为进度计划图的表现形式，虽然这些传统的二维图绘制比较简单，但是表现形式略微抽象，长期从事施工的技术人员有可能对这些图表的内涵进行完全地解读和掌握，但是可能会导致进度计划仅是项目管理者了解，而各分包单位无法准确地把握具体的进度要求，造成现场施工不按进度计划进行，延误工期。

随着管理技术的不断提升，项目进度管理的发展主要以规范化和精细化作为方向（李伯鸣，2013）。而传统的进度管理方式大多依赖项目管理者的能力经验为主的特点，并不符合规范化和精细化管理的发展趋势，这种经验化的进度管理方式比较容易被主观因素干扰，产生难以预测的问题。要形成规范化、精细化的管理体系，就需要引入新的管理技术和管理方法。

5.1.3 BIM应用于复杂建设项目管理的价值与阻碍

近期Autodesk公司做过统计，BIM技术的三维可视化特点更有利于沟通，能够显著地改善项目产出，提高79%的团队合作，减少55%~70%的信息请求，缩短6%~10%的项目施工周期，缩短各专业之间20%~25%的协调时间，对于提高企业的竞争力具有重大意义。BIM应用于复杂建设项目管理的价值具体来说有：

（1）BIM通过集成化的项目施工管理，提供了一个能够及时进行信息交换的平台，在很大程度上增加了项目各参与单位之间的沟通互动。项目管理者通过建筑信息模型可以获取项目的实时施工信息，提高了项目施工进度管理的效率。

（2）BIM模型具有对建筑信息进行真实描述的特征，利用这个特征，可以进行项目构件和管线的碰撞检测，将检测结果进行分析并优化设计方案，对施工机械进行更合理地布置安排。这种“事前反馈控制”可以在项目施工前尽可能早地发现设计中存在的问题以及施工机械、资源现场布置的不合理，能够有效地避免发生“错、缺、漏、碰”等现象。

（3）根据输入项目信息的后台数据库，BIM技术可以进行真实、动态的施工全过程模拟和关键工作的施工模拟，并通过模拟检测多种施工计划、施工工艺的可操作性，从而选择更合适的方案。

（4）基于BIM技术，项目管理者和监督者可以进行施工安全分析和矛盾分析，对于提前发现并处理存在的施工安全隐患和碰撞冲突有很大的帮助，有效地提高工程项目的安全等级。

（5）BIM技术能够精确地对施工进度进行控制，对施工资源进行动态布置，对施工场地进行合理规划，确保资源供给的连续性以及合适的施工作业空间，并支持对项目工程量、成本、资源的实时查询，强化项目管理者对工程的控制。

（6）在项目施工过程中建立的建筑信息模型，在项目竣工结束后仍然可以使用于项目的运营维护阶段，形成信息化的物业管理模式，从而真正实现贯穿项目全生命周期的数据交互。BIM技术给项目各阶段提供了一个数据交流的平台。

（7）BIM技术颠覆了传统的项目管理模式，通过BIM技术可以对工程项目进行动态管理，显著增强团队的合作程度，并通过预制场外构件和提前准备施工材料来大大减少施工过程中的闲置时间，有助于提前完成工程项目的工期目标。

（8）在工程概预算方面，基于BIM技术的工程量清单计算将比基于CAD图纸计算更准确、便捷。

（9）BIM技术提供的信息交互平台可以使在全局考虑下做出的决策能够在短时间内下达至各层分包单位并在具体的操作端口执行。

（10）BIM技术方便新兴施工工艺的引入，比如场外构件预制能够缩短施工工期；BIM模型作为施工文件，能够降低在项目施工过程中的成本。

（11）BIM技术有助于项目的创新，通过对传统项目管理体系的优化，形成多方参与的集成化管理模式，有利于先进工艺与经验的引入，项目的可操作性得到显著提高。

（12）BIM模型在项目竣工后可以保留，作为物业运营和维护服务的后台数据库，方便项目后期的管理。

将BIM技术应用于复杂建设项目在国外已经得到大范围普及。由于我国接触BIM技术较晚，在2003年才正式向国内引入。目前，国内只有一些大型工程项目才会运用BIM技术，比如“鸟巢”、上海迪士尼、上海金融大厦等。对于BIM在工程项目的应用并没有形成规模化应用，主要面临以下阻碍与困难：

（1）BIM技术不易掌握。一方面，我国的施工单位、建设单位在长此以往的运营过程中已经形成了一套标准固定、熟悉经验的业务流程，这对BIM技术的推广产生一定的阻碍。另一方面，由于我国建筑业从业人员在2015年已经达到5093.7万人，在庞大基数下，建筑业从业人员的平均素质必然有限，无法掌握结构复杂、数据繁多的BIM技术，而且在比其他行业更加传统的建筑工程施工行业，人们普遍认为项目的工作流程是无法通过电脑技术改变的，这就导致BIM技术在我国的应用接口较少，无法完全适应我国建筑业的行情。

（2）缺乏法律环境。自BIM技术引入我国以来，随着近几年的发展，已然成了建筑行业的热门话题之一，虽然住房和城乡建设部曾经发文推进BIM的应用，但是BIM仍然未得到实质性推广。政府没有制定统一的BIM应用标准指南以及示范合同文本，缺少对其的鼓励政策。相关的法律部门也没有根据BIM的技术特点，制定保护BIM知识产权的法律条款，营造一个有利于BIM技术推广的法律环境。

（3）业主对BIM的不重视。在复杂建设项目中推广BIM技术，业主起着至关重要的作用。业主不明确地要求施工企业在施工过程中使用BIM技术，施工企业便缺乏使用的积极性。设计单位未提供建筑信息模型，施工企业也很难建立信息模型。

（4）企业的经营策略。使用BIM技术的目的是对复杂建设项目的进度、成本、质量三大目标在项目的整个生命周期内进行控制。但是由于BIM带来的经济效益在短期内不能很明显地表现出来，还必须在使用过程中投入不少的资金，进行信息化改造、升级应用的软件硬件以及对施工人员进行培训等，会使经营成本增加。企业高层因为对BIM技术的不了解，会对BIM持有观望态度，所以就会导致整个组织结构从上到下没有普及BIM的决心。因此，对BIM技术的推广不能停留在口号上，需要针对以上阻碍与困难不断地对症下药，才能使BIM技术广泛地应用于复杂建设项目。

首先，政府需提供政策上的支持与鼓励，相关法律部门应尽快制定关于保护BIM技术的知识产权措施，提高BIM技术相关研究开发人员的积极性；行业上提供技术层面的支持，加大对BIM技术的研究力度，开发适合我国建筑业行情的BIM应用软件，提供完善信息的模型数据库，建立技术交流平台。

其次，业主应起到引导BIM技术进入复杂建设项目管理的带头作用，在项目招标文件中明确指出应用BIM技术的要求；设计人员在设计施工图纸时应采用BIM模型的形式作为最终的输出结果。

最后，施工企业不应拘泥于眼前的利益，因为施工企业是长期使用BIM的最大受益方。施工企业领导应从战略角度重视BIM，短期的成本增加是为了培训BIM专业人员，组建BIM专业团队，以获取更大的利益。

5.2 BIM在复杂建设项目进度管理的应用实现

5.2.1 BIM应用于复杂建设项目进度管理的思路

1. 基于BIM的项目进度管理体系构建

（1）项目进度管理的基本思想

每个项目因为所处的施工环境和合同约束环境的不同，都存在其自有的项目特征和管理特色，所以需要在此基础之上，将“避免空谈理论、重视实践过程、不轻视不忽略各个关键环节、将烦琐化为简洁、对每个工作都保留数据记录”为基本原则，根据BIM技术特有的建筑模型可视化、施工模拟、虚拟建造等技术优势，建立项目的进度管理体系。

项目开展之前需要进行科学、合理的施工组织方案设计，项目各参与单位之间进行深层次地讨论，根据施工场地布置、资源供给等约束条件，选择最优化的项目进度计划。在项目实际施工过程中，需要技术人员实时对现场施工进度进行跟踪控制，做到模型信息数据的更新速度与实际施工进度相一致。若制定的进度计划与实际进度发生偏差，及时对进度偏差进行分析以及制定相应的纠正措施进行纠正，及时有效地进行事后控制。

根据项目进度管理的基本思想，才能科学合理地实现基于BIM的项目进度管理，确保完成项目的工期目标。

（2）项目进度管理体系的设计原则

1）目标导向原则

把需要通过管理实现的目标作为中心，以目标导向作为原则。项目管理者进行进度管理的最终目的是实现项目的工期目标。正因如此，重要的是能在项目的整个生命周期内设立一个合乎项目自有特点和其所处环境条件的进度目标。需要先将总进度目标分解成各工作阶段的分进度目标，然后实时跟踪各工作阶段的分工期目标，及时发现偏差并合理纠正偏差，最终完成项目工期目标。

2）效率原则

效率是指在已给定的投入和技术支持等条件下，最大限度地运用资源来满足所预设的目标及愿望。在项目管理中，则是指在项目前期策划、实际施工、竣工交付以及运营维护过程内，对项目进行科学合理的规划，使有限的施工资源能够充分地在项目中运用，让利益最大化。同时为了使各参建单位能够积极地参与到项目建设中，提高其工作效率，需要对其进行科学合理的管理安排，采取相应的激励制度。

3）注重细节原则

一直以来，细节都是决定成功的重要因素。对细节原则的注重，就是注重各阶段工作的具体实施，完成各阶段的进度目标。细分各项工作任务，设定各项工作的质量标准，在各项工作操作端口的技术人员需要做到心里有数，了解具体工作的具体计划。项目管理者通过对工作成果的详细测评，对项目进行有效的进度控制。

4）关键线路优先获取关键资源

关键线路的推进速度作为项目进度计划进展是否顺利的关键因素，必须保持关键约束资源对关键线路的供给，否则如果发生关键约束资源的短缺问题，就会导致项目进展停滞不前。约束理论提到，项目往往通过有限的资源推进。所以对这些有限的资源若是能够提高其利用程度，有利于进度计划的实现。

（3）项目进度管理体系的构成

1）项目总进度纲要

业主在项目成功立项之后，会根据项目特征进行项目总进度纲要的编制。作为项目进度控制的提纲，总进度纲要对项目整个生命周期都有着关键的指导作用。总进度纲要是项目二级、三级进度计划的编制依据，并不会在BIM技术应用于复杂建设项目进度管理后影响其纲领性地位。业主在编制总进度纲要时可以参考BIM模型具备的信息，让编制出来的总进度纲要更符合实际,更具备可执行性。项目总进度纲要的内容包括项目概况、编制说明、进度计划图等。

2）二级进度计划

在项目总进度纲要的基础上，项目各参建单位根据各自的工作情况制定各自工作的进度计划，作为项目的二级进度计划。如设计方对其项目设计进行设计进度计划制定，施工方对项目施工进行施工进度计划制定等。二级进度计划对项目的具体实施做出指导，在计划进行到关键时刻设立里程碑节点，对进度控制起着重要作用。

3）三级进度计划

在项目二级进度计划的基础上，对项目进行实施层面的进度计划编制，作为项目的三级进度计划。项目三级进度计划划分为设计阶段和施工阶段的三级进度计划，对具体的现场施工操作可以进行直接指导。

基于BIM技术的具备可操作性的最优化进度计划，是以BIM模型详细具体的项目信息为基础，进行合理的施工模拟检测来确定其可实施性，从而制定各级进度计划。具体的三级进度计划管理体系如图5-7所示。

2. 基于BIM的项目进度计划分析

进度计划作为确保复杂建设项目能够顺畅开展、工程项目三大核心目标之一的进度目标能够如期完成的关键因素，在项目前期对其进行科学合理的制定就显得非常重要。以上述讨论作为基础，可知基于BIM的工程项目进度管理体系是以业主作为主导单位，划分为三个等级的进度计划，依次是总进度纲要、二级进度计划和三级进度计划。本小节将对以业主为主导单位的、基于BIM

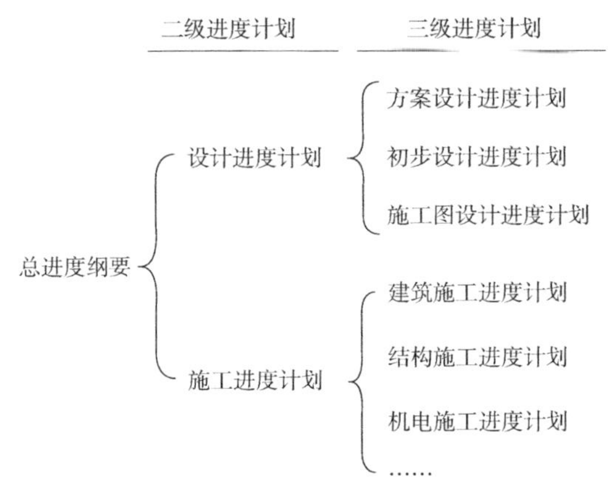

图5-7　三级进度计划管理体系

技术的进度计划编制进行分析。一般来说工程项目的参建单位众多，根据参与方式可分为直接参与单位和间接参与单位。直接参与单位包括业主、设计方、施工企业、材料供应商等。而间接参与单位则是政府部门、监理公司、咨询公司以及各分包单位等。在工程项目施工阶段，经常可以看到多个参建单位在施工现场以及项目交通环境上进行施工操作。由于空间大小的限制，如果不能合理地安排所需的施工资源给各参建单位，必然引起各项工作之间的冲突，最后结果就是延误施工工期，进度目标不能如期实现。

基于BIM技术的复杂建设项目进度计划编制不仅是业主的任务，其他参建单位也必须参与其中。在进度计划编制过程中协同合作，根据各项工作情况及施工资源进行进度计划的优化，其主要流程包括：

（1）在项目前期视察周围环境，并进行分析。

（2）在项目施工阶段，在BIM技术可以进行三维可视化、模拟项目施工过程、虚拟构建建筑物的基础上对项目进度计划进行编制，在考虑项目各参建单位自身实际情况的前提下对进度计划和施工组织设计进行优化。

（3）在项目整个生命周期，技术人员随时跟踪项目实际施工进度，从而收集项目实时信息，对BIM模型进行同步更新，以便业主及承包单位对项目进行实时监督。若发现实际进度落后，及时采取纠偏措施，具体如图5-8所示。

引入BIM技术的进度计划能够对项目整个生命周期进行控制，具体包括：在项目前期进行模拟施工以及虚拟建造，对在模拟过程中出现的问题进行分析，做到排除可能存在问题的事前控制；在项目中期施工过程中，BIM模型的更新速度将与现场进度同步，对项目进展情况进行直观地监控，做到事中控制；在项目竣工交付后，将竣工的项目成果与初始模型进行对比评估，做到事后控制。

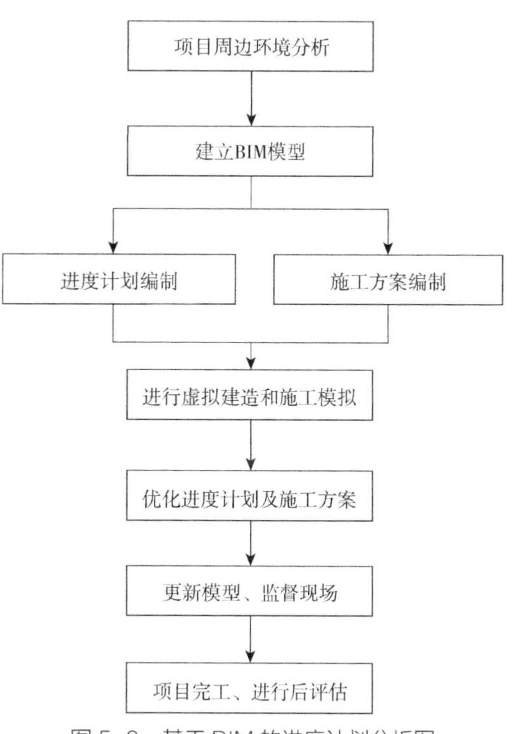

图5-8 基于BIM的进度计划分析图

引入BIM技术的进度计划与传统的进度计划相比，主要具备以下优点：

（1）拥有完整的项目信息。建筑信息模型的建立需要涵盖开展项目所需的所有信息，具体包括项目的长、宽、高等三维几何信息，项目所处的地质条件和交通资源等环境信息，项目的防风、防震、防水、防火等性能的参数化信息。模型在项目前期就会建立，各参与方根据各自的工作所需提取有关的信息，再根据各参与方以往的项目经验，对进度计划进行优化。完整的项目信息能够使项目顺利地按模型开展，避免施工过程中工程量的频繁变更。

（2）提高各参与方的协调性。前文提到在传统项目管理结构中，各阶段工作独立开展，各专业之间不交流。引入BIM技术后，各阶段工作协同开展，各专业之间的壁垒被打破，如建筑、结构、暖通、机电等互相进行管线碰撞检查，确保建立准确无误的BIM模型。

（3）进度计划可视化。BIM模型是将BIM技术应用于进度计划编制的基础，其拥有的可视化优势可以让二维的进度计划形象地体现在三维BIM模型中。项目管理者通过可视化的进度计划，能够更加直观地了解项目目前的进度情况，再结合以往的项目管理经验，科学合理地安排工作，提高工作效率。

3. 基于BIM的进度控制

计划赶不上变化，再充分的施工准备工作，比如搭建现场的临时设施、规划施工机械器材的进场路线、施工资源的合理摆放等，也会在施工过程中出现意料之外的问题；再优化的进度计划，也会受到各种因素的干扰，比如台风、暴雨等不可抗力状况的出现。而进度控制的作用，便是监督检查各项工作的进展情况和效果，根据对比计划产生的偏差反馈进行分析调整，确保进度目标的实现。

由于传统的进度控制方法，比如横道图、网络计划图等方法的进行方式都是通过实体纸质文件传递给各参与方。项目一般具备时间跨度长的特点，这就可能出现文件在传递过程中丢失、遗漏的问题，信息的价值之一便是其时间性，因丢失、遗漏导致的信息滞后会对进度控制造成不小的影响。

虽然基于BIM的进度控制与传统进度控制的基本思路是相同的，都是将实际进度与进度计划进行对比，但却可以弥补传统进度控制方法在文件传递过程中存在的缺陷，其主要的控制技术分为三种：

（1）激光扫描技术

先进的激光扫描设备，可以让施工单位在施工现场对各阶段工作的控制点进行实际进展情况的扫描，然后将扫描结果上传至平台，统计各阶段工作的工程量，与建筑信息模型与进度计划进行对比，能够明显地减少纸质文件的传递数量，方便各参与方之间工作进度的对比。

（2）使用Ipad等便携式电脑

现场技术人员可以通过Ipad等便携式电脑，将项目现场的进展情况输入BIM平台并构建一个新的模型，项目管理者将新的模型与计划模型进行碰撞对比，就能非常清晰地发现进度偏差。

（3）现实增强技术

基于BIM的现实增强技术主要有三个特点：①真实建造和虚拟建造的信息集成；②具有实时交互性；③在三维模型中增添定位虚拟构件。技术人员通过现实增强技术，将实际进度与进度计划进行对比，上传偏差至BIM平台，由项目管理者分析并采取相应措施。

虽然这些先进的控制技术能够帮助项目管理者解决在传统进度管理方法中存在的问题，比如提高信息传递的效率，也能利用可视化的优势建立供各方交流的平台，但是要想顺利使用这些控制技术，需要配备一个完善的 BIM 团队。BIM 团队在项目前期就需要建立，由项目各参与单位人员组成，最终形成一个基于 BIM 平台的 BIM 团队，能够改变传统进度管理组织结构，如图 5-9 所示。

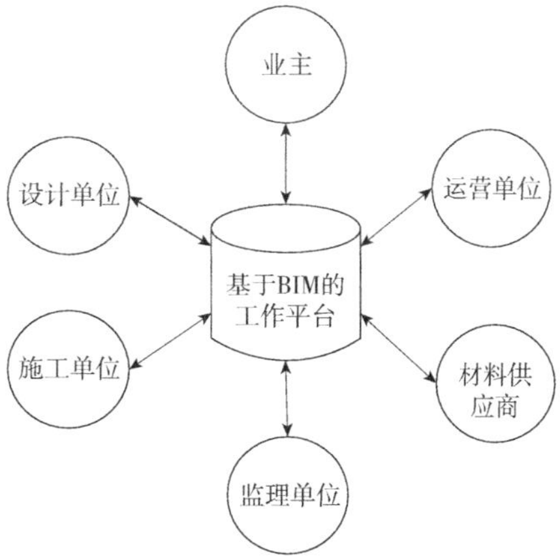

图 5-9　BIM 团队的组成

5.2.2　建立 3D 模型与进度数据

1. 3D 模型的特点

基于 BIM 技术建立的 3D 模型具有非常多的优点，具体如下：

（1）可视化。基于 BIM 技术建立的 3D 模型最清晰的优点便是可视化，不论从任何角度或任意位置，项目管理者都能直观地查看模型。任何项目构件的有关信息比如长宽高、构成材料、型号、技术指标、性能等，都会在建立模型时输入后台数据库。只要点选构件，模型中的图元便会显示构件的匹配信息。

（2）模拟化。基于 BIM 的 3D 模型中的项目构件可以有不同的表现状态，比如显示状态、隐藏状态以及方便区分的各种颜色。不仅项目施工过程可以进行模拟，项目局部工作的技术工艺也可以进行详细地演示，通过一些关联软件，还能实现项目各阶段工作的施工场地布置。

（3）数据协调性。基于 BIM 的 3D 模型中的构件，将以数字信息的形式输入到后台数据库中。后台数据库将与各种视图之间形成一种双向关联的联系，如果 3D 模型产生变化，相应的各种视图和建筑施工图明细表也会同步修改。

（4）构件参数化。项目构件的参数化对于进度计划的优化具有很大帮助。因为在基于 BIM 的 3D 模型中，参数化的构件之间存在关联性，构件的移动或者尺寸的修改，都会使与之相关的构件发生相应的变化，并且不受时间、空间的限制，在所有视图中都有显示。

2. 建立 3D 模型

将 BIM 技术应用于复杂建设项目进度管理的第一步便是建立该项目的 3D 模型，形成建筑信息平台，BIM 技术在工程项目进度管理中的功能价值便会在平台上逐渐显示出来。3D 模型的初步建立应与工程项目的设计阶段工作同步完成，这样才能为后续的进度管理提供 BIM 技术支持。

前文提到的 BIM 核心软件的主要功能便是用于建立 3D 模型。在建立模型过程中，首先需要使用 BIM 核心软件对项目的建筑、结构、机电、暖通进行建模，模型建立后需要对其蕴含的所有项目信息进行详细地检测分析，这时就需要其他 BIM 专业软件来进一步完善模型。基于 BIM 的复杂建设项目进度管理便是在 3D 模型的基础上进行，3D 模型的建立流程具体如图 5-10 所示。

在三维建模方面，项目结构的建模一般按照基础梁、柱、梁、楼板的顺序建立，在建立过程中需要保证各个构件的相关信息的准确度，比如尺寸、材质、性能。为了方便使用，在构件建立完成后需要按照统一规定的格式对构件命名。项目的建筑建模与结构建模的要求一致，在确保构件信息准确无误的前提下，对构件进行规范的命名，建好之后与结构模型进行整合。项目的机电建模顺序依次是暖通风管、强电系统、弱电电缆桥架、给水排水系统、消防系统，可以通过管线碰撞检查对机电模型进行优化。

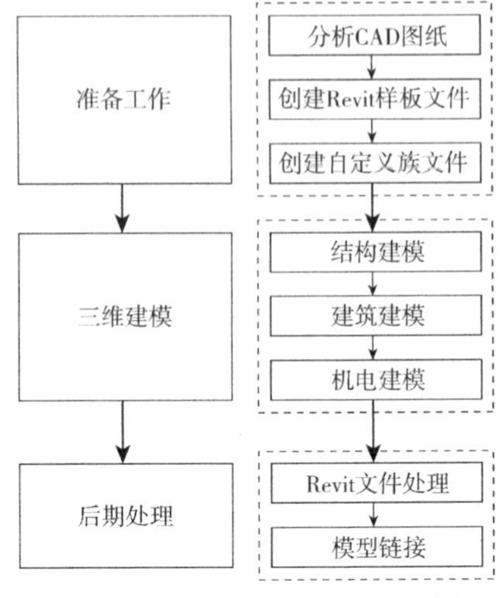

图 5-10　基于 BIM 的参数化建模

3. 建立进度数据

进度数据是进行基于 BIM 的复杂建设项目进度管理的依据。根据之前建立的 3D 模型中的项目建筑信息，进行进度数据的创建。通常用 Project 软件进行项目进度管理，本小节将用工作分解结构技术（Work Breakdown Structure，WBS）对项目工作进行分解结构，用 Project 软件创建工程项目施工的进度数据。

（1）常用的项目管理软件

目前建筑行业常用 Project、Primavera 6.0（以下简称 P6）等软件辅助项目的进度管理，这些软件具备横道图、网络计划图等常用的进度管理技术的功能特色，并可以在分析项目现场施工资源的分配情况后进行项目工期的自动计算，辅助项目管理者进行工作安排。Project、P6 能够进行多种视图下的工程项目进度跟踪，并形成多种表达形式的分析报告。

Project 不仅可以绘制各种报表报告，比如资源分配表、项目预算表、费用分析报告等，其主要功能还能够帮助项目管理者进行进度计划的编制。虽然不适合用于较为复杂的大型项目，并且存在费用资源管理方面的功能缺陷，但是由于该软件价格不高，市场定位明确，能够提高项目进度监控的效率，所以被从业人员广泛使用。

P6 原来是美国 Primavera System Inc. 公司研发的项目管理软件，于 2007 年发布。P6 软件包含许多模块，主要功能是可以在不同专业、不同部门，甚至不同层次、不同地点对项目进行同步管理。PM（Project Management）模块作为一个能够安排时间、进行资源控制的多用户、多项目系统，能够记录实际数据、自定义视图、对多项目分结构的资源安排。

（2）用 Project 进行进度数据的创建

首先进行项目信息的收集，确定项目各项工作任务的细节。其次在建立项目文件夹后，进入任务输入阶段，这一步需要根据项目的实际情况进行，先对项目进行工作结构分解，然后建立任务列表或者二者同时进行，具体视项目实际情况而定。以下是输入任

务的几种方法：

①根据项目的先后顺序，依次输入；

②不考虑相关任务组和顺序，先直接输入任务，在后期再进行组织调整；

③若项目进行到一定阶段或者已经有可交付的工作成果，将接下来准备实施的工作作为任务输入；

④在考虑项目的整体情况后，添加任务和子任务。

将任务输入便能成功建立任务列表，接着进行任务大纲的编制以及用WBS技术对工作进行分解编码，最后进行任务进度计划的编制。用Project进行任务进度计划的编制，需要先确定任务工期，再将任务工期输入软件中，并弄清楚各任务之间的关系和依赖性，因为可能存在个别任务必须要满足特定工期的要求，可以对其进行相应的调整。在编制进度计划时，可以先确定进度计划的总体纲要，再去了解项目整个生命周期内完成各项工作所需的时间。

为了提高进度计划的精确性，使其符合精细化进度管理的思想，需要在编制完成的进度计划中加入各种施工资源，然后可以根据资源工时对项目施工资源消耗情况进行实时跟踪。项目管理者使用Project软件编制进度计划时，使各项任务与其所需的施工资源相匹配，进而建立项目进度表。项目日历、各任务的持续时间与它们之间的依赖性、施工资源的分配情况等都可以通过项目进度表反映出来。

在进度计划编制过程中，需要深入考虑时间、空间等各方面的因素，明确各任务之间的逻辑关系。最后，将Project文件中制定好的任务安排与项目的3D模型进行对接，通过模拟施工直观地演示项目的各项细节活动。

5.2.3　4D模型进度模拟

1. 4D模型的概念

在3D模型的基础上加入时间维度，使之前编制好的进度计划能够与3D模型进行对接，从而形成4D建筑信息模型。由于其具有时间逻辑关系，项目管理者能通过4D模型可视化的特点，展示复杂建设项目施工过程中所有项目构件的仿真建造，在3D模型上通过使用不同颜色表明不同构件的施工进展情况，从而了解复杂建设项目的实时总体进度；还可以根据施工模拟，找出进度计划中未被发现的各项工作之间的施工冲突，能够再次优化项目进度计划。

在复杂建设项目施工阶段，4D模型的作用主要是进行项目管理绩效分析，通过进度计划与实际施工进度的数据进行比较，以进行项目管控作业，且可以对施工前后差异的资料进行统计，帮助项目管理者了解工程整体绩效。在项目运营维护阶段，4D模型能够集成建筑结构物及各项设备设施的所有相关信息，以及在运营维护时也许会用到的各项维护、检修所需要的信息，并结合智能信息查询与检索方式，提高工程维护管理作业的效率。

2. 建立4D模型

由于仅需价格低廉的硬件便可以支持，常用Navisworks软件进行4D模型的建立，Navisworks对于导入到其中的三维信息模型能够进行全面的分析，为项目管理者提供施工过程的模拟以及预测。

Navisworks模型的集成化功能，能够跨专业、跨格式地整合不同的设计模型，最终形成一个统一信息的最优化建筑模型。该模型能够实现3D模型随时切入，快速进行管线碰撞检查，进行4D施工模拟。

Navisworks软件能够与一百多种不同格式的文件进行对接，3D模型和进度计划文件都能够很好地导入到软件中，还拥有多次开发的功能。

3. 4D进度模拟的实现

4D进度模拟的实现，可在3D模型、施工进度计划、相关施工资源的消耗情况之间建立复杂的逻辑关系，并通过三维模拟可视化的特点，直观地演示施工过程进度模拟。

首先将利用Revit软件建立的建筑系统、结构系统、暖通系统、电气系统、消防系统等模型以.rvt文件格式保存，然后将.rvt文件进行分层并改变格式为DWF/DWFX文件，最后用Navisworks软件将所有的DWF/DWFX文件进行整合。

其次将利用Project软件编制的进度计划以.mpp文件格式保存，因为Navisworks软件有一个<timeliner>的命令能够让软件与.mpp格式的文件进行对接。

最后使用相关的设置，使进度计划与3D模型在Navisworks软件中建立联系，实现进度计划和建筑信息模型的完全契合。

使用4D模型进行施工模拟的主要内容包括：

（1）模拟的时间单位根据进度计划确定，一般为日、周、月。按照不同的时间间隔，进度模拟可以进行正常时间顺序播放，也可以进行逆向时间顺序播放，有利于反映整体施工情况。

（2）项目当日完成的工程量与未完成的工程量都能随时查看，便于项目管理者修改项目施工计划。

（3）就算改变项目的施工状态和施工时间，软件也会对进度数据进行同步调整，同时也会自动调整Project进度计划。

（4）能够以动画形式进行项目构件的施工模拟，以便获得更好的视觉效果。

5.3 基于BIM的复杂建设项目进度管理案例

5.3.1 项目概况

南京青奥体育公园项目位于南京市浦口新城核心区，临江路和城南河路东北侧，过江隧道出口处以南约615m。整个基地依城南河划分为南侧A地块、北侧B地块，A、B地块由横跨城南河的全钢结构景观桥连接，项目总用地面积约101.7万m^2。A地块主

要布置由健身休闲综合体、青少年奥林匹克培训基地以及体育开放公园形成，承办了2013年亚青会和2014年青奥会的相关赛事；B地块主要布置有两个单位工程体育馆和体育场以及一个辅助的热身训练场。体育馆定位为甲级体育建筑，规模为特大型，可承办NBA篮球比赛，总建筑面积37999m^2，建筑层数地下1层、地上5层，建筑高度43m。体育场作为甲级体育建筑，规模为小型，满足全国性和单项国际比赛，总建筑面积32569m^2，建筑层数地上5层，建筑高度35m。该项目属于政府投资建设的大型公共基础设施工程，采用IBR+委托项目管理“交钥匙”的运作模式组织建设，是南京市政府筹办青奥会千日行动计划中的一项重要任务。项目的建设不仅为亚洲青年运动会（以下简称亚青会）、青年奥林匹克运动会（以下简称青奥会）相关赛事提供比赛场地，而且给浦口市民建设一个更加完善的基础设施，同时带动周边项目的发展，丰富了浦口新城的城市面貌。

该项目的总体设计很好地表达了“分享青春，共筑未来”的青奥精神，展示出奋发向上、快乐成长的意境，彰显了“绿色、活力、人文”的青奥理念。长江之舟、景观桥、体育场馆分别采用不同的设计理念，大量空间异形曲面设计是它们的共同特点。体育场馆金属屋面的江鸥造型塑造出一幅展翅高飞、自由驰骋的画面；基于双曲波浪形的设计理念，景观桥采用全钢结构设计，以表达人们在河面上快乐自在散步、观光的状态；长江之舟的船体造型形象给人们以广阔的想象空间；大船小船结伴起航，顺流而下，驶入长江。总之，项目的总体建筑形象充满了艺术表现的手法，散发出青春的活力与动感。

5.3.2　BIM应用于进度管理的必要性和可行性

南京青奥体育公园项目建设规模庞大、投资额巨大、工期要求紧迫、结构形态复杂、参与建设单位众多，是一个大型复杂的典型工程。此项目由景观桥、长江之舟以及体育场馆等单项工程组成，使得工程方面的领域跨度大，客观上增加了对施工单位专业技术能力以及管理水平的要求。同时，本项目采用IBR+委托项目管理“交钥匙”的运作模式组织建设，若项目按时完工，投资方将尽早获得收益，收回成本，反之将增加资金成本，侧面说明了进度管理的重要性。另外，施工期间受青奥会及亚青会的影响，中途发生官方性停工，中断了施工连续性，在复工后又得重新调配材料、机械以及人工等资源，使得进度控制难度上升，由于项目具有复杂性，具体分析制约其进度管理过程顺利实施的主要困难如下：

1. 工程质量要求高、进度计划编制难度大

本项目中体育馆的目标是争创鲁班奖工程，长江之舟至少达到省优级标准。因此要在项目质量控制时投入更多精力以及资源，避免因为质量问题引起工程返工，造成进度损失。由于项目内容、结构、技术等方面的复杂性，在编制项目进度计划时，因很难顾及所有工作，则漏项出现偏多，施工过程的计划外工作给进度计划的实施带来影响。对采用新技术的某些工作活动，由于缺少相关经验，不能够精确估计活动的持

续时间，影响后续工作的开工时间以及进度计划的合理准确性，给施工过程中的资源合理配置带来挑战。

2. 技术要求程度高、重点施工工序多

项目从基础开挖到竣工结束的整个施工阶段，涉及的技术内容十分丰富，对各项技术的要求严格，如反循环钻孔灌注桩技术、基坑支护防水防渗技术、定型模板技术、钢结构吊装技术、组合支吊架技术、预应力技术、幕墙施工技术等，施工方各项技术的掌握程度直接关系到相关施工活动能否正常进行。除此之外，项目的系统复杂性使得整个过程施工工序复杂，重点施工工序多，多个分部分项工程都需要编制专项施工方案并进行专家会审。这些重点施工活动大多数情况下都处于关键线路上，决定了项目能否按期完成。

3. 数据信息量巨大、组织协调困难

施工活动是一个将设计信息物化的过程。南京青奥体育公园项目本身就具有信息复杂性特点，其信息来源广泛，既包含结构化的图纸信息，又包含非结构化的文档信息。整个施工过程中，围绕项目的相关信息数据和资料所生成的信息量巨大，如施工组织设计、进度、质量、成本、安全等信息；同时该过程的高密度活动涉及业主、监理方、总包方、分包方、供货方、政府监管部门等众多参与方，组织结构系统尤其复杂，沟通协调工作非常多。若采用传统的分散式信息传递方式，则很容易在各参与方之间产生信息偏差，进而造成对进度控制的失调。

由于该项目具有重大社会意义及复杂性，为了确保在管理及系统复杂性下质量得以保证，项目能顺利完成，则很有必要采用一种集成性高、先进的技术管理方式和方法。由于 BIM 是一个集信息、技术、管理等于一体的系统化平台，具有在组织、技术、管理等方面确保大型复杂工程进度管理工作有效进行的明显优势。组织上，基于 BIM 的扁平化组织结构更加系统化、富有弹性、目的明确、精简高效，能够有效地适应复杂的项目环境变化；技术上，通过 BIM 参数可视化、虚拟现实的表现手法，能够清楚掌握各工作环节之间的关系，对施工关键活动的相应技术支撑进行重点加强，提高了交界面以及过程的控制与协调能力；管理上，基于 BIM 平台，不对称传递以及信息传递上的损失大大减少，形成更加顺畅的各方沟通交流，对工作效率也进行了提高，因而该项目应用 BIM 技术实施进度管理是必要可行的。

5.3.3 BIM 应用于进度管理的工作要点

1. BIM 建模

BIM 模型具有可视化、海量丰富信息的特点，可真实化表达项目对象信息，直观展示整个项目的具体情况，有助于更详细地理解设计信息和施工方案内容，减少施工过程因信息传递不一致带来的相关问题的发生，促进施工进度的加快和项目决策的尽早执行。然而，实现 BIM 的一系列应用，发挥 BIM 应用价值，同 BIM 模型质量关系密切，必须从基础的 BIM 建模工作做起。

由于该项目功能特殊，体量巨大，结构复杂，针对项目BIM模型的质量，分别从BIM软件平台选择、BIM建模流程、设备颜色显示定义等方面进行控制。建立以Autodesk为主的BIM软件平台，辅以Tekla进行钢结构建模。理解建模思路，协商建模过程注意事项，构建统一、总体的BIM建模流程，并强调MEP设备外观显示效果，根据设备系统、工作集的划分，统一对设备颜色进行定义。根据以上条件及其他要求，完成了对体育场馆土建、钢结构、MEP以及长江之舟的相关BIM建模。实际上在BIM建模过程中，完成了对各专业图纸的系统会审，提前发现相关图纸问题并及时沟通解决。

2. 组织协作优化

组织措施是实现进度目标的决定性措施。复杂建设项目的组织结构使得各参与方之间的管理协调效率及沟通效率受到影响，与项目成本、进度以及质量有密切的关系。传统的高耸金字塔形的组织结构已经不能适应现代大型复杂工程建设的需求。考虑到项目多方面的复杂性事实以及严格的工期要求，为了达到项目进度有效控制的目的，在主要各参建方相互信任的基础上，施工方决定从集成化管理角度出发，基于BIM平台信息共享，优化传统组织结构，建立青奥体育公园项目BIM总体协作流程，从组织协调角度保证了项目进度管理过程的有效实施。

3. 碰撞检查

根据精益管理理论观点，最大的浪费就是返工。返工既造成工期损失，也使得资源浪费，若关键线路发生返工，则进度目标的实现将受到严重影响。而实际施工过程中，由于图纸设计缺陷等多方面原因，往往出现“硬碰撞”“软碰撞”问题，导致施工无法正常进行。所谓硬碰撞，简单理解为不同专业内容在空间上的直接交叉；软碰撞就是由于考虑到相关施工标准以及现场具体做法致使难以正常施工，比如空调水管与风管立面之间的间隙过小，难以安装。通过BIM进行碰撞检查，不仅能够提前发现“硬碰撞”的设计错误问题，而且能够提前反映“软碰撞”的施工难点问题，及时采取应对措施，避免返工造成进度损失的事件发生。南京青奥体育公园项目中，通过Revit以及Navisworks进行各专业间的多次碰撞检查，对机电安装同建筑结构、钢结构与建筑结构以及机电安装之间的许多碰撞均能被提前找出，尤其是体育馆地下室机电安装之间的碰撞检查，最多时检测出2000多处硬碰撞，软碰撞则更多。

4. 专项施工方案管理

专项施工方案是对具体分项工程现场施工技术进行指导的一类技术管理文件，其中的专项施工活动往往具有较高的技术要求，属于重点难点施工工序和重要节点目标，直接制约着总体进度目标的实现。利用BIM技术对BIM专项施工方案管理平台进行构建，对专项方案的有关信息传递、整合提取和实施过程中的管理要点进行建立并重视，系统优化整个方案，能大大提高专项施工活动的工作效率，可以节省专项施工活动所需工期，在控制项目质量、成本、进度及安全上发挥着积极的作用。南京青奥体育公园体育场馆项目中，存在很多关键节点上的专项施工活动，例如，通过BIM技术的实施，很好地指导了体育场异形柱以及体育场馆的钢结构吊装专项施工方案的管理。

5. 深化设计管理

深化设计一般按照“谁施工、谁深化”的原则实施，要求必须根据施工现场在施工图设计基础上进行。由于BIM技术的信息集成性以及可视化效果，可以在继承土建BIM模型的基础上友好地进行深化设计，很好地解决传统信息不一致和协调困难的问题。

南京青奥体育公园项目中，钢结构深化设计是本工程实施的重点内容。因为钢结构复杂节点数量多，而且焊接节点占多数，且主要构件跨度较大，必须在深化设计时对现场拼装、制作以及安装工艺等加以考虑，确保产品质量。如何较好适应工厂化的加工制作从而满足现场安装，如何将构件空间位置、尺寸等进行准确定位，以及如何使得坐标及尺寸测量精确完成并在详图设计及出图上更加快速高效等，都对深化设计提出了严格的要求；此外，深化设计必须顾及构件节点的实际制作、安装工序及工艺方案的可行性。因此，深化设计直接关系到钢结构的施工能否顺利进行。为此，钢结构施工方通过Tekla Structures等钢结构BIM软件，建立结构整体模型，确保节点模型的正确，保证节点的理论精度；并对节点进行有限元计算，确保节点受力合理，保证结构安全；将所有次结构连接节点在结构整体模型中反映出来，保证现场不在主结构构件上出现影响结构安全的焊接作业；同时，对结构和节点进行优化处理，保证节点满足加工制作和便于安装。最后，在整合后的BIM模型上进一步进行深化设计优化，通过深化设计交底，开始深化设计的钢结构吊装施工活动。此外，在已有的土建及钢结构BIM模型基础上进行虹吸排水、幕墙等深化设计，有助于直观检视深化设计内容的准确完整性，加快深化设计进度，提高质量和效率。

5.3.4 BIM应用效果总结

通过BIM技术的引入，施工阶段的相关进度管理工作取得显著效果，主要表现为以下几个方面：

（1）BIM建模即是一个完整的图纸会审过程，提前发现很多图纸设计错误或者设计意图表达不清的问题，立即同设计方沟通，使相关设计问题得到及时解决。避免或者减少了因设计修改、变更而导致的现场停工等待事件的发生，保证了进度计划时间的合理有效利用。同时，通过BIM建立的三维可视化信息模型以及在此基础上形成的BIM总体协作流程，明显缩短了各参与方沟通协调的时间，提高了工作效率，从组织措施方面确保了项目总进度目标的实现。

（2）规避了大量硬碰撞问题，有效预防了返工以及施工等待问题的出现，从而避免了工期的延误以及成本的增加。通过钢结构BIM模型同土建BIM模型的碰撞检查，及时发现体育场东西看台顶部的钢结构桁架同楼梯间屋面顶部的碰撞点，使得各参与方能够及时协商调整，避免破坏混凝土屋面后而进行钢结构吊装的潜在隐患发生。同时对体育馆地下室进行管线综合碰撞检查，不仅使得管线的布局更加合理，而且大大提高了管线安装的工作效率，保证了安装进度目标的实现。

（3）更加直观、高效地通过 BIM 平台对钢结构吊装以及异形柱专项施工方案进行优化、管理，促进了施工工序组织、资源配置的更加合理安排。由于这两项工作都是关键线路上的重点控制对象，工作量大，工期紧迫，技术要求程度高，BIM 技术的应用从管理措施、技术措施的角度有效地确保进度管理工作的进行。从现场实际施工反映，两项工作都已经顺利按期完成，体育场钢结构的吊装由原计划工期的 95d 缩短至实际工期的 57d 完成，整体提前 38d 完工。

（4）通过在 BIM 平台上进行深化设计，保证了深化设计信息同施工图纸以及现场的准确一致性，不仅大大提高了深化设计的工作效率，而且方便了后续深化设计的施工工作，从技术措施的角度确保了总进度目标的实现。在项目中基于土建 BIM 平台，运用 Tekla 等进行钢结构的深化设计，保证了钢结构施工工作的按时进行。同时，在集成的土建以及钢结构 BIM 平台上进行虹吸排水、幕墙等的深化设计，与过去相比，工作效率与设计质量都得到明显提高，间接保证了总进度目标的实现。

5.4　本章小结

本章基于复杂建设项目进度管理理论，分析了传统进度管理方法的局限性，从而对比分析了 BIM 用于进度管理的价值和障碍，并进一步分析了 BIM 在复杂建设项目进度管理实现的思路与策略，最后结合南京青奥体育公园项目实际案例，分析 BIM 应用于进度管理的可行性和效果总结。研究结果表明，对 BIM 的合理运用不但能在进度上进行有效控制，而且还能提高进度管理的效率，从而提升复杂建设项目整体项目管理水平和企业的竞争力。

本章参考文献

[1] Ospina-Alvarado A M，Castro-Lacouture D. Interaction of processes and phases in project scheduling using BIM for A/E/C/FM integration [C]// Construction Research Congress. 2010：939-948.

[2] Boton C，Forgues D. Practices and processes in BIM projects：An exploratory case study [J]. Advances in Civil Engineering，2018（PT.6）：1-12.

[3] Mehrbod S，Staub-French S，Tory M. BIM-based building design coordination：processes，bottlenecks，and considerations [J].Canadian Journal of Civil Engineering，2020，47（1）：25-36.

[4] 陈继良，张东升 . BIM 相关技术在上海中心大厦的应用 [J]. 建筑技艺，2011（1）：104-107.

[5] 陈远，张雨，张立霞 . 基于 IFC/IDM/MVD 的建筑工程项目进度管理信息模型开发方法 [J]. 土木工程与管理学报，2020，37（4）：138-145.

[6] 丁士昭 . 建设工程信息化导论 [M]. 北京：中国建筑工业出版社，2005.

[7] 郭娟，鄢莉．基于 BIM 技术的节能建筑工程项目进度监测方法 [J]. 现代电子技术，2021，44（10）：148-152.

[8] 海欧．浅谈建筑工程进度管理要点 [J]. 科技创新与应用，2014（22）：205-205.

[9] 何关培，王铁群，应宇垦．BIM 总论 [M]. 北京：中国建筑工业出版社，2011.

[10] 何清华，李永奎，彭勇．建设项目管理信息化 [M]. 北京：中国建筑工业出版，2011.

[11] 基于 BIM 的建筑工程信息集成与管理研究 [D]. 北京：清华大学，2009.

[12] 蒋绮琛，李鑫，于鑫，等．基于 BIM 的项目施工进度与计划应用研究 [J]. 施工技术，2019（S1）：357-359.

[13] 李伯鸣，卫明，徐关潮．工程项目管理信息化 [M]. 北京：中国建筑工业出版社，2013.

[14] 李忠富，杨晓林．现代建筑生产管理理论 [M]. 北京：中国建筑工业出版社，2013.

[15] 蔺石柱，闫文周．工程项目管理 [M]. 北京：机械工业出版社，2015.

[16] 路铁军，刘宝贵．工程项目施工进度动态控制 [J]. 石家庄铁道学院学报，2003（7）：155-157.

[17] 孙慧，周颖，范志清．关键链方法及其在项目群管理中的应用 [N]. 中国农机化学报，2011（3）：48-51.

[18] 王立，万里升，商红磊，等．BIM 技术在大型改复建项目中的应用 [J]. 建筑技术，2021，52（6）：671-674.

[19] 王青薇，张建平．基于 BIM 的工程进度计划编制 [J]. 商场现代化，2010（632）：220-222.

[20] 王永泉，黄亚钟，韦芳芳，等．基于 BIM 和遗传算法的网架工程施工进度——费用优化研究 [J]. 施工技术，2020，49（6）：18-22，66.

[21] 徐杰，张敏莉，印友涛，等．浅析 BIM 在国内推广的阻碍 [J]. 江苏建筑，2016（3）：117-120.

[22] 杨合湘，黄潇．我国项目管理的问题及对策 [J]. 中国创业投资与高科技，2003（8）：58-60.

[23] 张建平，李丁，林佳瑞，等．BIM 在工程施工中的应用 [J]. 施工技术，2012，41（371）：10-17.

[24] 张谧．马鞍山市地税局私房出租税控系统开发项目的进度管理研究 [D]. 南京：南京理工大学，2010.

[25] 赵昂．BIM 技术在计算机辅助建筑设计中的应用初探 [D]. 重庆：重庆大学，2006.

第 6 章　基于 BIM 的复杂建设项目造价管理

复杂建设项目的造价管理对于工程成本控制起着关键性作用，直接关系到工程的经济效益，因此改革和完善造价管理体系，取得社会效益与投资效益的最优化，对于建筑行业各参与方均具有重大意义，BIM 全周期应用必然少不了对造价管理的影响与改造。本章将对 BIM 模式下的造价管理与传统模式下的造价管理进行比较与优势分析，分析 BIM 在工程造价各阶段的影响作用，构建 BIM 模式下的造价管理协同模型，探求 BIM 技术为造价管理带来的变革。

6.1　BIM 模式与传统工程造价管理

6.1.1　传统模式下的工程造价管理

工程造价管理是指遵循工程造价的客观规律和特点，运用合理、科学的技术原理，解决工程活动中的工程造价确定与控制、技术与经济、经营与管理等实际问题，在统一目标、各负其责的原则下，为确保建设工程的经济效益和有关各方的经济权益，而对建筑工程造价管理及建安工程价格进行的全过程、全方位的符合政策和客观规律的全部业务行为和组织活动。工程造价管理的基本内容是：合理确定、有效控制、提高效益（程建华，2012）。

传统的工程造价管理是以定额为依据、施工图预算为基础、标底为中心的计价模式和招标方式（杨富华，2013）。作为复杂建设项目成本管理的重要手段之一，工程造价管理在降低工程成本、保证工程质量、提高工程效益等方面发挥着不可忽视的重要作用。已有造价管理模式的发展，由于最初实行的是概预算定额管理模式，普遍存在的问题是工程造价难以客观真实地得到反映，概算超估算、预算超概算、决算超预算，突破计划投资的项目比比皆是。由于工程投资的确定缺乏科学合理性，导致工程实施中存在诸多问题。

（1）造价管理观念落后，政府过分干预。目前我国工程在造价管理与控制上，存在观念陈旧、思想落后、对工程造价缺乏整体概念和认识的问题。没有对工程造价进行全过程的、动态的分析认识并进行管理和控制，在造价管理与控制中没有充分地实施动态管理。政府合理干预有利于维持市场稳定。但是有些地方政府的过多干预，严重阻碍工程造价的真实性和有效性，阻碍建筑市场的发展。

（2）造价工程师素质偏低。目前我国一些造价工程师的专业技能水平低，无法做好工程的造价管理与控制工作。目前我国建筑行业的造价工程师，或者专业技术水平低，或者缺乏综合的专业知识。比如一些造价工程师在工程技术经济问题的处理上专业知识不足，没有投资预控的能力，同时又不能处理好工程项目各主体之间的复杂关系。又比如一些造价工程师没有施工专业知识的支撑，对施工技术和施工过程没有深刻的了解，很难在施工阶段的造价上做出正确的管理和决策。

6.1.2 BIM 模式下的工程造价管理

1. BIM 相关造价软件功能

针对工程造价管理，BIM 应以核心建模软件、深化设计软件、模型综合碰撞检查软件、造价管理软件、可视化软件为主。

（1）核心建模软件。以熟知的 Autodesk Revit 为例，其包含建筑（Revit Architecture）、结构（Revit Structure）、系统（Revit MEP）三大部分。在民用建筑市场借助 AutoCAD 的天然优势，有无可争辩的市场优势。

（2）深化设计软件。Xsteel 是基于 BIM 技术的钢结构深化设计软件，当前应用最为普遍。该软件可以通过 BIM 核心建模软件的数据，对钢结构进行面向加工、安装的详细设计，生成钢结构施工图、材料表等。

（3）模型综合碰撞检查软件。当前广泛使用的此类软件为 Autodesk Navisworks，它可以将 BIM 核心建模软件的数据进行整合，再对工程设计在整体上进行检查，发现模型中潜在的“错、缺、漏、碰”，便于在设计中纠正硬碰撞、软碰撞、净空冲突等问题。基于此类软件可以及时发现错误并更正，有效地避免后期的计算错误。

（4）造价管理软件。作为工程造价管理的核心环节，造价管理软件能读取 BIM 模型的数据，进行工程量统计和造价分析，还可以基于 5D 模型进行包含施工进度计划的造价管理。鲁班软件与 BIM 的结合在我国应用较多，工程实践中对 BIM 模型信息在建筑造价管理上的应用水平已经起了积极作用。

（5）可视化软件。可视化软件主要是对 BIM 模型进行渲染加工，以达到与实体建筑趋近吻合的效果。例如 3Ds Max，在 BIM 模型的基础上进行后期效果制作，对于管理层有着比较重要的意义。

BIM 是“多类多款”软件的技术集成，BIM 模型可以在各类软件之间进行无损传输，真正做到将一个复杂建设项目信息包含于一个文件中，不再出现多种设计变更图纸导致信息不一的窘况。

2. BIM 在工程造价管理中的优势

BIM 在提升工程造价水平、提高工程效率、实现工程造价乃至改进造价管理流程方面，都有着无可比拟的优势（何关培，2010）。

（1）微观方面的价值

①准确计量。工程量计量是工程造价管理的基础，BIM 的信息化算量计价则可以摆脱传统模式下由于人为原因可能造成的计算错误。BIM 信息化程度更高，对于构件的计

量和工程计价有其更加准确的计算规则，尤其对于大型复杂建设项目，BIM 的优势会更加明显，精确的模型搭配精确的计算，错误的重复率会有显著降低。

②资源合理计划。复杂建设项目建设周期长，资金多，人员流动性大，管理复杂，没有充分合理的计划，易导致工期延误，甚至发生严重的工程质量问题。此时，BIM 模型可以提供大量基础数据来指导时间、资金、劳动量、材料等合理配置。例如，在 BIM 模型中的工程量上添加时间信息，形成 4D 模型，就可以分析任何时段的工作量，进而可以知道此时段内的工程造价，据此合理安排资金使用（张树捷，2012）。

③控制设计变更。遇到设计变更，传统方法是靠手工先在图纸上确认位置，然后计算设计变更引起的工程量增减情况，同时还要调整与之相关联的构件。这样的过程不仅缓慢，耗费时间长，而且可靠性也难以保证。加上变更的内容没有位置信息和历史数据，今后查询也非常麻烦。利用 BIM 模型，可以把设计变更内容关联到模型中，只要把模型稍加调整，相关的工程量变化就会自动反映出来，甚至可以把设计变更引起的造价变化直接反馈给设计人员，使他们能清楚地了解设计方案的变化对成本的影响。

④多算对比。BIM 模型具有参数化可读可写的特点，在实际复杂建设项目中，可以在模型内对构件添加各种参数信息，如试件信息、材质信息、工序信息等。利用这些信息，可以将模型中的构件进行任意的组合和汇总，从而可以快速地进行统计，对未施工项目进行多算对比，为后续工作提供有效建议。

⑤数据积累。建成工程的造价指标、含量指标等数据，对在建以及筹划中的类似工程的建筑造价管理，尤其是项目前期的估算具有非常重要的意义。利用 BIM 模型可以对相关指标进行详细、准确地分析和读取，并且形成相应的电子资料，方便存储和共享，在今后的建筑造价中发挥重要作用。

（2）宏观方面的价值

①帮助工程造价管理进入实时、动态、准确分析时代。

②建设单位、施工单位、咨询企业的造价管理能力大幅增强，大量节约投资。

③整个建筑业的透明度将大幅提高，招标投标和采购腐败将大大减少。

④加快建筑产业的转型升级，在这样的体系支撑下，基于“关系”的竞争将快速转向基于“能力”的竞争，产业集中度提升加快。

⑤有利于低碳建造，建造过程能更加精细。

⑥基于 BIM 的自动化算量方法将造价工程师从烦琐的劳动中解放出来，为造价工程师节省更多的时间和精力用于更有价值的工作，如询价、评估风险等，并可以利用节约的时间编制更精确的预算。

BIM 模型包含复杂建设项目所有的费用、成本信息，这些信息是相互关联的，存在于工程项目各个阶段，各参与方可以即时读取，间接强化了各阶段的资金控制力度（安培，2015）。BIM 模式的应用会改善之前人工估算、经验评估等粗放和模糊的管理方法，确保建筑业的健康发展。

6.2 BIM 对工程造价全生命周期的影响作用

6.2.1 工程造价全生命周期各阶段

工程造价的有效控制就是在投资决策阶段、设计阶段、工程发包阶段、合同实施阶段把建筑工程造价的发生额控制在批准的工程造价限额以内，随时纠正发生的偏差，保证项目投资目标的实现，以求在各个建设项目中能够合理使用人力、物力、财力，取得较好的投资效益，最终使竣工决算控制在审定的概算额内，避免“三超”现象的发生。工程造价的管理贯穿于项目建设的全过程，因此，复杂建设项目的管理必须在全生命周期内针对整个过程进行动态管理。工程造价管理主要分为五个阶段，即决策阶段、设计阶段、招标投标阶段、施工阶段、竣工结算阶段。

随着工程建设行业市场化程度的不断提高，工程造价管理工作已经深入到工程建设的整个过程中，在项目的决策阶段、设计阶段、招标投标阶段、施工阶段、竣工结算阶段都需要工程造价者的全程参与。工程造价管理也正转变为项目建设全过程中的一个主导因素。

6.2.2 BIM 在工程造价全生命周期的应用

1. 决策阶段

项目投资决策阶段的主要工作是协作业主（建设单位）进行设计方案的比选。根据 BIM 模型，利用以往 BIM 模型的数据，调用与拟建项目类似的已完工程的造价数据，抽取其中的造价指标，例如类似工程的每平方米造价是多少，人、材、机的价格等，从而估计出投资这样一个工程大概需要多少费用。根据 BIM 数据库中历史工程的模型进行相应的简单调整，就能估算出项目的总投资，为投资决策提供可靠依据，并且提高了新建项目对投资额估算的准确性，便于建设单位筹措充足的资金（曹颖，2015）。

2. 设计阶段

设计阶段的主要工作是设计概算和施工图预算，该阶段对建筑安装工程造价起着决定性作用，有相关资料显示，设计阶段影响工程造价的因素达到 35%~75%。所以，工程造价的有效控制重点应当放在设计阶段，主要是需要提高设计质量、优化设计方案这两个关键因素。

设计限额指标由建设单位独立提出，目前限额设计的目的也由“控制”工程造价改为“降低”工程造价。住房和城乡建设部绿色建筑评价标识专家委员会副主任、北京清华城市（建筑）规划设计院结构总工程师、“中国之家”结构优化课题专家王昌兴表示“工程建设项目的设计费虽然只占了工程建筑安装成本的 1%~3%，但是却设计决定了建安成本的 70% 以上，这说明设计阶段是控制工程造价的关键。”

设计限额是参考以往类似项目提出的。但是，大多数项目完成后没有进行认真的总结，造价数据也没有根据未来限额设计的需要进行认真的整理校对，可信度低。利用

BIM 模型进行工程造价的数据测算，可以促进设计单位有效管理，转变长期以来重技术、轻经济的观念，有利于强化设计师的节约意识和获取相关设计指标，在保证使用功能的前提下，实现设计优化，其实就是避免建造成本甚至后期成本的不必要浪费，这样既可以保证设计工程的经济性，又可以保证设计的合理性。设计完成后，利用 BIM 模型快速做出概算，并且核对设计指标是否满足要求，控制投资总额，发挥限额设计的价值。

3. 招标投标阶段

随着工程量清单招标投标在国内建筑市场的逐步应用，以及信息技术和软件开发水平的不断提高，建设单位可以根据 BIM 模型短时间内快速准确地提供招标所需的工程量（叶术娟，2015），避免施工阶段因工程量问题引起纠纷。

目前在招标投标过程中仍然存在一些问题，例如对于施工单位，由于招标时间紧，依靠手工计算，大多数工程只能对部分工程、部分子项进行核对，而很难对清单工程量进行核对。因此设计出一个合理又高效的招标系统对企业来说至关重要。基于 BIM 的招标系统可以利用 BIM 模型信息数据平台快速核对工程量,并获得工程项目的概预算。对于投标方，利用 BIM 模型能够在短时间内获得工程量信息，可以有效避免清单漏项和错算等情况，最大限度地减少因工程量的问题导致的项目亏损和引起纠纷。因 BIM 模型中建筑构件之间具有关联性，构件空间与工程量信息有对应关系，因此根据评标相关的规定条款，投标单位可以迅速核实招标文件工程量清单的准确性，从而快速准确地给出投标方案。

4. 施工阶段

在项目施工阶段，进行工程造价管理与控制的重点是要把握好两个方面：一是工程阶段进度款的确定与支付；二是工程变更索赔费用的确定与支付。在招标完成并确定施工总承包方后，由建设单位牵头，施工单位、设计公司、监理单位等参加的一次最大范围的设计交底及图示审查会议。

借助 BIM 模型有利于各专业开展数据整合和多维的碰撞检测（当然碰撞检查不仅用于施工阶段的图纸会审，在项目的方案设计、扩大初步设计和施工图设计中，建设单位与设计单位已经可以利用 BIM 技术进行多次的图纸审查），更能直观地发现问题，减少签证，减少返工费用以及承包商的施工索赔，发现错误和不合理因素，变更工程量的计算结果是否正确等。同时，根据工程项目施工现场状况和进度情况，及时准确地更新 BIM 模型中的信息数据库，并通过网络技术共享平台实现系统数据的共享，造价工程师们便可以精准地汇总施工单位在某个时间段的工程量信息，编写工程计量表，并且可以实现对各个分包单位施工进度的实时监督。建设单位能对资金计划、进度计划进行合理安排，及时审核工程进度款的支付情况。

对施工单位而言，可以利用 BIM 模型按时间、按工序、按区域计算工程造价，便于成本控制，做精细化管理。例如控制材料的用量，确定合理的材料价格。在工程造价的控制中，材料价格的控制是最主要的，材料费在工程造价中往往占着很大的比重，一般占预算费用的 70%，约占直接费的 80%。因此，必须在施工阶段严格按照合同中的材料用量控制，合理确定材料价格，从而有效地控制工程造价。控制材料用量最好的办法就是限额领料，要发挥限额领料的真正作用，实时把握工程成本信息，实现成本的动态管理，有利于开展多算对比和成本分析工作。

5. 竣工结算阶段

在传统的竣工结算过程中，施工单位和建设单位基于二维的CAD图纸进行工程量的校准与核对工作，双方造价工程师均按照自己的工程量计算书去逐一核对，当遇到工程量计算偏差较大时，还需要进行更深入地核对，结算过程时常要持续几个月甚至几年的时间，浪费了大量的人力、物力和财力，所以往往会出现以下几个问题：

（1）对施工合同及现场签证理解有偏差时，单方面做出有利于施工单位的解释，出现理解性差错。

（2）因缺少调查和可靠的第一手数据或资料，导致预算定额、计价表或补充定额含有较多的不合理性，致使实际发生费用与定额相差甚远。

（3）一些施工单位为了单方面获取更多的利益，便采用多计工程量、高套定额等方式高估冒算。

（4）因工程造价人员业务水平参差不齐，以至于结算与实际大相径庭。

通过BIM可以实现三维可视化的审核对量，这对于结算资料的完备性和规范性具有很大的作用。BIM模型对于建筑构件的各种属性都有详细而全面地准确记载，如工程量数据、材料市场价格信息、材料清单信息、主材含量信息、工程成本信息、进度信息、工程款的阶段支付信息等。而且信息模型中的数据也会随着项目各阶段的进展和具体实施过程中的实际情况不断地完善更新。因此，BIM模型的应用确保了工程结算工作的高效进行，结算的大部分核对工作在施工阶段完成，减少双方扯皮的概率，加快了结算速度，从某种程度上来说也有利于双方节约成本。

6.2.3 BIM在工程造价全生命周期的关系模式

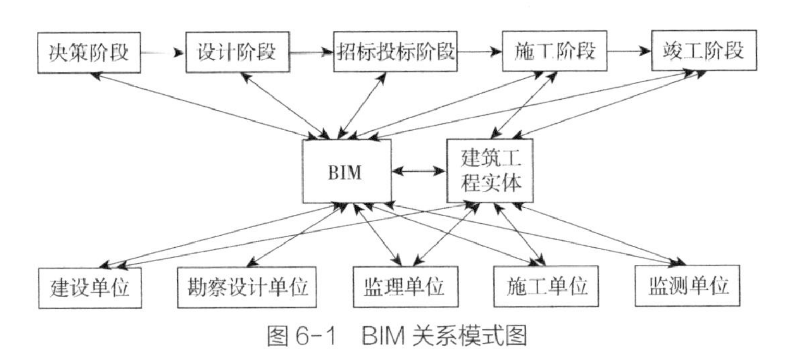

图6-1 BIM关系模式图

从图6-1中可以看出，BIM贯穿于复杂建设项目整个周期且与建筑工程实体密切联系，同时各参与方基于BIM模型进行交互。在这样的模式下，工程信息是动态的，可以确保项目周期内因设计变更、现场签证等引起的工程价款变动得到及时反映，进而在工

程进度款、工程结算款等建筑造价管理中发挥BIM应有的优势。

BIM技术的应用在项目建设初期就可以利用已完类似工程的造价信息进行工程的设计概算和确定，提高了投资估算和工程概预算的准确性和计算效率。在实施阶段可以使项目的各参与方在同一个平台上进行资源共享，能够及时下达指令，降低沟通成本，减少了工程中的“扯皮”，在一定程度上可以提高工程造价管理的效率，提高工程造价管理水平。但BIM技术在建设工程造价方面的潜力并没有完全发挥，需要进一步研究BIM软件的开发和应用，而且要强化工程行业管理者对BIM的重视，加强工程行业的参与者对BIM知识运用方面的培训，以实现BIM在我国的飞速发展。

6.3　BIM模式下的造价管理关系协同模型

6.3.1　造价管理协同模型

根据《2014年度施工企业BIM技术应用现状研究报告》，参与调研的642人中超过99%的人了解BIM，甚至有62%的人了解BIM有3年左右时间。虽然大部分企业深知BIM是未来发展趋势，却苦于无从下手，如何成功实施BIM成为重要课题。应用BIM模型加强建筑项目工程造价的管理，不但可以充分提高建筑项目工程造价管理的水平和效率，而且还可以有效地实现整个工程项目的整体效益（姜轶，2016）。

对于施工单位来说，造价管理中最重要的一环就是成本控制，而成本控制最有效的手段就是进行工程项目的多算对比。三个维度，即时间、工序、区域（空间位置）维度。控制项目成本，检查项目管理问题，必须要有从这三个维度统计分析成本关键要素的能力，仅能分析一个时间段的总成本是不够的。一个项目上个月完成500万元产值，实际成本400万元，总体状况非常良好，但这并不能肯定这个项目管理没有问题，很有可能某个子项工序70万元的预算成本，发生了90万元的实际成本。这就要求要有能力将实际成本拆分到每个工序（WBS）之中，而不仅能统计一个时间段的总成本。另外，项目实施经常按施工段、按区域实施与分包，这就需要能按区域分析统计成本的关键要素，实行限额领料、与分包单位结算和控制分包项目成本。三个维度的分析能力要求系统能快速高效地拆分汇总实物量和造价的预算数据，以往的手工预算是无法支撑这种巨大工作量的。

不难看出，虽然BIM技术有诸多优点，但是当下的应用不尽如人意，没有一套合理的管理协调模式是症结所在，同时如何解决此类问题较为复杂，本小节就工程造价管理进行一个初步的探索。一套合理的管理协调模式，可以充分发挥BIM在建筑造价管理中的优势，不至于出现信息分割、管理混乱等传统模式下的常见问题。

6.3.2　模型构建的原则

BIM模式的工程造价管理关系协同是在传统模式上的创新，BIM技术革新是工程造价管理的工具和方式，但是复杂建设项目的参与方基本关系是不变的，造价及其管理中

的基本构成是不变的,工程造价管理追求成本高效益的目标是不变的。在模型构建过程中,需要遵循以下原则:

(1)实用性。关系模型的使命是指导实践,进而在实践中发现不足,再次对模型进行完善。因此,关系模型必须和工程实践紧密联系,贴合复杂建设项目的基本思想。

(2)精简性。关系模型的构建应该出于简明扼要的目的,在BIM应用范围窄小的情况下,通过关系模型厘清造价管理基于BIM的流程脉络,并且要使BIM在关系模型中位于信息平台的中心位置。

(3)经济性。BIM的应用是为了改善当前的造价模式,使得复杂建设项目在BIM的基础上可以实现更大幅度的资金节约,同时还可以保证工程质量不变或者有更高的提升,即通常意义上的高效益。

(4)交互性。对于复杂建设项目来说,周期较长、人员繁杂,传统模式下的造价工作中往往不能够充分交流工程项目信息。而BIM技术将其收纳为一个文件,且具有三维可视化的优势,就使得不同专业层次的人员拥有了交流的平台。模型的建立应最大程度地考虑各专业、各岗位人员的工程信息商讨与反馈。

(5)时效性。当前我国还处于传统算量计价时期,贸然强力推广BIM模式势必会损害部分造价人员的切身利益,也会受到一些企业的排斥。所以应该在前期将BIM模式的造价管理作为审核部分的环节,让企业感受到BIM技术带来的成本控制优势,之后再进行政策性的普及推广,逐步让BIM成为建筑业主流。

6.3.3 模型的构建

1. BIM软件分类

BIM作为支撑工程建设行业的新技术,设计不同应用方、不同专业、不同项目阶段的不同应用,这绝不是一个软件或一类软件就可以解决的。为了便于说明,列出以下常用的与BIM相关的十三类软件,如图6-2所示。其中,处于中心位置的"BIM核心建模软件",英文通常叫作"BIM Authoring Software",它负责创建BIM这种结构化信息,提供BIM应用的基础,正是因为有了这些软件才有了BIM。

2. BIM与软件

(1)BIM核心建模软件

Autodesk公司的Revit建筑、结构和机电系列,在民用建筑市场借助AutoCAD的天然优势,具有相当不错的市场表现。Bentley建筑、结构和设备系列,Bentley产品在工厂设计(石油、化工、电力、医药等)和基础设施(道路、桥梁、市政、水利等)领域有无可争辩的优势。国内同行最熟悉的是ArchiCAD,属于一个面向全球市场的产品,可以说是最早的一个具有市场影响力的BIM核心建模软件,但是在我国由于其专业配套的局限性与多专业一体的设计院体制不匹配,很难实现业务突破。Dassault公司的CATIA是全球最高端的机械设计制造软件,在航空航天、汽车等领域具有接近垄断的地位,应用

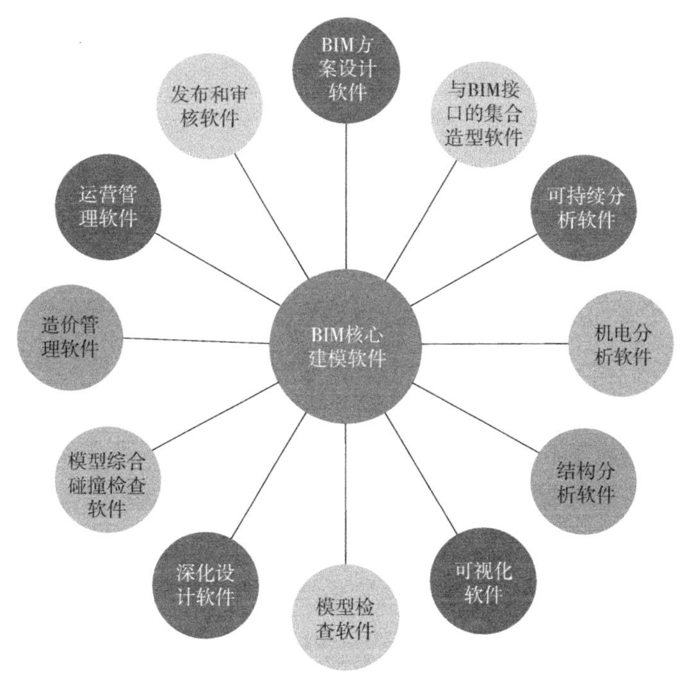

图 6-2　BIM 软件分类

到工程建设行业无论是对复杂形体还是超大规模建筑，它的建模能力、表现能力和信息管理能力都比传统的建筑类软件有明显的优势，而与工程建设行业的项目特点和人员特点的对接问题则是它的不足之处。

（2）BIM 方案设计软件

BIM 方案设计软件主要应用在设计初期，其主要功能是把业主设计任务书中基于数字的项目要求转化成基于几何形体的建筑方案，此方案是用于业主和设计师之间的沟通和方案研究论证。BIM 方案设计软件可以帮助设计师验证设计方案和业主设计任务书中的项目要求是否匹配。BIM 方案设计软件的成果还可以转换到 BIM 核心建模软件中做进一步深化，以继续满足业主的要求。目前主要的 BIM 方案设计软件有 Onuma Planning System 和 Affinity 等，它们都能给 BIM 核心建模软件提供有效的数据。

（3）与 BIM 接口的几何造型软件

在设计初期，建筑形体和体量研究以及复杂造型分析时，使用几何造型软件会比直接使用 BIM 核心建模软件更加方便与自由，甚至可以实现 BIM 核心建模软件无法实现的功能。几何造型软件的成果可以作为 BIM 核心建模软件的输入。目前常用的几何造型软件有 Sketchup、Rhino 和 FormZ 等。

（4）BIM 可持续（绿色）分析软件

BIM 可持续（绿色）分析软件可以使用 BIM 模型的信息对项目进行日照、风环境、热工、景观可视度、噪声等方面的分析，主要软件有国外的 Echotect、IES、Green Building Studio 以及国内的 PKPM 等，它们必须通过 BIM 核心建模软件提供的数据才能进行分析工作。

（5）BIM 机电分析软件

水、暖、电设备和电气分析软件，国内产品有鸿业、博超等，国外产品有 Designmaster、IES Virtual Environment 和 Trane Trace 等。

（6）BIM 结构分析软件

BIM 结构分析软件是目前和 BIM 核心建模软件集成度比较高的产品，基本上两者之间可以实现双向信息交换，即 BIM 结构分析软件可以使用 BIM 核心建模软件的信息进行结构分析，分析结果对结构的调整又可以反馈到 BIM 核心建模软件中，从而自动更新 BIM 模型。

（7）BIM 可视化软件

BIM 模型可以导入到可视化软件中进行视觉效果分析，高度逼真的渲染图及特殊的动画效果可以很好地扩展视觉环境，以便于进行更有效的方案验证和外部沟通。基于 BIM 的可视化有以下几个好处：①可视化的重复建模工作量减少；②模型的精度与设计的吻合度提高；③可以在项目的不同阶段以及各种变化情况下快速产生可视化效果。常用的可视化软件包括 3DS Max、Artlantis、AccuRender 和 Lightscapce 等。

（8）BIM 模型检查软件

BIM 核心建模软件大多会有一些与其相配套的模型检查工具，但侧重点各有不同，目前功能比较完全且基于通用数据格式的是 Solibri Model Checker，擅长对建模进行正确性的逻辑检查，例如空间之间有无重叠、空间有无被适当的构件围闭、是否符合标准要求等，同时也可以用来检查模型新旧版本之间的区别。

（9）BIM 深化设计软件

虽然 BIM 核心建模软件本身就具有一定的深化设计功能，但是在很多专业领域都会有专业的深化设计工具。比如在钢结构领域，Xsteel 就是最具影响的深化设计软件，该软件可以进行钢结构加工、安装的详细设计，生成钢结构加工制作图、施工详图、材料表、数控机床加工代码等。在幕墙行业，Athena 也是专业的深化软件。

（10）BIM 模型综合碰撞检查软件

导致 BIM 模型综合碰撞检查软件出现的原因如下：①不同专业人员使用各自的 BIM 核心建模软件建立和自己专业相关的 BIM 模型，这些模型需要在一个环境里面集成，才能完成整个项目的设计、分析、模拟，而这些不同的 BIM 核心建模软件无法实现这一点。②对于大型复杂项目来说，硬件条件的限制使得 BIM 核心建模软件无法在一个文件里面操作整个项目模型，但又必须把这些分开创建的局部模型整合在一起研究整个项目的设计、施工及其运营状态。BIM 模型综合碰撞检查软件的基本功能包括集成各种三维软件（BIM 软件、三维工厂设计软件、三维机械设计软件等）创建的模型，进行 3D 协调、4D 计划、可视化、动态模拟等，属于醒目评估、审核软件的一种。常见的 BIM 模型综合碰撞检查软件有 Autodesk Navisworks、Bentley Projectwise Navigator 和 Solibri Model Checker 等。

（11）造价管理软件

造价管理软件利用 BIM 模型提供的信息进行工程量统计和造价分析，由于 BIM 模型结构化数据的支持，基于 BIM 技术的造价管理软件可以根据工程施工计划动态提供造价管理需要的数据，这就是所谓的 BIM 技术的 5D 应用。国外的 BIM 造价管理软件主要有 Innovaya 和 Solibri，国内造价管理软件的代表有鲁班软件和广联达软件。

（12）BIM 运营管理软件

如果把 BIM 形象地比喻为建设项目的 DNA，根据美国国家 BIM 标准委员会的资料，一个建筑物生命周期 75% 的成本发生在运营阶段（即使用阶段），然而建设阶段（设计、施工）的成本只占项目生命周期成本的 25%。BIM 模型为建筑物的运营阶段服务是 BIM 应用重要的推动力和工作目标，在这一方面美国运营管理软件 Archibus 是最有市场影响力的软件之一，Navisworks 也因为其很好的 BIM 数据整合能力被越来越多地用于运营维护管理。

（13）BIM 成果发布和审核软件

最常用的 BIM 成果发布和审核软件包括 Autodesk Design Review、Adobe 和 Adobe 3D PDF，正如这类软件本身的名称所描述的那样，发布和审核软件把 BIM 的成果发布成静态的、轻型的、包括大部分智能信息的、不能编辑修改但可以标注审核意见的、更多人可以访问的格式，如 DWF/PDF/3D PDF 等，以供项目其他参与方进行审核或利用。

6.4　BIM 在工程造价管理的展望

BIM 技术在工程造价管理中的发展方向不仅是个人工具级的应用，还是企业成本管理的应用。把 BIM 模型作为基础，将分散在造价人员手中的 BIM 数据汇总到总部，然后对这些数据进行分析、拆分、对比和汇总，最后在企业内部进行共享，设定不同的查阅权限。不同岗位、不同部门的人可以从中调用数据，为自己的决策管理提供依据，而不是简单地凭经验决策。

BIM 技术全面运用到工程造价管理中，是一个较长的过程，需要不断地探索、积累经验。就时间方面来说，BIM 技术的普及要讲究循序渐进，“由点到线，由线到面”，将 BIM 的应用节点模块化，从 BIM 应用的“回归 3D 设计”开始，每个节点自身优化后向前推进，直至完成“打通产业链”，如图 6-3 所示。

可以看出，目前 BIM 模型应用于工程造价管理更多地体现在工程量上，由于我国的特殊国情，各地定额标准不一样，需要把工程量导入到计价软件中才能得到工程总价。相信随着我国市场与国际接轨的深入，在不久的将来这方面将更加完善。

6.5　本章小结

本章在分析归纳 BIM 技术优缺点的基础上，对 BIM 模式的工程造价管理进行了设

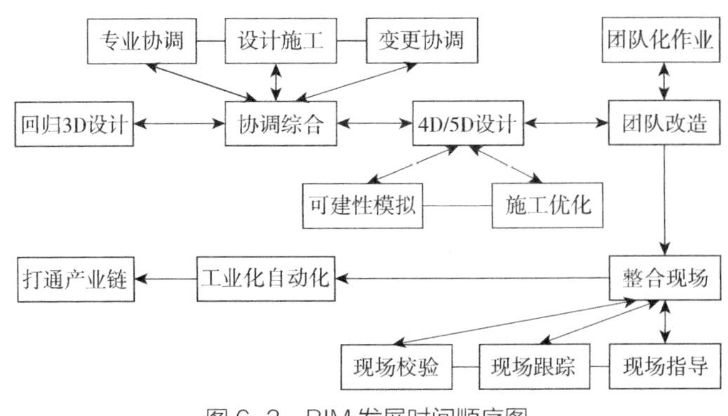

图 6-3　BIM 发展时间顺序图

想。文中的管理关系模型在我国建筑行业实际情况的背景下建立，在实用、精简、经济、交互的原则下，突出工程造价管理的中心地位，既可以对 BIM 模式的发展起到促进作用，又不至于因急于求成而出现一些利益冲突问题，不同利益相关方可以通过在 BIM 模型中插入、提取、更新和修改信息，进而支持和反映其各自职责的协同作业。总体上，基于 BIM 的工程造价管理，是在经过全手工计算、计价软件、算量软件之后，适应未来建筑行业发展的工程造价管理模式。整个 BIM 模型集 3D 立体模型、施工组织方案、成本造价等全部工程信息和业务信息于一体，通过 BIM 可以方便地实现多次定价，将在工程项目各阶段实现概算价、预算价、投标价、合同价、结算价等的快速计算。可以说，BIM 模式必将是未来趋势，工程造价管理也将成为基于 BIM 技术的信息化和精益化管理。

本章参考文献

[1] Azhar S. Building information modeling（BIM）: Trends, benefits, risks, and challenges for the AEC industry [J]. Leadership & Management in Engineering, 2011, 11（3）: 241-252.

[2] Bryde D, Broquetas M, Volm J M. The project benefits of Building Information Modelling（BIM）[J]. International Journal of Project Management, 2013, 31（7）: 971-980.

[3] Jones B I. A study of Building Information Modeling（BIM）uptake and proposed evaluation framework [J]. Journal of Information Technology in Construction, 2020, 25: 452-468.

[4] 安培 . 基于 BIM 的三维算量在超高层建筑项目中的研究与应用 [J]. 施工技术，2015，44（23）：15-18.

[5] 曹颖，蒲娟 . BIM 在全过程工程造价管理中的应用 [J]. 河南科技，2015，000（4）：27-29.

[6] 陈安琪，高婷婷，陈坚 . BIM 技术在工程造价全过程管理中的应用分析 [J]. 教育评论，2019，246（12）：145-149.

[7] 陈敬武，俎照月 . 基于 BIM 技术的建筑项目全生命周期造价控制模式 [J]. 施工技术，2019，48（6）：41-44.

[8]　程建华，王辉．项目管理中BIM技术的应用与推广[J].施工技术，2012，41（371）：18-21.

[9]　何关培．BIM和BIM相关软件[J].土木建筑工程信息技术，2010，2（4）：110-117.

[10]　侯兰．基于BIM在项目全生命期内的造价模型设计[J].现代电子技术，2017，40（7）：109-111.

[11]　姜轶．应用BIM模型加强建筑工程造价管理研究[J].中国高新技术企业，2016（4）：175-176.

[12]　刘华，赵梦雪．基于BIM技术的建筑工程造价控制与管理研究[J].现代电子技术，2021，44（10）：163-166.

[13]　杨富华，邹惠芬，唐昊，等．建筑信息模型（BIM）与传统CAD的比较分析[C]// 沈阳科学学术年会．2013.

[14]　叶术娟．BIM技术在建筑工程造价管理中的应用[J].中国高新技术企业，2015（28）：51-53.

[15]　张树捷．BIM在工程造价管理中的应用研究[J].建筑经济，2012（2）：20-24.

[16]　赵睿智，孙慧颖，刘百通．基于5D平台的多软件BIM造价创效研究[J].施工技术，2019（S01）：296-299.

[17]　赵小春．探究BIM技术在工程造价管理中的应用——评《工程造价管理》[J].工业建筑，2021，51（5）：I0022.

[18]　郭生南，曾彩艳，郭阳明．大数据时代BIM对工程造价行业的影响与策略分析[J].四川建材，2021（12）：194-195.

第7章　基于BIM的复杂建设项目施工成本控制

随着政府及社会对大型复杂建设项目投入的持续增加和建筑行业内部竞争格局的不断增强，我国建筑企业面临挑战与机遇并存的局面。面对竞争激烈的建筑市场，建筑企业只有降低项目成本，才能使企业具有竞争力，具有更大的利润空间。为了达到提高生产效率、降低工程成本的目的，本章借鉴先进的基于BIM的精益思想理论和方法，结合复杂建设项目施工成本的影响因素，有针对性地建立基于BIM的复杂建设项目成本控制模式和体系，并应用于天津永利大厦项目。

7.1　复杂建设项目成本控制研究现状

1. 国外研究现状

国外项目成本控制的研究起步较早。早在19世纪末，英国会计学家埃米尔卡克在《工厂会计》中提出将成本核算由账外转到账内，成为成本管理第一次革命。20世纪初，科学管理之父泰勒根据科学测定材料和劳动力消耗标准，作为用工领料的标准，为标准成本法和责任成本法的诞生奠定了基础，这称为成本管理第二次革命。

20世纪30年代，美国工业进入新的发展阶段，企业规模日益扩大，科技进步更加迅猛，市场竞争更加激烈，西方资本主义企业广泛推行职能管理与行为科学管理以增强竞争力，成本高低成为企业竞争力的重要标志，在此基础上产生了责任成本控制。20世纪40年代，特别是第二次世界大战以后，由于企业规模的不断扩大和市场竞争的日益激烈，促使企业广泛推行职能管理和行为科学管理，以提高企业的竞争能力，从而迫使企业在成本管理控制上不断开拓新的领域。1947年，美国通用电气公司工程师麦尔斯首先提出“价值工程”的概念，实现功能与成本的“匹配”，尽量以最少的单位成本获得最大的产品功能。使事前成本控制得到发展。20世纪50年代初，美国就已经提出了网络计划技术。国外许多国家对项目成本控制都非常重视，把项目成本控制视为一项系统工程，并设有专门的项目成本管理和研究的组织机构，如美国成本工程师协会、日本建筑学会成本计划分会、英国造价工程师协会及丹麦创意杯（CBC）。同时美国从事工程承包公司的内部也设有专门的成本控制人员和机构。

英国学者肯尼斯·西蒙兹于20世纪50年代最早提出战略成本管理的概念，他当时主要是从企业在市场中的竞争地位这一视角对战略管理会计进行探讨，所以仅对成本管理做了一些理论层面的探讨，认为战略成本管理就是“通过对企业自身以及竞争对手的有关成本资料进行分析，为管理者提供战略决策所需的信息。”

20 世纪 80 年代，英国学者西蒙提出战略成本管理理论，其偏重理论性的探讨（杨诚，2009）。1993 年美国管理会计学者杰克·桑克和戈文德瑞亚等出版了《战略成本管理》一书，他们通过对成本信息在管理中四个阶段所起的作用进行研究，将成本管理定义为“在战略管理的一个或多个阶段对成本信息的管理性运用”（靳远文，2009）。1998 年，一向推崇作业成本制度的英国教授罗宾 · 库拍也提出以作业成本制度为核心的成本管理体系。20 世纪 90 年代以后，日本成本管理理论界和企业界也开始加强建筑项目成本管理的研究，提出了具有代表意义的成本管理模式——成本企划。总体来看，国外学者对于建筑项目成本管理研究是从 20 世纪 80 年代开始的，其研究的出发点是成本管理体系如何为建筑项目的管理服务，其研究成果主要表现为通过对成本管理视野和方法拓展来提供对决策有用的成本信息，如价值链分析，定位分析、动因分析等。

目前，国外研究机构的成果主要为动态控制、网络计划技术和成本优化。现在应用最多也最广泛的是基于美国国防部的挣值绩效理论分析方法。英国著名的项目管理大师哈里森在其《高级项目管理》一书中写道“以挣值为基础的绩效分析为管理提供了一种有效的分析项目数据的方法，每个管理团队都能快速而有效地获得对他们绩效的测量结果。这也可以大大增加它的积极性，特别是当它与工作在项目上的其他团队进行比较的时候。用任何一个项目控制的结构化方法都能够进行绩效测量，但是成本 / 进度控制系统方法是最佳的。”国外目前研究理论中包括作业成本法、价值理论、挣值理论等重要方法，而对于建设项目在成本控制中能够实现即时化的方法中，主要选择挣值理论。

2. 国内研究现状

19 世纪 70 年代以前，我国是在计划经济体制下探索以建立和完善企业经济核算为内容的成本控制管理模式。20 世纪 50 年代，我国会计制度从科目到报表、从核算形式到成本核算方法等是对苏联的全面学习，为保护国家财产、向有关方面提供会计信息、为国民经济综合平衡创造了条件。20 世纪 60 年代初，我国开始引进和推广国外的网络计划技术。在著名数学家华罗庚教授的倡导下，网络计划技术在全国得到普及和应用，曾取得良好的经济效益。

19 世纪 80 年代初期，国内由于受计划经济的影响，尽管已经开始认识到科学完整的成本控制方法的重要性，并逐步开始改进，但与国外研究机构的差异仍然很大。国内对于现代意义上成本控制理论和方法的研究始于 20 世纪 80 年代末、90 年代初，是伴随我国改革开放的进一步深入而发展起来的，成本控制理论与方法成了理论和实务界研究的热门，许多专家学者从不同角度对这一课题进行了研究和探讨。1999 年西南财经大学成本管理研究课题组，在《四川会计》上发表三篇文章“论建筑项目成本管理产生的社会经济背景和现实意义”“建筑成本管理的出发点和应用”“成本管理的新观点”，建立了成本管理的理论框架，确定了基本的分析方法。焦跃华（2001）在《现代企业成本控制战略研究》中指出类标成本是一种预计成本，是在生产经营活动开始以前依据一定的科学分析或方法制定出来的成本目标。王献仓（2005）认为成本控制不但要从成本费用组成上控制，还要从施工方案的选择、施工人员成本控制意识的提高、项目部成本管理信息化建设、合理组织施工提高工效、施工项目管理模式以及合同管理等诸多方面研究。王永峰（2005）提出了现场生产管理能力、价格谈判能力、费用控制能力以及综合成本管理水平四个量化测评参数，衡量施工企业项目成本管理的能力。张国玲（2007）将财务管理理念引入复杂建设项目管理的全过程，使复杂建设项目从投标、施工到竣工验收、成本考核始终处于财务管理范围，从而加强了施工成本费用的控制。苏毅（2008）从系统工程角度研究成本，对成本及成本控制理论进行分析，设计了一套科学合理的成本控制系统进行全方位控制管理。黄贻海（2009）提出利用价值工程原理降低成本的措施，加强工程项目施工阶段的成本控制。孙锦镖等（2008）提出把成本数据的采集、成本偏差以及成本要素的跟踪反映到工作包上，从而实现有效的成本控制。

19 世纪 80 年代以来，我国通过学习国外先进的工程管理经验，复杂建设项目管理水平有了很大的提高，但与西方发达国家相比许多方面仍存在一定的差距，如何缩短这一差距，使我国复杂建设项目管理尽快与国际惯例接轨，是整个建筑业的一项重要任务。

7.2 施工阶段成本控制模式

复杂建设项目成本控制，是对施工过程中影响施工项目成本的各种因素加以管理，把各种消耗和支出严格控制在成本计划范围内。施工成本是施工过程中全部费用的总和，包括人工费（工人的工资、奖金等）、材料费（原材料、辅助材料、周转材料的摊销费或租赁费等）、施工机械台班使用，还有施工组织与管理过程中其他费用的支出。施工阶段成本控制分为事前、事中和事后成本控制三个阶段，还可以细分为成本计划、动态监控、资源控制、控制尺度、控制手段、沟通协作和成本分析。

（1）事前计划。施工前工程预算得到工程量数据，进一步计价得到计划成本，再制定成本控制措施，编制清晰明确的成本计划，按照项目参与方、施工队伍、班组的分工进行目标分解，明确各施工队伍的成本目标，方便成本控制与核算的开展。成本计划是事前控制，合理的成本计划能指导施工过程，提供成本控制。

（2）事中控制。统一成本管理口径，成本控制人员统计收集并分析实际成本数据，同时采取措施纠正，确保成本控制在计划成本范围内。动态监控和资源控制是施工阶段事中控制的核心手段。动态监控成本计划的执行过程，实时追踪、分析和纠偏，把成本控制在计划内；资源控制根据工程进展以及反馈合理安排资源的采购和使用。

（3）事后分析。施工任务完工时，回顾成本计划的执行情况，多维度、多层次对比实际成本与计划成本，找出偏差原因，发现成本控制薄弱环节，方便之后施工成本计划能够避免类似问题。分析评价施工阶段整个施工成本情况，找出问题和发掘潜力，指导

以后的施工成本控制。

确定复杂建设项目成本目标后，实时收集成本计划的实际执行数据，进行计划成本和实际成本的比较，若偏差超出允许范围，就要采取纠偏措施，甚至调整工程项目的成本计划，当然这是在调整偏差无效的情况下，这就是成本动态控制。

在施工成本控制过程中把握好控制尺度、手段，随时沟通协作。尺度明确成本控制的目标、口径和精细化程度，各参与方在明确的成本目标指引下，按照尺度进行成本控制；成本计划制定、执行、反馈和分析需要沟通协作提供保障，充分发挥各参与方潜力和积极性，做好成本控制；成本控制要素相关信息数据的收集与分析处理技术，以及先进的成本控制方法、成本控制流程化，都确保了成本控制的实现，控制手段是施工企业建立符合自己成本控制模式的重要突破口。

7.2.1　复杂建设项目施工成本的影响要素

影响复杂建设项目成本的要素有直接因素和间接因素。直接因素主要包括人工费、材料费、施工机械使用费、措施费；间接因素主要包括工程项目范围、工程项目质量、工程项目工期、施工方案、施工进度、施工质量、施工安全、项目管理者的成本控制能力。

人工费是对施工人员的各种开支，由工资、奖金、各种福利以及劳动保护费等。人工费由人工单价和人工数量乘积构成。人工数量视工人劳动效率高低安排，参考国内定额，而人工单价则受到经济环境影响，由市场供求决定。

材料费由材料单价和数量乘积构成，施工过程中材料数量价格的变化直接影响材料成本。

机械费是指施工过程中使用施工设备所需要支付的自有设备使用费和租用其他施工设备的租赁费用，以及施工设备进出场费和安装拆卸费。

措施费是指完成工程项目施工用于非工程实体项目的费用，分为施工技术措施费和施工组织措施费，包括施工过程中发生的环境保护费、安全文明施工费、二次搬运费、夜间施工费、设备保护费、脚手架费、大型设备安装拆卸费等。还有设计变更、自然气候、风险因素也会影响工程项目成本。

工程项目需要进行资源消耗，工程项目的用途属性决定项目所需要的资源种类，从而划定成本范围，影响成本计算；工程项目质量的好坏也和成本挂钩，质量越高，其相应的费用和成本就会增高，工程质量好可以减少或避免工程返工，保证项目建设质量和进度。正常情况下，质量水平越低，工程项目成本就越低，但是质量水平低到影响建筑物的正常使用时，甚至需要重新建造；质量越差，成本越高，有建筑的建造成本还有质量问题事件带来的经济成本。工期越长，不可控因素越多，风险越大，而且人工费变得更多，成本也就越高；缩短工期，又需要增加额外的加班费和协调费用，会增加成本。针对施工项目设计特定的施工方案，合理组织施工机械使用以及合理的人员组织安排能加快施工进度。近年来超高层建筑以及繁华地段施工等安全因素带来的成本也占有很大比重。

工程项目建设的内外部环境比较复杂，作为硬性指标的工期进度质量等会在招标投标阶段进行确定，而施工管理是弹性指标，项目经理带领下的管理层，其水平决定着施工能否正常进行以及能否按时保质地完成预期施工目标，所以成本管理能力也是影响工程建设成本的一个不容忽视的因素。

7.2.2 施工阶段成本控制方法

成本控制方法对于成本控制结果至关重要，先进的方法可以有效地引导成本控制，把控好成本控制的各种要素，更容易达到成本控制的目标。由于经济的快速发展，行业竞争加剧，利润的压缩以及各种成本的增加，工程项目成本控制份额越来越大，也得到更多的重视。相比于过去的成本控制模式，现代工程项目成本控制的方法不断在项目中运用，吸收经验得到了更多的改进，较为系统全面。成本控制方法就控制范围而言，有全面成本控制、全生命周期成本控制以及全过程成本控制；就具体使用的方法而言，成本控制方法有工程成本分析法、挣得值法。

工程成本分析法，就是对已发生的工程项目成本进行分析，找到成本节约或超支的原因以改进管理工作，减少成本，提高经济效益。工程成本分析可以进行宏观分析和微观分析，宏观成本分析主要看分部分项工程的成本分析还有月（季）度成本分析。分部分项工程成本分析，分解整个工程项目，核算各个部分成本，和相应计划成本作比较，分析偏差，加强正偏差，纠正负偏差。

月（季）度成本分析，主要是总结性质，分析了解项目实际成本的发展方向，提前预测下一阶段成本发展趋势，并根据计划成本为实际成本控制寻找方向和实现工程项目成本的事前控制。还可以细分为专项成本分析法和目标成本差异分析法。专项成本分析，比如工期成本分析、成本盈亏异常分析、质量成本分析、资金成本分析。目标成本差异分析法主要是人工费分析、材料费分析、机械使用费分析等。

挣得值法（或称盈余值法），整体衡量工程项目进度、成本实施情况，测量实际成本、进度与计划成本、进度数据的差异，对比分析后判断实际执行效果，并采取措施。该方法属于费用和进度综合控制，得到广泛认可，施工企业经常运用。挣得值法有三个基本参数、四个基本指标，三个基本参数是已完工作预算费用（*BCWP*），计划工作预算费用（*BCWS*），已完工作实际费用（*ACWP*）。参数指标计算如表 7–1 所示，绩效评价方式如表 7–2 所示。

相比于传统成本控制，挣得值法的优势在于同时考虑成本和进度。发现超支时，判断是费用超出还是进度提前，或者当成本低于预算时，原因是费用节省还是进度拖延。可以看出，成本控制效率较高。但由于挣得值法只照顾到进度和成本，其他影响成本的要素未能得到体现，在实际应用时考虑不够全面，所以还需要结合工程项目的其他方面进行分析，或者说还需要借助其他方法来完善成本控制，它只能作为一种重要的辅助参考手段。

参数指标计算表　　　　表 7-1

三个参数	*BCWP*= 已完成工作量 × 预算单价
	BCWS= 计划工作量 × 预算单价
	ACWP= 已完成工作量 × 实际单价
四个指标	*CV*=*BCWP* / *ACWP*
	SV=*BCWP* / *BCWS*
	CPI=*BCWP* / *ACWP*
	SPI=*BCWP* / *BCWS*

绩效评价表　　　　表 7-2

类别	评价指标	计算结果	结论
成本绩效	*CV*—*CPI*	$CV=0$，$CPI=1$	成本按计划执行
		$CV>0$，$CPI>1$	成本节支
		$CV<0$，$CPI<1$	成本超支
进度绩效	*SV*—*SPI*	$CV=0$，$CPI=1$	进度按计划执行
		$CV>0$，$CPI>1$	进度提前
		$CV<0$，$CPI<1$	进度滞后

7.2.3　工程项目施工成本控制模式

1.“两算对比”成本控制

“两算对比”成本控制，做好成本计划与明确资源需求数量，再用会计报表统计实际施工资源，进行计划和实际的对比分析，从而评价目标是否达成、成本控制有没有不足之处等。数据统计分析主要采用 Excel 表格，在成本控制过程中，对进度、成本等信息进行统计分析，再进行成本核算，上报管理层决策。这种成本控制模式目前在施工企业中普遍使用。

虽然“两算对比”成本控制模式比较常用，但却属于粗放的模式，在使用中存在诸多不足。比如成本统计核算周期长，各种成本偏差的累积容易使管理人员不能及时发现偏差并解决问题。收集成本数据面向群体，缺乏针对性的工序消耗，还有成本控制有专门的部门，比如预算部门，数据准确性有待提高。以事后核算为主，缺乏事中控制，没有实时性和前瞻性；成本控制方法是以静态数据为依据，缺乏动态性。

经过不断的成本控制实践发现，由于成本控制手段的时代和技术局限性，“两算对比”成本控制模式比较粗糙，做不到事前就模拟优化，不具有指导性；不能实时反馈进度、成本数据，导致偏差分析时缺乏数据源；成本统计分析面向局部整体，不能从工序等微观情况着手控制，深度和层次不够。以上这些缺点决定了这种成本控制模式只能在规模小、工期短、变更少、参与方少的项目里运用，项目越复杂，使用时的不足和弊端越多。

2.“成本－进度”集成控制模式分析

由于传统成本控制模式的局限性，需改进其控制手段。具体而言，“成本－进度”集成控制模式，就是在成本控制流程上进行动态成本控制；在成本控制方法上采用挣得值法，进行成本－进度综合控制；对成本数据集成与分析开发专门的项目成本控制系统，在项目成本控制系统平台融入挣得值法和动态成本控制，尽可能完善工程项目施工阶段成本控制。这种成本控制模式在少数企业中得到应用。

“成本－进度”集成控制模式相比传统“两算对比”成本控制模式，在一定程度上做到了从静态向动态控制的转变，从单一的成本控制过渡到成本－进度综合控制，大大提升了成本数据的集成和处理效率，但还是没能彻底体现工程项目施工阶段的成本控制要素，主要表现在以下方面：

在成本计划方面，成本控制系统内诸如进度计划、资源计划、成本计划等模块是相互割裂的，成本、进度、资源等数据和工程实体信息（如工程量、材料数量等）是没有关联的，没能随着进度计划的调整而变化。还有在系统内不能进行成本计划的模拟优化。

在动态监控方面，在确定目标的前提下，项目部不能及时获得施工进度、资源消耗等信息的反馈，不能及时发现成本偏差从而提醒管理者做出对策。在偏差原因分析上，无法就某一时间、某一作业队伍、某一部位提取和分析相关信息，只能花费很多时间精力去搜集整理数据再比较分析。

在资源控制方面，由于系统不能自动进行工程量计算，再加上工程量、进度和资源计划之间没有关联，在发生工程或计划变更时，系统不能自动生成某一时间、某一工程部位对应的资源需求数量等信息，就做不到合理安排资源和限额领料。

在控制尺度方面，目前的成本控制基线大多是以中标清单套用预算定额最后调价取费形成的。由于工程量清单的WBS结构和施工企业施工部署的WBS结构通常不一致，不能反映各流水段、各分包组织的目标成本，控制目标就变得不明确，因此成本控制口径和粒度需要进一步提升。

在沟通协作方面，项目参与方要是能各自得到相应的授权，登录成本控制系统获取项目信息，通过网络的虚拟沟通是可以提高工作效率的。然而这种面向数据的系统，工程实体和工程数据是割裂的，无法可视化、直观地反映工程实体变化，各参与方不能充分了解施工现场的真实情况。

在成本分析方面，虽然维度和层次与成本控制的粒度紧密结合，但精细化程度还没达到可以深度发掘成本控制问题和潜力的地步。

综上分析，“成本－进度”集成控制模式比“两算对比”模式在控制手段上有所突破且适用性有所提升，但各自存在的缺陷导致不能实现动态精细化的成本控制。

7.2.4 BIM对施工成本控制模式的改进

“成本－进度”集成控制模式虽然集成了挣得值法、动态控制流程和成本控制系统，

但仍存在诸多缺陷，不能满足成本控制的需要，主要是因为成本控制技术的局限性。成本控制模式需要技术的突破，进而帮助各种工程项目施工成本控制要素在系统内生效，提升成本控制效率。

1. BIM的关键特性

作为建筑设施物理和功能特性的数字化表达，BIM技术能完整描述复杂建设项目实体和功能特性。它以三维几何模型、集成过程信息和标准建筑信息为基础，支持建筑全生命周期信息共享，从而实现进度成本等的优化。

BIM技术关键特性主要有：面向实体对象，集成工程信息，支持信息交换，支持模拟优化，能协同管控。

2. 基于BIM的成本控制模式实现方式

传统成本控制技术的局限性在BIM技术里得到弥补，无论是施工企业还是国家，都看到了成本控制中的巨大价值，基于BIM技术在成本控制中的应用研究也成为热门。目前研究结果总结起来就是综合运用BIM技术和4D-CAD。3D施工模型融入时间维度，实时监控施工状况和资源消耗情况。再结合挣得值法进行成本进度的联合控制，判断成本计划以及施工方案执行效果。3D建筑信息模型和成本、进度有机结合构建建筑信息模型，方便项目实时沟通和协同控制以及项目管理。

BIM技术成本控制应用涉及两个方面，即BIM信息模型（成本控制需要的基础数据载体）和基于BIM信息模型的成本控制应用系统，一个是内容，一个是骨架。二者结合构成的5D BIM成本控制系统，是以项目3D实体模型为基础，以项目进度为主线，围绕项目成本控制运作。

7.3 BIM在施工阶段成本控制中的应用

7.3.1 BIM技术引入施工成本控制

1. BIM技术在成本控制方面的价值和优势

传统工程成本预测主要运用定额计价法，统一采用国家建筑工程量清单计价，以各地区行业或者企业定额等为计算规则。由于成本预测结果以静态为主，不能实现价格信息的变更更新。2D图纸图形识别率也不高，大量人为判断与操作会带来理解偏差及人为错误；此外，2D图纸分布在多个分散或者弱关联的文件夹中，不方便查看且不直观，也无法满足多维度需求。

在工程施工过程中运用BIM技术建立3D模型与数据库，将施工过程所需的各类工程量数据、工程施工成本数据输入模型，BIM数据系统会对各类信息进行整合，提示工程管理漏洞、现场错误。对施工项目进行碰撞检查，得到最佳的施工顺序，提高分项承包商间或者各专业之间的协调度，避免施工过程冲突带来的返工、拆除等后果，节省大量的人力、物力和财力，为工程管理与施工成本控制方面带来便利的同时产生巨大的效益。

BIM 技术的数据系统计算出各施工项相应的工程量与成本，使施工人员在整个工程施工过程中随时可以直观地了解各施工环节的施工成本。可视化的建筑模型再与各类数码设备、移动通信等技术相结合，更有助于管理人员了解施工现场复杂区域的施工，可对施工现场进行远程监控，为施工现场提供准确、直观的施工指导，有利于施工方案的制定和保证工程施工进度与质量，提高施工效率，避免资源浪费，降低施工成本。

一个复杂建设项目成本控制可以分为三个阶段：成本计划阶段、成本计划执行和反馈阶段、成本总结分析阶段。

（1）成本计划阶段

编制成本计划可以预控施工成本。通过预算和施工方案等编制成本、进度计划并准备施工需要的各种资源；进度计划确定好人员、资源的需求数量和相应进场时间等，资金计划安排好资金的供应。

成本计划阶段运用 BIM 技术可以有很多便利：

① BIM 技术把建筑物的相关信息收纳在模型中，编制成本计划时需要参考或者查阅相关资料时，可以轻松地在系统提取；

②自动识别并计算实体工程量，确定施工所需各种资源的数量，套用计价规范就能很快计算出成本，并将成本计划进一步分配到时间、部位等维度；

③在计划执行前，方案和计划的模拟和优化，减少错误和碰撞，提高可行性；做好资源的科学使用，在不浪费和不偷工减料之间寻找平衡点，减少成本。

（2）成本计划执行和反馈阶段

成本计划执行和反馈是在施工过程中控制成本，执行和监控施工成本。BIM 技术在成本执行和反馈阶段能做到：

①各阶段施工准备，自动算量，从而方便资源的采购和进场以及人员安排。

②各成本目标实施过程中，查看 BIM 系统统计的实际进度、成本等信息，计算出成本计划和实际成本的偏差，最后进行偏差调整。

③在工程实施过程中容易打乱计划的工程变更，输入 BIM 系统后，系统自动调整与变更部位相关的内容,同时计算相应工程量。运用 BIM 快速调整更新进度计划和施工方案，这样工程变更的应对效率就得到加快，省去工程变更带来的其他成本。

④ BIM 系统里方便协同控制成本，施工方按照施工方案施工，监理方可根据 BIM 模型审核验收，确定工程量和质量，进行计价；业主方通过系统显示的施工资金流程，安排资金投入项目。项目各参与方通过 BIM 平台进行沟通和协作，各自完成相关义务，哪一方没做到位都能及时发觉并督促完成，提高了效率，降低了成本。

（3）成本总结分析阶段

成本总结分析，比较计划成本和最终的实际成本，或找出成本控制中的缺陷，或总结成功经验，完善成本控制理论，使下一个项目的成本预测和成本计划编制更先进可靠。BIM 技术在此阶段的优势是：在复杂建设项目结束后，项目相关资料都在系统里，资料

齐全，成本控制人员从项目开始到项目结束，从宏观、微观审视项目全生命周期的成本控制过程，深入研究每一个成本控制过程是否还有进一步改进的空间，发掘以往成本控制的潜力，弥补不足，为下一步成本控制打好基础。

2. BIM 技术在施工阶段成本控制中的应用

应用BIM技术在施工阶段进行成本控制,可以细分在三个阶段进行,即施工准备阶段、施工实施阶段、竣工结算阶段；两个成本控制的手段，即计算机技术辅助成本的节约和数据辅助成本的核算。

（1）施工准备阶段

①施工方案优化。结合施工方案和BIM模型，施工模拟可以分析、优化施工方案；再进行进度模拟以提高施工方案可行性，尽量缩短工期；BIM系统建立三维平面布置，参照施工进度计划，模拟现场施工情况并进行修改和完善，使现场布置符合施工要求，做到资源合理使用，节约成本。还可以在图纸会审时，对净空、管线布置等细节问题进行优化，减少返工和缩短工期，控制成本。

②编制成本计划。含有三维模型与进度信息、成本信息的BIM 5D软件，可以对各阶段的资金物资需求量进行预测，方便提前安排资金和采购进场。通过模拟，精确人员、材料和资金需求量，编制的成本计划比较精确。

（2）施工实施阶段

①指导现场施工。项目施工人员参照直观可视化的三维模型进行施工，在某些复杂构件加工之前虚拟其造型，进行剖切、分解等具体工序模拟，让现场加工、安装和施工人员直观了解其物理属性，避免施工班组因为二维图纸理解偏差，施工操作没达到要求，最后返工造成浪费，直观地通过三维模型了解构件属性，就能避免这种情况。

②模拟施工进行碰撞检查。各专业间的配合涉及碰撞检查，模拟项目施工过程，检查施工方案、计划是否合理，避免冲突，保证进度不受影响，确保项目有序推进。

③设计变更的高效处理。BIM数据库系统下模型与图纸关联，发生设计变更时图纸和相关数据都会发生相应变化，不再需要人工核算，节省成本。

④按需分配。BIM系统记录施工材料使用情况，系统可以查看同类材料使用的历史数据，安排材料采购进场和按需发放，避免材料浪费。

⑤工程信息集成更新。根据项目进展状况，安排新的施工计划及资金资源投入计划。同时利用BIM平台的工程实际数据信息，对比施工进度计划及成本开支计划，实时分析和发现工程进度偏差并及时处理，实现工程实际与5D动态模型的拟合，更好地动态跟踪控制施工现场情况。

（3）竣工结算阶段

竣工后进行工程结算，为保证准确，需要核对工程量，查漏补缺。传统手工算量，工程量计算比较烦琐，也容易出错或者不符合规范。有时施工过程中的设计变更或者信息缺失也会影响工程量计算的准确性。BIM技术条件下，系统含有项目从立项到竣工验收过程中的所有信息，能自动按照规范要求进行精确地算量。有设计变更时相关数据也会得到更新完善，核对时可根据需要快速进行信息检索，在保证准确的情况下加快竣工验收，节约结算成本。

3. 基于BIM技术的施工阶段成本控制流程

BIM技术条件下的施工成本控制，是在项目经理的领导下，管理人员和技术人员使用集成了各专业模型和数据库信息的BIM系统，在施工过程中根据施工工序运用BIM系统的应用模块，在维持施工正常进度的情况下，控制项目成本的同时加快进度。

（1）项目造价目标。施工项目开工前，用建立的BIM模型进行项目预算，招标投标文件写有项目参与方在项目推进过程中的责任义务，然后明确各自的成本目标，在项目开工后使用BIM系统协调项目管理达成成本目标。

（2）成本控制目标分配。使用BIM模型确定目标预算成本后，项目部分派各部门、班组的成本目标，由他们制定更精确的计划落实各自的成本计划，项目部宏观把控，协调配合，做好物资、资金和人员的配合，确保承包成本目标的实现。

（3）信息数据采集。项目开工以后，虽然努力按照计划实施，但项目施工环境复杂，实际成本与计划成本是有差异的。项目相关人员应收集项目信息，比如施工质量、施工进度、材料使用情况、成本数据等，整理分类并输入BIM数据库中，为项目参与方了解现场施工情况、做出决策提供依据。

（4）对比分析，采取措施。对比目标值是否接近计划值，确定偏差的大小，如果实际成本高了就要分析偏差的原因，以后采取相应的措施，使类似施工成本偏差尽可能小。如果小于计划成本，可以总结这次成本控制的成功经验。分析偏差是施工成本控制的核心手段，是最具实质性的行为。只有找出产生偏差的原因，才能有效制定有针对性的措施，减少或避免再次发生此类损失，才能有效控制施工成本。

7.3.2 基于BIM的施工阶段成本控制系统

1. 施工成本控制体系的构成

基于BIM技术的施工阶段成本控制体系，包含两个系统：信息采集系统（BIM数据库）和信息处理系统（BIM—5D）。

（1）信息采集系统。建立BIM三维模型，再建立带有相应标准的BIM数据库（比如IFC标准），此数据库含有项目所有相关信息，比如项目特征、项目参与方相关信息、项目整个生命周期的其他相关信息。BIM数据库里面的信息能够在进行变更时智能更新，这是一个非常先进的优势，不再需要人工逐一更改。同时能及时获取数据信息，数据信息在项目参与方之间进行无损耗地共享。

信息处理系统以BIM模型以及数据库处理采集到的数据，对信息进行编码、归类、存储等，这样项目参与方就能快捷高效地进行信息检索和更新。在静态模型数据的基础上加上时间维度与造价维度，匹配所需特定规则和行业标准，形成动态数据信息管理，

就形成 BIM 5D。

（2）信息处理系统。依靠以下五个层次部署实施一个项目的成本控制，即基础平台层、数据资源层、业务支撑层、应用系统层和用户层。基础平台层是整个系统的基础设置，其部署成功与否影响着后续工作。整个层面上还包括系统的网络、通信系统的部署、信息的存储和备份系统的设置以及网络运行的信息安全问题。

数据资源层存储整个项目的相关信息，基于 BIM 技术的成本管理主要涉及的数据包括模型数据、工程量数据、项目信息数据、定额信息数据、费用科目信息数据、合同信息数据等。与 BIM 相关的带有维度的数据与传统数据（数值）的不一致，需要设置数据库来单独存储模型产生的相关数据。而与成本管理相关的日常业务数据主要存储在业务数据库、定额库、价格库，共同支撑数据资源层提供数据。

业务支撑层由数据管理平台和相关支持服务组成。数据管理平台主要维护和管理业务数据库和数据库中相关数据，为本层相关支撑服务提供数据，往上为应用系统层和用户层提供更高级别的数据支撑。数据管理平台完成整个系统的数据管理，是此体系的重点。相关支持服务主要包括业务服务、安全服务和消息服务。这些服务便于在进行项目成本管理时及时检查相关业务、维护数据安全性、发布相关信息等。

应用系统层作为系统的核心，主要进行成本管理。主要分支系统包括权限管理、系统维护、BIM 数据管理、合同管理、定额管理、投标成本管理、实际成本管理、费用管理。BIM 数据管理主要完成项目相关数据的管理，BIM 数据的提取为成本计划提供相关数据信息支撑，如工程量信息、定额信息等。在成本控制体系里以成本管理为核心，其他子系统都是为其服务的，不断完善这些子系统才能不断完善成本控制体系。同时系统要为成本管理相关人员赋予相应角色之后，相关人员根据角色定位进行相关的信息登记和信息浏览查看，提高信息共享以及沟通效率。

2. BIM 5D 模型介绍

用 BIM 技术进行复杂建设项目造价，可行性研究阶段进行预算，到施工时期的造价控制，再到工程竣工验收后的结算，从项目立项到项目完工结束工程，先预算再控制最终结算。在项目全过程、全方位使用各种数字技术，动态地进行项目管理。从手绘图纸到计算机广泛应用后的计算机绘图技术，比如 CAD，目前施工单位使用的各类方案图、初步设计图和施工图还是 2D 的。

新兴的 BIM 技术以 3D 为基础，相较于 2D 而言，3D 除了可以绘图，可以进行可视化展示，还具有施工模拟、信息共享、协调项目管理等多重功能。在 BIM 三维基础上加上时间维度就形成 4D 模型，在施工进度管理方面已成功运用，可以进行施工方案可行性研究、施工计划安排、方案优化和工作顺序的排列，尽量避免施工冲突和意外。5D 是在 4D 基础上加上造价维度，是在 4D 模型基础上进一步细化预算，更加准确地做到复杂建设项目预算贴近实际成本，同时通过努力使最终结算小于预算，它包含 3D 建筑实体的数据，还有进度、成本等信息，无论是 BIM 模型的功能价值还是应用范围都得到很好的改善。

回顾BIM的发展历程，可以说5D就是三维模型加上时间维度和工程造价维度，围绕时间（进度）和造价是项目管理。三维建模和进度控制过程中，不断细化复杂建设项目的预算和控制施工过程中的造价。造价的控制方式，一是细化复杂建设项目预算，预算越准确越能便于控制工程项目造价；二是着手于工程项目施工，严格控制工程项目建设中的每一项成本，做到人力、物力、财力的科学投入，在不浪费的同时做到合理地节省，尽可能压缩成本。

基于BIM—5D的复杂建设项目造价控制信息系统能模拟项目施工过程，计算实际成本与计划成本的差异，找出造成实际工程造价与计划工程造价产生偏差的原因，以便及时采取相应措施，可以降低项目施工过程中的风险，控制各方面的成本。

3. BIM 5D模型构建

BIM 5D模型构建方式有两种，一种方法是可以用BIM软件三维建模，模型此时拥有了构建的几何信息和材料信息等；之后用BIM 5D在三维构件上添加时间维度（进度）和成本维度，这样设计信息就比较完整。由于模型的直观可视化，保证了准确性。此方法比较先进和高效，但是目前因为BIM技术没有普遍使用，其推广需要一定的时间，设计单位需要逐步接受和适应这种新的设计方式。另一种方法是先用计算机绘制出二维图纸，再进行加工，把二维图纸导入软件并添加空间坐标信息，变成可视化的三维模型，再在三维模型上添加进度和成本信息，虽然也能达到目的，但效率较低，操作比较多，可能产生一些人为错误而需要重做，比较耗费时间。当前这种方法使用较多，主要因为BIM技术还不够普及，设计单位还在继续以二维形式出图。

7.4 BIM 5D应用模拟

7.4.1 BIM 5D案例演示

案例演示以天津永利大厦项目为对象运用BIM 5D技术。

项目概况：天津永利大厦项目地处天津市河西区郁江道与五号堤路交口，建筑总高107m，总建筑面积83564.3m^2，由A、B、C三塔组成。A塔地上18层，为框架－核心筒结构，地上部分高约89.5m，地下3层；B塔为地上20层，地上部分高约为99.6m，也为框架－核心筒结构，地下3层；C塔为地上9层，地上高为43.8m，C塔为框架结构，地下有3层。地下车库为框架－剪力墙结构。

1. BIM总体应用

天津永利大厦项目应用BIM技术建立BIM 5D建模及BIM审图等多种应用模型，综合技术、生产和商务的应用，以建模、集成再到应用为主线，以成本控制为核心，推进项目的实施。在项目中BIM 5D的具体应用如图7–1所示。

2. 主要应用内容介绍

天津永利大厦项目使用广联达BIM 5D进行项目管理，通过BIM模型集成的项目关

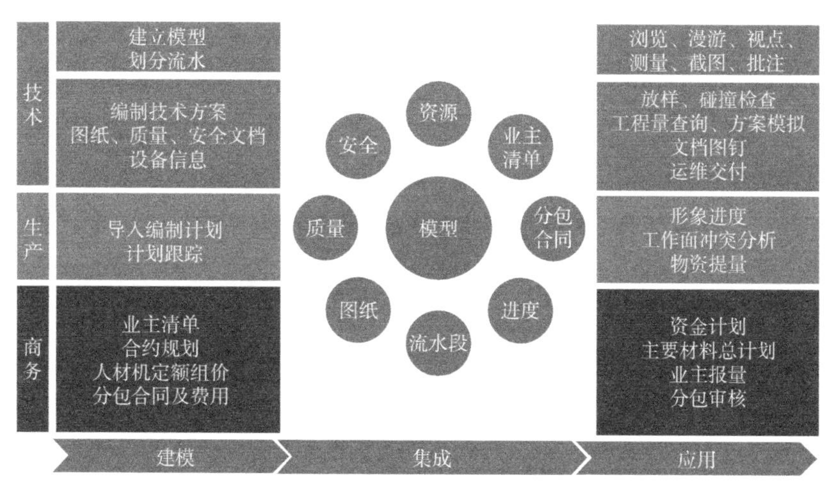

图 7-1 BIM 5D 软件具体应用图

键信息（比如进度、预算等）进行施工过程模拟，及时提供与进度、生产等重要环节相关的核心数据，比如资源消耗、技术要求等。这样方便进行沟通和决策，节约了时间和成本，进而提升项目管理水平。其主要应用如下：

（1）建模以及集成

本项目建模时依据广联达的建模规范进行建模，使用了广联达图形算量软件、广联达钢筋算量软件以及 Magi CAD 机电设计软件，各软件做出相应的专业模型，再统一集成进广联达 BIM 5D 软件。

（2）流水段划分

在工程施工中，为有效进行流水施工组织管理，划分了流水段和现场工作面，提高了施工效率以及资源优化，依据本项目现场布置图在 BIM 5D 软件模型上划分流水段。同时按照工作流水段的维度进行组织管理，包括进度计划、分包合同、业主清单、图纸等在内的信息，这样方便项目管理人员了解各工作面上各专业队伍的数量、要完成的工程量、需要的物资量以及定额劳动力，辅助生产管理人员安排合理的生产计划，规避工作面上施工作业交叉的冲突。

（3）施工动态模拟

广联达 BIM 5D 软件内把 3D 模型与进度计划进行关联，施工过程中从多个角度查询所需的工程量，比如施工进度计划、楼层、流水段类型、钢筋分类、构件工程量、资源类型等。再进行施工的动态模拟，了解现场施工状况，找出重要环节并进行重点把控，通过施工模拟做出的定义周期内的资金和资源投入曲线，可以提前做好下一周期的资金与资源投入准备。

（4）物资管理

在建模时录入定额消耗信息，如混凝土、钢筋、模板用量等。依据时间、楼层、流水段统计所需的资源量，应用 BIM 5D 软件精确地提取所需材料量并生成报表，提交给相应部门审核。

（5）碰撞检查

各专业工程师把自己专业的模型及结构模型，分别集成到BIM 5D软件中做碰撞检查。碰撞检查过程中发现问题就反馈给设计单位调整图纸,避免后期返工（以本项目为例，共发现有效碰撞10000多个，去掉设计标准允许的碰撞点后还剩8000多个），然后协调工程设计师修改图纸。根据反馈，BIM技术的碰撞检查很容易发现问题，这样进行图纸协调修改时有很强的目的性，一个有经验的工程师也难以做到这么高效，非常节省工程师时间。

（6）进度管控

先编制进度计划，再把文件导入到广联达BIM 5D软件，这样每个构件就带有进度信息。可以用BIM 5D软件的进度视图模块显示最近的任务状态，如果发现滞后任务，可以在模型里查看相应工作量，根据工作量重新安排计划，这样就可以做到计划的精确管控。

3. 项目中BIM应用难点及解决方法

通过深入研究应用广联达BIM 5D软件，项目运用BIM过程中遇到的诸多难点都得到解决，以下是几个典型难点以及对应解决办法：

（1）BIM模型数据的集成

用广联达土建算量软件、广联达钢筋算量软件、Magi CAD机电设计软件分别建模，由于没有遵照相应建模规范，建模完成后进行全专业集成时，模型无法导入广联达BIM 5D软件，模型没办法实现集成复用。后来使用广联达的建模规范修改后才把模型导入广联达BIM 5D软件。

（2）复杂的进度管理

本项目进度计划太复杂、任务比较多，要关联起来工作量太大。应用广联达BIM 5D软件关联流水段，将预先绘制好的流水段进行关联，并关联区域模型，在保证后期进度管控的同时又减少了模型关联的工作量，很大程度上降低了人力成本。

（3）按流水段提量

单一地通过建模软件提取工程量太烦琐，现场流水段提量非常困难。将模型集成到广联达BIM 5D软件，按实际情况绘制流水段，施工过程中选取相应流水段，可以快速提取流水段的相关内容，包括工程量、预算费用、分包费用和材料量，比较便捷高效。

7.4.2 案例项目总结

1. 精细化进度管控，缩短工期

BIM系统里，进度可以实现精细化管控。可以在BIM 5D软件里进行协调组织、安排计划等。每个小周期的工程进度目标都可以进行规划，根据项目情况安排计划，系统可以就计划的可行性进行模拟。根据计划进行资源、资金和人员的投入，以确保计划实施。做到依照计划行事，计划实施中反馈进度，在节省成本的同时缩短工期，并为下一步成本计划做好铺垫。

2. 合理划分流水段，做到精细化管理

以前施工项目流水段管理一般会因为前期准备不足、工序交叉等原因，造成流水施工不顺畅。这个问题可以用广联达 BIM 5D 软件解决，把模型按流水段划分后，现场提量核量就变得方便快捷，而且便于操作。项目上不需要安排专人操作，系统提取流水段相关信息按照要求去做就行。提前备量、流水施工模拟等功能，非常便于施工精细化管理。

3. 精确记录物资使用，降低成本

施工现场的物资管理通常由人工统计，需要多少领多少。有些材料做不到实时调配，比如周转材料，消耗了多少，还需要多少，还有未来需要多少，并不明确。这种不明确的施工消耗，暗藏很大的成本，管控好了也是一笔收入。比如材料领走以后没有采取有效管理，最后材料损毁，转化为不必要的成本。可以用广联达 BIM 5D 进行追踪，记录好从材料进场到每一次物资消耗，项目参与方可以随时查看这些资料。材料的领取和归宿、包括相关人员，都会记录在案备查，减少浪费，降低成本。

4. 全专业碰撞检查，减少返工

通常进行碰撞检查需要由有经验的工程师查阅图纸制订计划，不断地做出计划并进行可行性试验，不断地进行否定，直到得出确定的方案，这样就需要等待很长一段时间，效率太低，贻误施工计划更会带来很大的成本。但是运用 BIM 5D 软件就可以减少这种麻烦，由于整个系统的相关数据已经进行关联，在进行碰撞检查时系统会自动调用相关数据，进行相关检查，工程师根据生成的报告就能很快做出决策或者方案，同时事前及时检查可以得出更好地调整方案，减少返工。按照相关指令进行计算，计算机的计算速度还有数据的收集归纳整理，这些都是人脑无法比拟的，无形中帮助工程师节省很多时间，节约了成本。

本项目中 BIM 带来的价值是非常可观的。参建各方从 BIM 上获得的利益让大家对 BIM 应用给予很高评价，这是推广 BIM 技术得到广泛应用的最好物证。在项目推进过程中，数字信息技术集中了项目全方位、全生命周期、全领域中的信息，将完备的信息进行可视化又准确无损地传递给参建各方，各参与方能集中注意力做好相应的角色，最终实现了项目利益的最大化。

天津永利大厦项目中 BIM 应用时 BIM 应用平台较多，反映出软件的兼容性有待提高的问题，各参与方对 BIM 的认可也还没达成一致。不过随着我国数字化、信息化的不断推进，BIM 定能发挥其巨大潜力，成为建筑业的新主流。总结 BIM 技术使用过程，就是创建承载构件信息的三维模型，再用 BIM 技术进行设计优化、施工方案优化、虚拟施工等，最终确保工程质量、节约成本和缩短工期，越是在工程量大、工期紧、工程形式复杂、场地空间有限的条件下，BIM 的价值就体现得越明显。

7.5 本章小结

施工阶段的成本投入占项目总成本的比重很大，要提高建筑行业效率以及增加施工企业利润，应该把重心放在施工阶段。本章围绕 BIM 施工成本控制系统进行研究，分析了项目各阶段成本控制中运用 BIM 技术的好处，以施工阶段为例，从准备施工到竣工前的成本控制，演示了每一个重要的成本控制手段如何做到降低成本，从而了解 BIM 5D 技术成本控制系统的功能区域。通过 BIM 5D 系统建立天津永利大厦项目 3D 模型，在数据库输入复杂建设项目其他相关数据信息，通过系统的每一个功能模块，以一些对成本控制有用的操作为对象进行了演示，进而总体提高成本控制水平，此案例为施工企业运用成本控制系统提供了借鉴，有助于 BIM 技术在成本控制上的推广。

本章参考文献

[1] Ahn Y H，Kwak Y H，Suk S J. Contractors’ transformation strategies for adopting building information modeling [J]. Journal of Management in Engineering，2015，18：201–222.

[2] Ding Z，Liu S，Liao L，et al. A digital construction framework integrating building information modeling and reverse engineering technologies for renovation projects [J]. Automation in Construction，2019，102：45–58.

[3] Ham N，Moon S，Kim J H，et al. Optimal BIM staffing in construction projects using a queueing model [J]. Automation in Construction，2020，113：115–128.

[4] Kaffash S，Azizi R，Huang Y，et al. A survey of data envelopment analysis applications in the insurance industry 1993—2018 [J]. European Journal of Operational Research，2020，284（3）：801–813.

[5] Kim S，Chin S，Han J，et al. Measurement of construction BIM value based on a case study of a large-scale building project [J]. Journal of Management in Engineering，2017，33（6）：25–45.

[6] Ugliotti F，Osello A，Rizzo C，et al. BIM-based structural survey design [J]. Procedia Structural Integrity，2019，18：809–815.

[7] 代洪伟 . BIM 技术在现代公共建筑结构中的综合性运用 [J]. 建筑结构，2020，538（22）：164–164.

[8] 邓波，李云，程广仁 . BIM 技术在施工企业中应用方式的探究 [J]. 山东建筑大学学报，2014（2）：182–186.

[9] 翟越，李楠，艾晓芹，何薇 . BIM 技术在建筑施工安全管理中的应用研究 [J]. 施工技术，2015（12）：81–83.

[10] 胡长明，熊焕军，龙辉元，等 . 基于 BIM 的建筑施工项目进度—成本联合控制研究 [J]. 西安建筑科技大学学报（自然科学版），2014（4）：474–478.

[11] 黄贻海 . 基于价值工程的施工企业成本管理研究 [J]. 山西建筑，2009，35（3）：239–240.

[12] 吉海军，霍晓琴 . 建筑工程管理中的 BIM 技术应用 [J]. 工业建筑，2021，51（5）：I0025.

[13] 解万生，王瑾，张有志，等 . BIM 技术在传统建筑木结构施工中的应用 [J]. 施工技术，2021，50（14）：89–92.

[14] 靳远文 . 浅析企业战略成本管理 [J]. 财会通讯：中，2009（8）：117–118.

[15] 寇雪霞，石振武 . BIM 技术在施工阶段的成本控制应用 [J]. 经济师，2016（1）：72–73.
[16] 李锦华，秦国兰 . 基于 BIM–5D 的工程项目造价控制信息系统研究 [J]. 项目管理技术，2014（5）：82–85.
[17] 李犁，邓雪原 . 基于 IFC 标准 BIM 数据库的构建与应用 [J]. 四川建筑科学研究，2013（3）：296–301.
[18] 李新伟，曾启，樊则森 . 基于 BIM 技术的设计与施工协同工作模式研究 [J]. 施工技术，2020，49（5）：68–71，90.
[19] 刘燕 . 浅谈 BIM 系统与工程造价管理 [J]. 建筑设计管理，2015（6）：70–73.
[20] 刘子昌，雷海波，刘超，等 . 基于 BIM 技术的大型改复建项目智能建造管理 [J]. 建筑技术，2021，52（6）：667–670.
[21] 欧阳业伟,张原 . 基于 BIM 的承包商施工阶段直接成本控制框架研究 [J]. 工程管理学报,2016(6)：118–123.
[22] 苏毅 . 基于系统工程的项目成本管理 [J]. 山西建筑，2008，34（1）：259–260.
[23] 孙锦镖，李光霞，李新华 . 基于工作包的施工成本动态控制 [J]. 山西建筑，2008，34（19）：244–245.
[24] 孙莉 . 施工企业工程成本控制关键风险因子识别 [J]. 施工技术，2014（15）：98–101.
[25] 王廷魁，张倩 . 基于 BIM 的房地产开发项目成本控制研究 [J]. 建筑经济，2015（6）：51–55.
[26] 王献仓 . 对市政工程项目成本控制的思考 [J]. 基建优化，2005，26（6）：47–49.
[27] 王永峰 . 建筑工程项目成本的量化管理 [J]. 建筑施工，2005，27（2）：56–58.
[28] 王永泉，黄亚钟，韦芳芳，等 . 基于 BIM 和遗传算法的网架工程施工进度 – 费用优化研究 [J]. 施工技术，2020，49（6）：18–22.
[29] 于景飞，谢宇晨 . BIM 技术在工程管理与施工成本控制中的应用 [J]. 山东农业大学学报：自然科学版，2017（48）：223–225.
[30] 张国玲 . 公用市政工程施工成本费用的控制 [J]. 交通与港航，2007，21（1）：24–26.
[31] 张连营，于飞 . 基于 BIM 的建筑工程项目进度 – 成本协同管理系统框架构建 [J]. 项目管理技术，2014，12（12）：43–46.
[32] 赵睿智，孙慧颖，刘百通 . 基于 5D 平台的多软件 BIM 造价创效研究 [J]. 施工技术，2019（S1）：296–299.

第3部分

BIM应用绩效评价

第8章 BIM应用障碍因素分析

BIM技术正在为我国的工程建设领域搭建全新的合作平台，让整个行业能够在未来实现顺畅的沟通、高效的合作。尽管BIM应用在我国是大势所趋，但考验依然严峻。对BIM价值的认识、现有工作流程、技术与管理规范、人才与团队以及软硬件问题等都影响着BIM的进一步推进。本章将通过文献综述和专家调查，分析BIM在建设与运营中的应用领域、应用障碍因素，并建立矩阵方程，通过建立结构方程模型（Structural Equation Modeling，SEM）进行评价，从而找到主要的影响因素，据此提出有针对性的对策建议。

8.1 引言

当下，我国建筑业造成的能源消耗已占我国总商品消耗的20%~30%，并且大部分能源消耗发生在建筑设施的运营过程中，建筑业效率低下，建筑浪费触目惊心，迫使人们去思考其背后的原因。研究发现，导致建筑业效率低下的原因非常复杂，观察研究生产效率已经大幅提升的零售、汽车和电子产品等领域，发现其生产效率的提高主要得益于信息化的投入。然而在建筑业，相关企业使用信息技术提高生产效率却相当有限。虽然建筑业的总产值和制造业非常接近,但对于信息技术的投入却仅有制造业平均值的1/7（何关培，2011）。由此推断可知，建筑行业生产效率低下同它在信息技术采用方面的落后状况呈现出明显的正相关，若没有适合全行业的信息创建和管理工具，建筑业的专业人士将永远都克服不了由于信息管理不当和协调不力而引发的低效率问题。信息技术的应用正成为建筑业和相关企业竞争力的核心来源。这种需求赋予BIM重要使命：解决不同阶段、不同参与方、不同应用软件之间的信息化组织管理和信息交换共享，使合适的人在合适的时候得到合适的信息（何关培，2011）。实践证明，BIM技术利用数字建模软件，能够提高项目设计、建造和运营管理的效率，极大地提高建筑业的生产效率，进而使其成为更具竞争性又能够持续对经济作出贡献的行业（Arayici，2011）。因此，BIM正在引发建筑行业一次史无前例的彻底变革。

尽管BIM可以穿插项目设计、施工、运营的全过程，可以集成复杂建设项目全生命周期的所有信息，极大地提高效率，提高管理质量，能够为建筑业带来巨大的改革，但是在BIM的应用过程中还存在很多的障碍和影响成功的因素。因此本章将采用文献综述和专家调查，结合结构化方程模型（SEM），建立复杂建设项目的BIM应用障碍因素评价模型，从而找出其中的主要影响因素，弄清这些因素之间的相互关系，进而提出积极应对建议。

8.2 BIM应用障碍的文献综述

自从1970年创立以来，AEC行业越来越多地采用BIM，即使在这种领先的情况下也没实现对BIM的充分利用。经研究可知，许多公司不采用BIM的最主要原因包括缺乏需求、成本问题和互操作性问题。在一些实践中，BIM的低价值是由于对软件互操作性的缺乏，以及缺乏技巧和经验的不友好使用模式也是一个主要问题。世界上许多BIM用户对于投资低回报的经验，可以归因于这些用户的经验水平和BIM的参与度。小公司受到的影响最大，因为他们在BIM项目中的参与度更小，因此他们的经验更少。成功采用BIM需要AEC公司的重大投资，包括软件、硬件、培训和其他要求的投资。BIM还需要一些进程投资，比如发展内部协作BIM程序，以及对于发展BIM未来功能的商业投资。

许多学者通过分析BIM的应用现状和大量的案例提出了BIM应用障碍的因素。王珺（2011）认为BIM的生命力是贯穿在复杂建设项目的整个生命周期，当成功应用BIM时，可以缩短项目工期，提高生产效率，节约成本，项目的各参与方能够信息共享以便更好地运营管理,促进项目的创新性与先进性。若要拥有BIM所带来的这些优势，整个建筑行业则要解决现阶段BIM在复杂建设项目运用中所面临的困难与挑战。刘畅等（2016）认为BIM技术的应用障碍可以分为应用环境、技术方法、组织管理三大方面，项目业主应用的驱动力不足、知识产权问题、能够利用的本土化工具不足等都阻碍着BIM的广泛应用。McGraw-Hill et al.（2009）通过调查了解到，虽然关于BIM的设计类软件和施工类软件较多，但是业主、建筑师、工程师和承包商四方所熟知的软件还是Autodesk公司的Revit系列软件，其他系统软件的普及仍然困难。宋麟（2013）认为BIM一直未能普及的因素还有人才、技术、软件、政府等因素，使用BIM软件需要完成从2D到3D的思维转变，而在未普及的我国需要抽调大量的人才学习，这就意味着项目成本将会大大增加。赵源煜（2011）认为通过创建足够的外部动机推动BIM的需求、明确项目参与方的责任与权限、制定BIM标准和使用指南以及解决电子数据在交换过程中出现漏洞和变现等问题，可以让BIM逐渐推广和深入到建筑行业的各个领域。

可以看出，以往学者对BIM应用所面临的阻碍因素都做了不同方面的总结，但缺乏采用定量的方法进行评价以及研究这些因素的影响程度。本章拟采用结构方程模型（SEM）分析这些因素相互影响的作用系数，通过这些系数找出源头因素以及影响程度最大的因素，继而提出相应的应对建议。

8.3 BIM应用障碍影响因素分析

通过阅读以往学者的文献可以发现，BIM应用障碍主要集中在团队能力、参与人员、软件、IT基础、标准规范等方面，而结合复杂建设项目实际情况对这些应用障碍进一步分析，则可以归纳出BIM应用障碍影响因素。

1. 团队能力

目前的BIM技术仅在设计阶段、施工阶段实现了多维度的可视化，而要充利用BIM技术，需要将复杂建设项目全生命周期的各阶段有机结合起来，有效地集成参建各方，协调各个不同专业、不同单位之间的关系，以此有效地提高生产率，而这存在着相当的难度。

2. 参与人员

BIM理念已在国内外得到实际应用，但是BIM软件的实际操作难度较大，特别是有经验的设计师的主要思维方式是二维平台，因此对参与人员的素质和学习能力需要进行专门的培训。而对于大多数企业来讲，这是一个新的领域，对其进行投资将会付出大量的人力、物力和时间。

3. 软件

目前市场上流行的BIM系列软件大部分是国外软件，国外软件中国化仍然是一个大的挑战，同时这些软件对人才和电脑配置的要求都比较高，将会增加使用成本。项目所有参与方对BIM模型共享程度的商讨和统一决策是影响BIM应用的重要因素，如选择不同BIM软件进行建模共享时，由于不同软件的交互性差，会产生额外的费用，增加工作量。

4. IT基础

BIM有一系列的设计/施工/管理用途，目前正被用在建筑工程施工组织间设计协调、施工安全管理、危害鉴定或预防、设计相关错误的自动化检测和自动化建筑设计审查。BIM也被用于建设风险管理、劳动生产率的提高和通过岩土与安全防护设备规划来减少施工事故。在BIM的采用方面，建筑行业的关键人员按照排名依次是客户、项目经理、架构师、主承包商和工程师。承包商在促进或降低BIM的采用方面扮演了一个重要的角色，这是因为他们在运营性设计项目中扮演着重要角色。换句话说，就是建筑承包商对BIM是否能充分利用在建筑设计、结构和维护生命周期具有显著的影响。BIM最经常使用的时期是贯穿于整个设计阶段，然后是细部设计和投标阶段、施工阶段、可行性研究阶段和维护阶段。

5. 标准规范

BIM软件是一系列软件的合集，当需要把各个软件转换到同一个平台上或者使之相互兼容，则需要设计一个标准。为减少项目参与方的风险，政府可以研制BIM标准合同文件，规范建筑市场。

8.4　BIM 应用障碍因素的 SEM 模型

8.4.1　SEM 模型理论

SEM 模型始见于 20 世纪 60 年代发表的论文中，是一种实证分析模型，适合多变量统计分析的方法。很多社会研究中所涉及的变量虽然是客观存在的，但由于人的认识水平或事物本身的抽象性、复杂性等原因都不能准确、直接地测量，这种变量称为潜变量。这个时候研究人员就只能退一步，用一些能准确、直接测量的外显指标，去间接测量这些潜变量。相比于传统的数理统计方法不能够准确地处理这些潜变量，结构方程模型就可以弥补这个不足，同时妥善处理这些潜变量及其指标。

8.4.2　SEM 模型构建

通过阅读文献和对政府、行业协会、大型业主、设计企业、施工企业、咨询业主、行业专家以及正在实施 BIM 的典型项目进行广泛调研，整理出 BIM 应用障碍和影响成功因素涉及的潜在变量与对应的可测变量，见表 8–1。

潜变量与对应的测量变量　　表 8–1

潜在变量	测量变量
团队能力	职责明晰 T1，沟通交流 T2，团队目标 T3，协同合作 T4
参与人员	人员素质 C1，人员培训 C2，学习能力 C3，职位设置 C4
软件	方便习得 R1，功能设置 R2，输出方式 R3，输入方式 R4，交互性 R5
IT 基础	成熟度 I1，交换方式 I2，使用人数 I3，服务方式 I4
标准规范	应用指南 B1，基础标准 B2，分类标准 B3，交互标准 B4
成功	节约成本 G1，缩短工期 G2，信息共享 G3，一体控制 G4，运营管理 G5

8.4.3　SEM 实证分析

根据 SEM 模型的分析原理，利用相关知识，结合专家对分析的潜变量和可测变量之间影响程度的打分进行综合分析，并采用统计分析软件对数据进行处理。由于在利用 SEM 进行分析的过程中，计算量繁重且复杂，因此采用 SPSS 软件辅助计算。SPSS 软件是用于 SEM 模型分析的主要计算工具，对数据的均值、标准差、方差、偏度和峰度进行描述性统计分析，见表 8–2。

结构方程模型主要通过用模型中的路径系数（载荷系数）来揭露潜变量与可测变量以及可测变量之间的影响关系。根据 BIM 应用障碍和成功因素的 SEM 分析路径图，可以得出各影响因子对成功应用 BIM 技术的效应关系，从而分析不同 BIM 应用障碍因素的影响程度。对分析的数据进行效度和信度分析并进行修正，最后得出 BIM 应用障碍和成功因素的标准化模型结果，如图 8–1 所示。

数据的描述性统计分析结果　　表 8-2

	N	极小值	极大值	均值	标准差	偏度		峰度	
	统计量	统计量	统计量	统计量	统计量	统计量	标准差	统计量	标准差
T1	100	2	6	3.77	0.815	0.150	0.286	–0.912	0.562
T2	100	1	6	3.56	0.857	0.184	0.286	–0.592	0.562
T3	100	2	6	3.95	0.874	–0.545	0.286	–0.302	0.562
T4	100	1	6	3.82	0.960	–0.712	0.286	–0.076	0.562
C1	100	1	6	3.39	0.945	0.011	0.286	–0.902	0.562
C2	100	1	6	3.67	0.960	–0.324	0.286	–0.811	0.562
C3	100	2	6	4.10	0.953	–0.987	0.286	0.665	0.562
C4	100	2	6	4.01	1.014	–0.775	0.286	–0.081	0.562
R1	100	1	6	3.75	1.048	–0.755	0.286	0.233	0.562
R2	100	1	6	3.29	0.995	–0.898	0.286	0.257	0.562
R3	100	1	6	3.45	1.069	–0.340	0.286	–0.826	0.562
R4	100	1	6	3.00	1.102	–0.056	0.286	–0.981	0.562
R5	100	1	6	4.05	1.009	–0.562	0.286	–0.216	0.562
I1	100	1	6	3.78	0.896	0.248	0.286	–0.606	0.562
I2	100	2	6	4.12	0.894	–0.615	0.286	–0.314	0.562
I3	100	1	6	3.68	0.920	–0.504	0.286	0.006	0.562
I4	100	1	6	3.55	0.885	–0.526	0.286	0.313	0.562
B1	100	1	6	3.76	0.675	0.001	0.286	–0.849	0.562
B2	100	1	6	3.26	0.665	–0.045	0.286	–0.666	0.562
B3	100	1	6	3.44	0.876	–0.234	0.286	–0.556	0.562
B4	100	2	6	4.08	0.702	–0.051	0.286	–0.382	0.562
G1	100	3	6	4.42	0.875	–0.414	0.286	–0.624	0.562
G2	100	2	6	4.12	0.712	–0.215	0.286	–0.548	0.562
G3	100	1	6	3.49	0.654	–0.015	0.286	–0.356	0.562
G4	100	2	6	4.03	0.7705	–0.142	0.286	0.214	0.562
G5	100	1	6	3.74	0.698	–0.213	0.286	–0.415	0.562

其中，原因变量对结果变量的直接影响被称为直接效应，由路径系数来衡量。例如：团队能力到成功的标准化路径系数是 0.626，则表示团队能力到成功的直接效应是 0.626。这说明当其他应用障碍和成功因素不变时，“团队能力”潜变量每增加一个单位，“成功”潜变量就会直接增加 0.626 个单位。间接效应指原因变量对结果变量的影响是由若干个中间变量来体现，也就是说当原因变量与结果变量中间存在一个中间变量时，间接效应的大小则是这两个路径系数的乘积。例如：软件到标准规范的路径系数是 0.640，标准规范到成功的路径系数是 0.585，软件到成功的间接效应则是 $0.640 \times 0.585=0.374$，说明当其他影

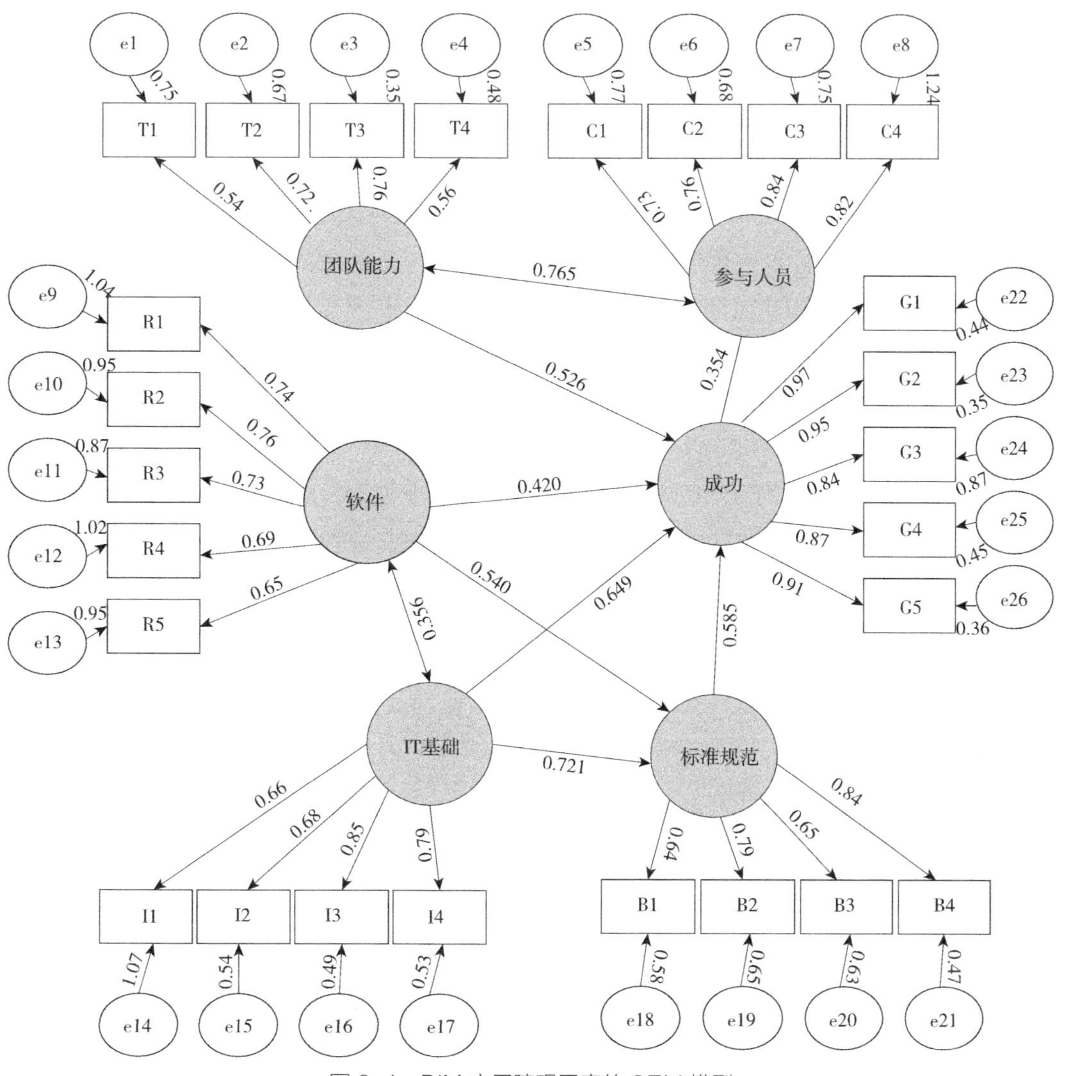

图8-1　BIM应用障碍因素的SEM模型

响因素不变时，“软件”潜变量每增加一个单位，“成功”潜变量将间接增加0.347个单位。

根据以上分析，可以总结出各个BIM应用因素之间的效应和相互关系如下：

（1）团队能力因素中职责明晰、沟通交流、团队目标和协同合作都对团队能力有正向的影响，影响总效应分别为0.84、072、0.76和0.56。通过数据可以看出，职责明晰的总效应最大且为直接因素，因此在应用BIM技术时最需要关注项目各参与方的所有权与责任的确认，减少各利益者的风险。

（2）人员素质、人员培训、学习能力和职位设置等因素均对“参与人员”潜变量有正向的影响，总效应分别为0.73、0.78、0.84和0.82，总效应最大的是学习能力。因此，在企业应用BIM复杂建设项目过程中，BIM技术利用得以实现，相关软件的熟练使用、数据库的构建、建模知识等方面均需要相关的复合型人才，尤其要注重培养参与人员的学习能力，让他们尽可能用最少的投入换取最大的回报。

（3）软件的上手难易、功能设置、输出方式、输入方式和交互性对BIM软件的应用影响很大，总效应分别为0.74、0.76、0.73、0.69和0.65。其中影响最大的是相关软件的功能设置，并且为直接效应，也符合实际情况。在BIM软件市场中，设计类软件和施工类软件的种类较多，但是每款软件的功能设置都或多或少地存在很大的漏洞，当BIM应用于项目全生命周期时可能需要使用多款软件，这无疑对人才的要求提高了，也提高了对各个软件的交互性要求，无形中增加了项目成本。

（4）BIM的应用主要借助于BIM系列软件实施，这就要求要有广泛的IT基础，成熟度、交换方式、使用人数和服务方式都对其有正向的影响，总效应分别为0.66、0.68、0.85和0.79，反映了BIM软件使用人数的重要性。若BIM软件的使用人数少，在很大程度上会阻碍BIM技术的推广。

（5）无规矩不成方圆，每行每业都有其自己的标准规范，BIM应用指南、基础标准、分类标准和交互标准均对BIM技术的发展有正向的影响，总效应分别为0.64、0.79、0.65和0.84。由此可以看出，制定BIM标准的指南对我国建筑业BIM技术的引进和发展尤为重要。比如，如果当企业在执行BIM项目时，在BIM指南上规定模型的成品标准，使用BIM技术的项目各参与方就可以依照其标准展开工作，这样BIM企业标准就有更加具体的实施方案。

8.5 本章小结

本章通过构建结构方程模型，分析出BIM应用障碍和成功因素的影响效应。研究结果表明节约成本、缩短工期、信息共享、一体控制和提高运营管理的总影响效应分别为0.97、0.95、0.84、0.87和0.91。研究结果反映了构建BIM技术在建设项目全生命周期中的巨大价值，更加证明了针对目前我国建筑业效率低下和浪费现象严重的实际情况，推动BIM技术的广泛使用迫在眉睫。根据本章的研究结论，若想使BIM的价值达到最大化，政府、行业协会、大型业主、设计企业、施工企业和咨询企业要加大对BIM技术人才的培养，广泛推广BIM的使用；BIM软件开发公司要加大设计和完善功能设置更加齐全的软件，让各系列软件的交互性达到最大化，降低电子数据在传递中失真的风险；政府和行业协会更要积极鼓励建筑市场对BIM技术的运用，制定BIM标准合同文本，使项目团队能够做到职责明晰，减少不必要的争端，也要积极制定BIM应用指南和标准，让BIM应用市场更加规范，以便更好地推广BIM技术在我国的应用，解决建筑业低效率和高浪费问题。

本章参考文献

[1] Arayici Y，Coates P，Koskela L. Technology adoption in the BIM implementation for lean architectural practice [J]. Automation in Construction，2011，20（2）：189-195.

[2] 仇国芳，李智慧 . 建筑供应链视角下 BIM 应用障碍因素研究 [J]. 土木工程与管理学报，2019，36（4）：21-27.

[3] 丁士昭 . 建设工程信息化导论 [M]. 北京：中国建筑工业出版社，2005.

[4] 董娜，郭峻宁，姜涛 . 基于 DEMATEL 的造价 BIM 障碍分析及提升路径研究 [J]. 工程管理学报，2020（1）：41-45.

[5] 段艳刚 . 论 BIM 技术在建筑结构设计中的具体应用 [J]. 工程抗震与加固改造，2021，43（4）：I0006.

[6] 傅刚辉 . BIM 遗传算法在建筑施工目标优化中的应用 [J]. 工业建筑，2021，51（1）：I0026.

[7] 高敏，郝生跃 . 我国建筑业 BIM 应用影响因素研究——基于因子分析法 [J]. 工程管理学报，2019，33（4）：38-42.

[8] 郭斌，朱轲，冯涛 . BIM 协同应用障碍因素解释结构模型 [J]. 土木工程与管理学报，2019（6）：49-55.

[9] 何关培 .BIM 总论 [M]. 北京：中国建筑工业出版社，2011.

[10] Li FJ, Lu DD, Guan G, et al. Research on top-level design of BIM application standard based on SEM [J]. Mathematics in Practice and Theory, 2019，49（10）：88-96.

[11] 刘畅，郭婧娟 . 造价过程中的 BIM 应用障碍探究 [A]. 工程管理学报，2016（2）：1674-8859.

[12] 孟繁敏，于劭之，薛建英 . BIM 技术在建筑施工中的运用 [J]. 工业建筑，2021，51（5）：I0045.

[13] 盛超，朱浩 . BIM 技术在建筑加固施工中的运用 [J]. 工业建筑，2021，51（4）：I0025.

[14] 宋麟 . BIM 在建设项目生命周期中的应用研究 [D]. 天津：天津大学，2013.

[15] 王爱领，苏盟琪，孙少楠，等 . 基于生命周期理论的装配式建筑 BIM 应用能力评价 [J]. 土木工程与管理学报，2020，37（2）：27-33.

[16] 王进，张育雨，王兴冲，等 . 业主驱动模式下 BIM 数据共享障碍因素研究 [J]. 工程管理学报，2019（6）：40-45.

[17] 王珺 . BIM 理念及 BIM 软件在建设项目中的应用研究 [D]. 成都：西南交通大学，2011.

[18] 赵源煜 . 中国建筑业 BIM 发展的阻碍因素及对策方案研究 [D]. 北京：清华大学，2011.

第9章　BIM应用成功因素分析

当前在我国整体建筑行业中，由于BIM技术应用过程中存在困难及带来的经济效益不够明显等问题，不少企业对BIM技术的全面应用仍处于观望状态。在如今全球建筑行业都在大力推广BIM技术的背景下，国内需要进一步加快BIM应用的脚步，确定BIM技术应用的成功关键因素成了当务之急。本章将基于贝叶斯网络模型分析所收集到的BIM影响因素，判断各项因素对BIM成功应用的关联性，确定关键因素，以期提高企业BIM成功应用的可能性。研究结果将有助于提高复杂建设项目全生命周期管理水平，从而提高经济效益，推动整个行业的发展。

9.1　BIM应用成功因素研究现状

9.1.1　关键成功因素文献综述

关键成功因素（Critical Success Factors，CSF）最早是在信息综合系统领域的研究当中出现，并且被用来研究分析企业高层管理者对行业项目敏感信息的需求。Daniel（1961）首先提出了“成功因素”这个概念，探索了企业信息系统中存在大量对企业管理工作没有用处的信息，但是在业界，对企业的成功起到决定性作用的重要成功因素至少有3~6个，企业有必要加以注意。Zani（1970）调查了企业的商业战略和企业运营的环境，将能够拔高企业业绩的要素定为最关键成功因素。Rockart（1979）相信主要因素在有限数量的关键领域中存在，而不是全部，并且这些关键领域是一些功能的集合。这些部分能够达到要求的话，企业的绩效就会上升。如果管理者没有办法估计所有因素，则应当首先关注CSF。Aaker（1984）将企业最关键的资产认为是关键成功因素，对这些关键因素的认识是一个企业拥有的最有优势的竞争力，一个企业要获取持久竞争优势就要持续关注和管理CSF。Ketelhohn（1998）指出，企业的成功必要条件就是关键成功因素。在不一样的市场和行业当中，CSF也会不同。Bender（2015）根据产业的竞争角度，认为能够切实影响企业会使其在未来经营中获得优势地位的因素称为关键成功因素。杨日融（2003）认为在企业的运营周期中，影响评判与决策的重要信息即是关键成功因素。

综合以上文献，关键成功因素的定义主要分为三个方面：

（1）关键因素是企业经营成功的必要条件，成功是多角度不同领域的呈现。

（2）关键成功因素的重点是关键，所以并不是任何影响因素而是关键几个具有影响

力的因素。

（3）管理者需要集中注意关键成功因素，这些要素对所在企业的目的达成起到巨大的影响作用。

9.1.2　BIM应用影响因素文献综述

通过对文献资料的阅读可以得知，尽管国内对BIM的研究形式多种多样，但是研究内容大多绕不过BIM的发展历程、BIM软件、BIM的特点、BIM应用范围等，目前拓展研究很少，比如说对BIM应用影响因素的研究。国外的BIM研究起步时间很早，要远远领先我国，而且在研究文献的数量以及应用研究深度和广度都超过我国。在欧洲非常盛行对BIM的研究，但是关于BIM在建筑施工过程中的应用还较少。

通过对建筑公司BIM结构模型的解释和应用障碍的解释，明晰了BIM应用屏障的不同层次之间的关系，认为BIM在建筑公司中使用的障碍因素有：①业主对施工企业BIM使用的要求不明确；②BIM使建设单位的效益提升不明显；③政府的宣传力度不够；④建筑行业缺乏BIM应用的标准合同语言；⑤BIM软件中存在技术方面的问题；⑥执行BIM费用过高；⑦现存的业务流程模式限制了BIM应用；⑧BIM相关的行业规则和BIM的责任尚不明确（何清华，2012）。

我国专家着重发掘了BIM在建筑施工企业中的实践价值，介绍了建筑企业在BIM使用中对BIM缺乏了解、国家行业主管部门缺乏政策、缺乏资本投资、缺乏专业人才等问题（周春波，2013）。基于分析BIM在建筑行业的发展和在我国的障碍，从六个方面对实施BIM提议：BIM应用者、业主、专业软件公司、建筑施工企业、政府机关、研究机构（张春霞，2011）。对BIM这一新兴信息技术的发展进行了详细地研究，发现我国建筑施工行业BIM发展受技术、经济、运营、法律四大因素的影响（潘佳怡，2012）。

通过对我国应用BIM技术的大型建筑公司的研究，对BIM应用的影响因素进行了报告，并研究得出影响BIM在建筑领域应用和推广的主要因素包括：①建筑项目的发承包方式；②施工图拖后进度；③BIM软件功能狭隘、费用昂贵、不兼容，与国内标准不符合；④施工与设计阶段的BIM软件应用接口没有具体定义；⑤软件间信息交换格式不统一；⑥BIM人才缺乏；⑦施工企业BIM应用交流平台（中国建筑业协会工程建设质量管理分会，2013）。

通过对BIM在建筑施工企业中的应用和调研，得出目前应用BIM技术存在着领导不重视、无好的切入点、门槛较高、标准不统一的情况（鲁班咨询，2013）。BIM在中国建筑市场应用现状的应用影响因素有：培训时间和成本增加、软硬件升级成本以及公司的高级指导；BIM专家数量；BIM的知识产权问题（古月之声，2011）。Erabuild（2008）通过对研究北欧BIM应用情况，分析得出BIM培训的重要性，分析经济回报率以及分析数据资源程度，分析BIM数据应用模型得出影响BIM成功应用的主要因素是数据交换沟通的标准。

通过在欧美地区 BIM 使用实际情况得出：培训过程中时间和人力资源投入的情况、软件购买和培训所需要的成本费用、BIM 科技的实际作用、相关人员的态度、新的工作步骤是影响 BIM 应用的要素（Han & Peter，2008）。在使用 BIM 的过程中，双方达成明确目标、规定 BIM 信息数据的所有权、BIM 标准性和 BIM 实施的指南方针、完善 BIM 模型费用分配机制是影响 BIM 应用的主要因素（Salman & Michael，2008）。实施问卷调查的方式得出项目团队成员和客户不需要 BIM，现有的 CAD 模式可以满足当前的工作要求。BIM 无法减少绘制时间和 BIM 本身缺乏适当的技能或缺乏灵活性是阻碍 BIM 应用的主要因素(Kenny,2011)。影响 BIM 在建筑行业使用的三个主要因素是：数字设计数据的计算、数据的互操作性和事务可追溯性（Bernstein & Pittman，2005）。使用 BIM 技术会不可避免地遇到交互问题（Kerry，2004）。BIM 软件的出图能力不足，BIM 软件中同时存在其他缺点（Lee，2009）。

综上所述，国内外学者都对 BIM 实施过程中的影响因素进行了研究和调查，大致集中在技术、经济、组织、人员以及规则五个方面，但是与关键因素或者说因素与因素之间的作用关系相关的研究文献还很少。

9.2 BIM 应用成功因素的识别

本节将通过文献研究法收集、整理文献，并对因素进行提取归纳，得出建筑施工企业应用 BIM 技术的过程中影响 BIM 应用的成功因素，再根据德尔菲法通过专家意见对成功因素进行筛选与修订，然后进行因素重组得到更加精细准确的 BIM 应用成功因素集。

9.2.1 基于文献研究法的影响因素收集

文献研究方法可以将专家和学者的学术观点结合起来，从特定的角度进行科学理解，为本研究提供证据，提高研究的可靠性并且更有说服力。由于相关文献的作者往往是 BIM 领域的专家，他们已经研究 BIM 很多年了，有过硬的理论基础和丰富的实践经验，因此他们是非常权威的。此外，这些学者在 BIM 的研究过程中进行了大量的实证研究，BIM 的研究过程更接近于实际情况。所以文献研究方法确定的成功因素具有高质量和客观性的特点。文献研究法最重要的步骤如下：

（1）搜集文献。为了探索和分析建筑施工企业 BIM 实施的成功因素，首先在期刊数据库中收集了各种相关文章。在此过程中主要利用论文数据库收集国内外与建筑施工企业 BIM 技术实施成功因素相关的中文和外文文献资料。同时因为研究内容的实践性，重点搜集包含 BIM 实践案例的文献、图书和网络资料。

（2）文献整理。对搜集到的文献资料进行分析和选择，选择内容相关性高、论文水平高（核心期刊、优秀硕士及博士论文）或由 BIM 认可专家发表的论文，对文献内容进行了深入分析和编号。

（3）成功因素提取归纳。从文献中提取成功因素并进行归纳分析，解释成功因素的内涵，进一步明确成功因素的合理性。

9.2.2　BIM 应用成功影响因素的提取和归纳

根据对文献的重复查阅，提炼出对建筑施工企业中影响 BIM 应用实施的成功因素。成功因素提炼的原则是：①各个因素之间遵循相互独立不重复的原则；②经过逐步反复检查整理做到涉及多方面，结果如表 9–1 所示。

成功因素及其解释说明　　表 9–1

成功因素	解释说明
BIM 成果的准确性、可交付性	BIM 结果引导实际结构，标准化 BIM 结果的格式、内容和分发方法，确保 BIM 结果能够分发给所有者、客户和其他利益相关者
BIM 软件的本土化程度	来自国外技术人员开发的 BIM 软件在我国的应用情况，以及软件针对国家特定问题的解决方案
充分的 BIM 培训	通过聘请专家等方式来提高对企业员工 BIM 软件的掌握水平，比如 BIM 基本理论讲解、BIM 软件的应用实际情况、成功案例的分享等
建筑项目的工程管理模式	BIM 所在建筑施工企业项目中的管理模式，如 DB、EP、IPD 等
较高的模型信息共享度	模型信息的完整性程度和及时传达与设计单元和客户单元共享的程度
市场竞争优势	根据 BIM 作为新兴信息化管理技术在市场上的竞争优势
明确的责任界限和风险分担	建立对项目执行过程中各参与方责任风险共担机制并明确责任界限
明确的战略规划	战略规划是指公司依据自身情况对信息化技术的愿景。在开始项目之前，制定清晰的战略计划可以有效预防 BIM 技术实践时的盲目性和动力缺乏性
企业 BIM 技术标准的构建	与建筑行业的标准不同，公司技术标准涉及 BIM 建模标准、BIM 实现过程中的技术标准和相关的使用规则。它包括所谓的分区原则、通道优化原则、模型数据管理系统等模型
企业资金资源的投入	公司自有资金资源实力和信息数据化建设相关的必要投资
企业各部分密切的合作	在实施 BIM 期间，公司各职能部门和项目部门之间的合作
BIM 模型的可施工性	BIM 信息化模型集成数据在施工现场的技术可实施性
企业信息化意识与理念	企业决策部门、管理部门、运营部门对 BIM 技术及信息设计的理解
企业组织的学习和创新能力	通过 BIM 实践和研究创新，公司获得解决问题的能力
知识产权保护归属	施工项目 BIM 信息化模型的产权归属保护
清晰的项目目标	公司希望使用 BIM 技术所能达到的效果，清楚为什么一定要用 BIM，而且 BIM 能达到什么目标
取代或升级以 CAD 为基础的施工流程	当前的 BIM 并不能完全代替二维设计，所以在同时存在的情况下就有必要考虑对传统的项目实践操作流程进行合理地调整和改进
软件厂商的技术支持	当 BIM 在实际操作过程中碰到问题时，软件厂商对软件提供的帮助与支持
信息沟通有效性	在实施 BIM 时，业务领导者应让员工尽可能了解项目的计划、目标、进度和其他详细信息
熟悉 BIM 应用的人才	技术人员对 BIM 技术的掌握程度及应用程度
建立实施流程	由专门掌握 BIM 技术的人才团队来指定施工实施流程

续表

成功因素	解释说明
选择匹配的 BIM 应用方案	BIM 技术已经用于实际施工阶段，主要涉及项目质量、成本费用、所需时间等方面，但并不是所有的应用流程都与项目相匹配，公司应根据自身的竞争力情况和外部环境选择 BIM 技术
业主及客户的需求	业主和项目客户对 BIM 技术的要求
与 BIM 技术相适应的业务流程	业务流程与 BIM 技术实施过程相适应
有利的政策、行业、法律环境	政府和业界出台的 BIM 实施规则、准则和要求，以及公司的法律规定，比如保护知识产权
选择合适的 BIM 软件	市场上 BIM 技术应用的软件众多，要选择适合项目的软件
BIM 软件的易操作性	不同的 BIM 软件操作性不同，操作难易程度不同
具备满足需要的软件功能性	根据功能性需求选择 BIM 软件
有效、实时共享数据的 BIM 设施	具备网络环境和相关的硬件设施，多个专业人员和项目参与者可以在 BIM 的实际使用中进行协作
针对 BIM 应用的标准合同	建筑企业与客户或 BIM 咨询服务提供商和软件提供商之间实际使用 BIM 的适用合同条款
正式的实施计划	为了实现项目的预期目标，为每个工作制定清晰的计划，并以合理和合乎逻辑的方式安排工作顺序和进度
BIM 软件的二次开发	为了提高 BIM 应用的效率，进行与公司实际情况相关的 BIM 软件研发，比如建模插件以及对特定功能进行开发
组织成员的信任尊重	团队成员之间有无默契、是否信任与尊重决定着项目 BIM 技术的开展是否顺利
企业文化	企业文化是否具有包容性，能否适应信息化技术革新

9.2.3 BIM 应用成功因素的筛选与修正

成功因素通过文献识别后存在以下问题：

（1）文献资料收集的局限性以及时效性。

（2）由于 BIM 技术具有较强的专业性，对其成功因素名称的定义准确性非常重要，这对下一步数据收集有重要的影响。

（3）以上因素作为成功因素的适合程度。

因此，为了保证 BIM 应用成功因素识别的专业性和完备性，需要对成功因素进一步筛选和整理。德尔菲法适用于建立决策目标以及决策分析与评估，尤其适用于理论、模式定量方法有所欠缺或缺乏足够数据的情况。德尔菲法能够获得结果的共识，可以达到集思广益的效果。如前文所述，目前我国学术界对施工企业 BIM 技术实施的关键成功因素的研究较少，同时 BIM 技术具有较强的专业性，其在施工企业的发展历程也不长。因此，选择德尔菲法对施工企业 BIM 技术实施的成功因素进行进一步的修正。

德尔菲法依赖专家的经验与知识判断，因此专家的获取是德尔菲法至关重要的一点。专家信息及专家修改意见如表 9–2、表 9–3 所示。

专家信息列表　　表 9-2

专家编号	所属单位	职业
A	重庆大学	研究人员
B	重庆大学	研究人员
C	知名 BIM 咨询公司	管理人员
D	世界 500 强企业	BIM 经理
E	世界 500 强企业	项目工程师
F	世界 500 强企业	管理人员
G	知名 BIM 软件供应商	管理人员

专家意见修改表　　表 9-3

修改意见	理由
删除“市场竞争优势”	市场竞争可作为战略规划的内容，并且其取得的优势是BIM 技术实施的未来预期效果，作为成功因素关联性不强
将“BIM 模型的可施工性”归属在“BIM 成果准确性、可交付性”；将知识产权保护归属在“有利的政策、行业、法律环境”	两者存在归属关系，且不宜单独列出，可作为因素进一步解释和说明的内容
删除“熟悉 BIM 应用的技术人才以及 BIM 团队”	与 BIM 经验、BIM 培训、建立与 BIM 技术相适宜的组织结构在内容上重复
删除“建立实施流程”，删除“BIM 应用与施工进展的有效关联”	与实施计划、目标存在内容重复
将“与 BIM 技术相适应的业务流程”修改为“与 BIM 技术相适应的组织结构设置”	本研究中业务流程作为成功因素过于宽泛，组织结构较为合适
增加“合作企业在项目中的 BIM 应用”	由于项目的多方参与性和建设项目的基本程序，施工企业的 BIM 应用与合作方的 BIM 应用实施情况有着紧密的联系
删除“选择合适的 BIM 软件”“BIM 软件的易操作性”“具备满足需要的软件功能性”	与 BIM 软件的可靠性和 BIM 软件的本土化程度强相关
删除“组织成员的信任和尊重”“企业文化”	本研究中作为 BIM 技术实施的成功因素的适合度较低

根据上述专家意见的总结，经历反复检查和修改，最终形成了建筑施工企业 BIM 技术应用成功影响因素清单，如下所示：

（1）BIM 成果的准确性、可交付性：BIM 结果引导实际结构，标准化 BIM 结果的格式、内容和分发方法，确保 BIM 结果能够正常分发给所有者、客户和其他利益相关者。

（2）BIM 软件的本土化程度：来自国外技术人员开发的 BIM 软件在我国的应用情况，以及软件针对国家特定问题的解决方案。

（3）充分的 BIM 培训：充分的 BIM 培训是指通过聘请专家等方式来提高企业员工对 BIM 软件的掌握水平，比如 BIM 基本理论讲解、BIM 软件的应用实际情况、成功案例的分享等。

（4）建筑项目的工程管理模式：BIM 所在建筑施工企业项目中的管理模式，如 DB、EP、IPD 等。

（5）较高的模型信息共享度：模型信息的完整性程度，及时传达与设计单元和客户单元共享的程度。

（6）明确的责任界限和风险分担：建立对项目执行过程中各参与方责任风险共担机制并明确责任界限。

（7）明确的战略规划：在项目开始之前，制定清晰的战略计划可以有效地防止 BIM 这一信息技术实践时的盲目性和动力缺乏性。战略规划是指公司依据自身情况对信息化技术的愿景，包括对 BIM 技术未来发展的思考、计划和行动计划。

（8）企业 BIM 技术标准的构建：与建筑行业的标准不同，公司技术标准涉及 BIM 建模标准、BIM 实现过程中的技术标准和相关的使用规则。它包括所谓的分区原则、通道优化原则、模型数据管理系统等模型。

（9）企业资金资源的投入：公司自有资金资源实力和信息数据化建设相关的必要投资。

（10）企业各部分密切的合作：在实施 BIM 期间，公司各职能部门和项目部门之间的合作。

（11）企业信息化意识与理念：公司决策水平、管理水平、运营水平对 BIM 技术及信息设计的理解。

（12）企业组织的学习和创新能力：通过 BIM 实践和研究创新，公司获得解决问题的能力。

（13）清晰的项目目标：公司希望使用 BIM 技术所能达到的效果，清楚为什么一定要用 BIM，而用 BIM 能达到什么目标。

（14）取代或升级以 CAD 为基础的施工流程：当前的 BIM 并不能完全代替二维设计，所以在同时存在的情况下就有必要考虑对传统的项目实践操作流程进行合理的调整和改进。

（15）软件厂商的技术支持：当 BIM 在实际操作过程中碰到问题时，软件厂商对软件提供的帮助与支持。

（16）信息沟通有效性：在实施 BIM 时，业务领导者应让员工尽可能了解项目的计划、目标、进度和其他详细信息。

（17）选择匹配的 BIM 应用方案：BIM 信息技术已经用于实际施工阶段，主要涉及项目质量、成本费用、所需时间等方面，但并不是所有的应用流程都与项目相匹配，公司应根据自身的竞争力情况和外部环境选择 BIM 技术实施。

（18）业主及客户的需求：业主和项目客户对 BIM 技术的要求。

（19）有利的政策、行业、法律环境：政府和业界出台的 BIM 实施规则、准则和要求，以及公司的法律规定，比如保护知识产权。

（20）有效、实时共享数据的 BIM 设施：具备网络环境和相关的硬件设施，多个专业人员和项目参与者可以在 BIM 的实际使用中进行协作。

（21）与BIM技术相适应的组织结构：在引进BIM技术之后所面临的一些架构问题，比如公司组织的变革、员工职能范围的改变以及必要的岗位更新。

（22）针对BIM应用的标准合同：用于建筑施工企业与客户或BIM咨询服务商、软件供应商的针对BIM实际使用的相关合同规定。

（23）正式的实施计划：为了实现项目的预期目标，为每个工作制定清晰的计划，并以合理和合乎逻辑的方式安排工作顺序和进度。例如，为了使BIM发挥实际作用，BIM计划实际上与实际施工进度相关。

（24）BIM软件的二次开发：因为BIM软件大多来自国外厂商，为了提高BIM应用的效率，进行与公司实际情况相关的BIM软件研发，比如建模插件以及对特定功能进行开发。

总结上述文献和因素，得出影响BIM技术应用成功的原因主要可以分为技术因素、经济因素、组织因素以及规则因素。

（1）技术因素是指BIM可以达到理论知识、根据过往实践检验操作和相关技术技能的理想效果。包括BIM成功案例分析、实践经验、使用什么厂商的BIM软件及其特定工具、BIM软件技术二次开发、国外引进BIM软件本地化、文件读取和存储技术以及工具更改、模型寿命周期，还包括BIM技术扩展，比如怎样向4D或5D扩展。

（2）经济因素是指使用BIM的成本因素。包括直接成本和潜在成本，其中主要涉及直接成本，它包括在BIM软件使用上投入的资金，包括培训员工所需要的费用、从国外引进BIM软件所需要的购买成本、BIM工作流程中需要雇用专家所花费的资金。潜在成本主要包括启动BIM技术使用的成本和工作模式变更带来的花销。

（3）组织因素是指企业内部或外部各个部门在实施BIM应用程序过程中面临的问题，包括企业各部门密切的合作、企业针对BIM的标准合同、BIM相关管理模式、外部力量，比如业主提出的要求等。

（4）规则因素主要指国家对BIM的扶持政策、政府和业界出台的BIM实施规则、准则和要求，以及公司的法律规定，比如保护知识产权。

按照上述原因分类将BIM应用影响因素重组，因素分组及其解释如表9-4所示。

9.3 基于贝叶斯网络的BIM应用成功模型构建

9.3.1 数据来源

本章采用已有文献《建筑施工企业BIM实施的关键成功因素研究》（王涛，2016）的二手数据。原文献用问卷数据进行关键因素域值法来判断是否为关键因素，并进行进一步的因子分析法等研究，截取该问卷数据中的均值部分来衡量认可程度，并将这些数据作为接下来建立BIM成功因素识别贝叶斯网络模型的样本数据。截取的数据如表9-5所示。

因素分组及其解释　　表 9-4

所属类	因素	因素解释
规则类	有利的政策、行业、法律环境	政府和业界出台的 BIM 实施规则、准则和要求，以及公司的法律规定，比如保护知识产权
	针对 BIM 应用的标准合同	用于建筑施工企业与客户或 BIM 咨询服务商、软件供应商的针对 BIM 的标准合同
	正式的实施计划	为了达到项目预期目标，对各项工作有清晰的计划，符合合理逻辑地安排工作先后顺序及时间进度
	建筑项目的工程管理模式	BIM 所在建筑施工企业项目中的管理模式，如 DB、EP、IPD 等
	明确的责任界限和风险分担	为项目执行中每个参与者的责任建立一个全面的风险分担机制
技术类	结果的准确性、可交付性	BIM 结果引导实际结构，标准化 BIM 结果的格式、内容和分发方法
	软件厂商的技术支持	当 BIM 在实际操作过程中碰到问题时，软件厂商对软件提供的帮助与支持
	企业 BIM 技术标准的构建	与外部行业标准不同，公司的技术标准是指 BIM 建模标准、BIM 实施过程中的技术标准以及相关使用规则。它包括模型命名分区原则、管线优化原理、模型数据管理制度等
	充分的 BIM 培训	充分的培训是指通过聘请专家等方式来提高企业员工对 BIM 软件的掌握水平
	较高的模型信息共享度	模型信息的完整性程度，及时传达与设计单元和客户单元共享的程度
	软件的本土化程度	来自国外技术人员开发的 BIM 软件在我国的应用情况，以及软件针对国家特定问题的解决方案
	软件的二次开发	因为 BIM 软件大多来自国外厂商，为了提高 BIM 应用的效率，根据情形进行相关的 BIM 软件研发
	有效、实时共享数据的 BIM 设施	BIM 实际使用过程中多个专业、多个项目参与者之间协同合作所处的网络环境和相关硬件设施
	取代或升级过去以 CAD 为基础的施工流程	目前的 BIM 并不可以完全代替二维设计，所以在同时存在的情况下就要考虑对传统的项目实践操作流程进行合理的调整
组织类	企业信息化意识与理念	公司决策水平、管理水平、运营水平对 BIM 技术及信息设计的理解
	与 BIM 技术相适应的组织结构	在引进 BIM 技术之后所面临的一些架构问题，比如公司组织的变革、员工职能范围的改变以及必要的岗位更新
	企业组织的学习和创新能力	通过 BIM 实践和研究创新，公司获得解决问题的能力
	业主及客户的需求	业主和项目客户对 BIM 技术的要求
	企业 BIM 技术标准的构建	与建筑行业的标准不同，公司技术标准涉及 BIM 建模标准、BIM 实现过程中的技术标准和相关的使用规则
	企业各部门密切的合作	在实施 BIM 期间，公司各职能部门和项目部门之间的合作
	明确的战略规划	在项目开始之前，制定清晰的战略计划可以有效地防止 BIM 这一信息技术实践时的盲目性和动力缺乏性
	信息沟通有效性	在实施 BIM 时，业务领导者应让员工尽可能了解项目的计划、目标、进度和其他详细信息
经济类	企业资金源的投入	公司自有资金资源实力和信息数据化建设相关的必要投资

因素对 BIM 应用成功认可程度表 表 9–5

因素类别	认可程度均值（5分满分）
BIM 成果的准确性、可交付性	4.08
BIM 软件的本土化程度	3.52
充分的 BIM 培训	4.12
建筑项目的工程管理模式	2.8
较高的模型信息共享度	3.84
明确的责任界限和风险分担	4.2
明确的战略规划	4.02
企业 BIM 技术标准的构建	4.17
企业资金资源的投入	3.73
企业各部门密切的合作	4.23
企业信息化意识与理念	4.09
企业组织的学习和创新能力	2.81
清晰的项目目标	4.16
取代或升级以 CAD 为基础的施工流程	4.33
软件厂商的技术支持	2.93
信息沟通有效性	3.93
选择匹配的 BIM 应用方案	4.04
业主及客户的需求	4.03
有利的政策、行业、法律环境	3.83
有效、实时共享数据的 BIM 设施	2.91
与 BIM 技术相适应的组织结构	4.15
针对 BIM 应用的标准合同	4.06
正式的实施计划	4.43
BIM 软件的二次开发	3.62

9.3.2 贝叶斯公式

贝叶斯网络的基础即是贝叶斯公式，贝叶斯公式相关的概念和公式如下（董立岩，2007；陈静、付敬奇，2011；Gaag，1996；陆静、唐小，2008；孙书钢，2010；赵红，2008）：

1. 先验概率

先验概率是一个事件发生之前的概率，它在推算之前由历史数据或经验决定。分析过去的数据得到的概率叫作事前概率，根据专业知识决定的概率叫作主观概率。历史数据不能被利用的情况下，一个统计分析很难取得客观的事前概率，可以使用专业知识实现主观的事前概率。

2. 后验概率

后验概率是指通过贝叶斯公式，结合相关数据信息，改善和修改事前概率以获得与客观事实更加吻合的概率，即条件概率。

3. 链规则

根据乘法定理，将几个变量的结合概率分成一系列的条件概率乘积。例如，对两个变量 X 和 Y 的联合分布 $P(X, Y)$，按照条件分布的定义，可得：

$$P(X,Y)=P(Y|X)P(X) \tag{9-1}$$

将其推广到 n 个变量的联合分布 $P(X_1, X_2, \cdots, X_n)$ 有：

$$P(X_1,X_2,\cdots,X_n)=P(X_1)P(X_2|X_1)\cdots,P(X_n|X_1,\cdots,X_{n-1}) \tag{9-2}$$

4. 全概率公式

设实验 E 的样本空间 S，A 为 E 的事件，B_1，B_2，…，B_n 为 S 的一个划分，$B_1 \cup B_2 \cup \cdots\cdots \cup B_n=S$。且 $P(A)>0$，$P(B_i)>0$（$i=1, 2, \cdots, n$），则全概率公式为：

$$P(A)=P(A|B_1)P(B_1)+P(A|B_2)P(B_2)+\cdots\cdots+P(A|B_n)P(B_n)=\sum_{i=1}^{n}P(A|B_i)P(B_i) \tag{9-3}$$

5. 贝叶斯公式

设实验 E 的样本空间为 S，A 为 E 的事件，B_1，B_2，…，B_n 为 S 的一个划分，$B_1 \cup B_2 \cup \cdots\cdots \cup B_n=S$。且 $P(A)>0$，$P(B_i)>0$（$i=1, 2, \cdots, n$），则根据乘法原理和条件概率有：

$$P(AB_i)=P(A|B_i)P(B_i)=P(B_i|A)P(A) \tag{9-4}$$

$$P(B_i|A)=\frac{P(A|B_i)P(B_i)}{P(A)} \tag{9-5}$$

综合以上公式可以得出贝叶斯公式，也称为后验概率分布、逆概率分布，具体如下所示：

$$P(B_i|A)=\frac{P(A|B_i)P(B_i)}{\sum_{i=1}^{n}P(A|B_i)P(B_i)} \tag{9-6}$$

该贝叶斯公式是由 Bayes 于 1763 年提出，用来求解在某事件已经发生的条件下，导致该事件发生的各个原因的概率（付路，2004）。

9.3.3 BBN 模型结构学习

1. 结构学习

解决实用问题的贝叶斯网络的基础是贝叶斯网络学习。贝叶斯网络学习是找到最适合于特定实例数据集的网络。也就是说，找到有向非循环图表的结构和与有向非循环图表的各节点相关联的条件概率。寻找有向非循环图的过程被称为网络结构学习，而获取各种条件概率表（Conditional Probability Table，CPT）的这个过程也被称为网络参数学习（Gaag，1996；陆静、唐小，2008；付路，2004；张建设，2002；彭波，2009；李江飞，2013）。

因为网络结构和数据集可以确定参数，结构学习是贝叶斯网络学习的基础，有效的结构学习方法是建立最佳网络结构的关键。贝叶斯网络结构学习方法大致有三种：第一种贝叶斯网络结构通过专家经验和相关领域的样本信息来确定，需要根据文献研究、专家意见修订、实地调查被回收的影响因素信息，结合样本数据从而分析影响因素相互关联的因果关系，初步构建出影响因素的贝叶斯网络模型，再通过德尔菲法进行修正，确定最终的贝叶斯网络结构；第二种贝叶斯网络结构的确定是在软件中通过对大规模样本数据推算，机器自动学习获得贝叶斯网络；第三种在大规模样本数据的前提下，采用专家知识来确定节点顺序，使用 Matlab 编程和机器算法，比如 K2 算法，进行贝叶斯网络结构学习，最终生成网络结构。

2. BIM 应用模型结构学习

目前国际应用市场处理贝叶斯网络的工具有许多种，通常大多同时支持多个图表模型的处理，例如 MBN（微软）、GeNie、Netica、BNT（Bayes Net Toolbox）等。其中 GeNie 是匹兹堡大学研究开发的一种模型处理软件，这个软件采用图形化建模的人机交互界面，操作易上手、图形直观，机器自带多种推理算法，所以本节建立 BIM 成功因素贝叶斯网络模型时就选用 GeNie2.0 软件。

通过前文可知，有三种方式确定贝叶斯网络模型，但是第二种方式和第三种方式都必须有大规模样本数据作为前提条件，考虑到采用的二手数据数量的局限性，所以选择采用第一种手动的方式来构建 BIM 成功应用因素识别的贝叶斯网络。

对于贝叶斯网络中影响因素间的相互关系，则通过专家意见（任远谋，2016）进行关联，其研究认为深层的根源性因素通过影响中层因素和表层因素，最终达到影响 BIM 在我国建筑行业的应用。企业方面的管理因素、对 BIM 投入资金的经济因素、BIM 技术实施的环境障碍因素、企业各部门对 BIM 理解不到位的认知因素以及企业战略规划五大因素，是影响 BIM 在我国建筑业应用的表层因素，也是 BIM 技术在我国建筑施工行业实施推广的直观影响因素体现。中间层有三个因素，它们在第二层中显示了企业外部对 BIM 技术应用的环境因素、软件实际应用效果和软件功能性的因素。最直接的表面因素，也要受到深层因素的影响，即规则类因素。规则障碍也是阻碍 BIM 在我国建筑行业应用的根本原因。深层因素对中层因素、表面因素有直接或间接的影响，深层因素的改善对我国建筑行业 BIM 的推进具有十分重要的意义。要促进 BIM 这一新兴信息技术在建筑行业的应用，要发挥 BIM 技术的最大潜能，就得有一部与 BIM 相关的法律，制定与 BIM 技术相关的行业标准，同时也要国家或地方政府对 BIM 技术应用在政策上的相关支持，比如适当的经济激励补贴措施，包括但不限于税收减免、财政补贴等。

根据上述专家意见构建的贝叶斯网络结构如图 9-1 所示。

如图 9-1 所示，此贝叶斯网络模型结构图包括 25 个节点，其中“BIM 应用成功”节点为“目标节点”，其余 24 个均为已识别出的 BIM 应用影响因素节点。节点间的有向箭头表示两节点间的因果关系，箭头由“父节点”指向“子节点”。

9.3.4 BBN 模型参数学习

1. 参数学习

贝叶斯网络参数学习的本质其实是在已经确定的研究网络结构的前提下，将每个节点的条件概率不断进行学习并了解分布情况。在初期阶段，条件概率表大多是由收集到的文献或者访谈中专家的建议指定的，因为专家相对来说研究素质过硬，经验也比较丰富，但是仍然避免不了会出现与观测到的数据偏差较大的情况。现在常用的方法是从数据样本中学习节点的概率分布。如此用数据推理演算的学习方法比较强容错率和适应性。根据观察情况，数据样本大致的情况可以被区分为完整的数据集和不完整的数据集。所有相对完整的数据集合都有从头到尾比较完整的观测数据，而不完整的数据集指的是对特定的数据实际案例的部分遗漏或未显示。对完整数据集的推理演算的学习方法一般是最大似然估计法和贝叶斯法两种。学习不完全数据通常依赖于近似法，例如蒙特卡罗算法和 EM 算法。

2. BIM 应用模型参数学习

在进行模型构建参数学习之前，需要对二手数据进行处理，处理方法是根据模型所需数据类型来对二手数据进行加工计算。

按照 BIM 应用影响因素的认可程度，对每个节点概率状态设置为认可概率与不认可概率，并进行初始化赋值。GeNIe2.0 软件支持 Excel（csv）数据库，因此在 GeNIe2.0 软件中导入经处理后的二手数据。

导入数据后，需要匹配网络和数据，选择已经构建好的 BIM 应用影响因素贝叶斯网络模型作为对象，并将每个节点的 agree——认可概率、disagree——不认可概率进行匹配，需要关注的是贝叶斯网络的参数学习方式有两种，第一种是贝叶斯估计，第二种是最大似然估计。但是最大似然估计并不考虑节点先验概率的影响，因此本章运用最大似然估计的方式进行参数计算（Jensen & Nielsen，2004）。参数学习得到的结果如图 9–2 所示。

9.4 模型仿真分析

9.4.1 诊断分析

贝叶斯网络模型的推理方式有两种：精确推理算法和近似推理算法。早在 1986 年 Pearl 就研究出信息传播算法这一精确推理算法，但是其使用程度仅限于单连通贝叶斯网络的推算；近似推理算法的方式与精确推理算法相比，更适合于庞大规模范围的网络结构模型，其推算的效率也更高，在近似推理算法方式中最经常使用的是随机抽样算法（陶绍钧，2013）。本章采用随机抽样算法。

根据贝叶斯网络逆向推理的算法，为“BIM 应用成功”节点状态设置为证据（Set Evidence），假设当其 agree 状态为 100%，即 BIM 应用成功处于最高级别，那么在贝叶斯网络中哪些影响因素最关键？逆向推理得出如图 9–3 所示的结果。

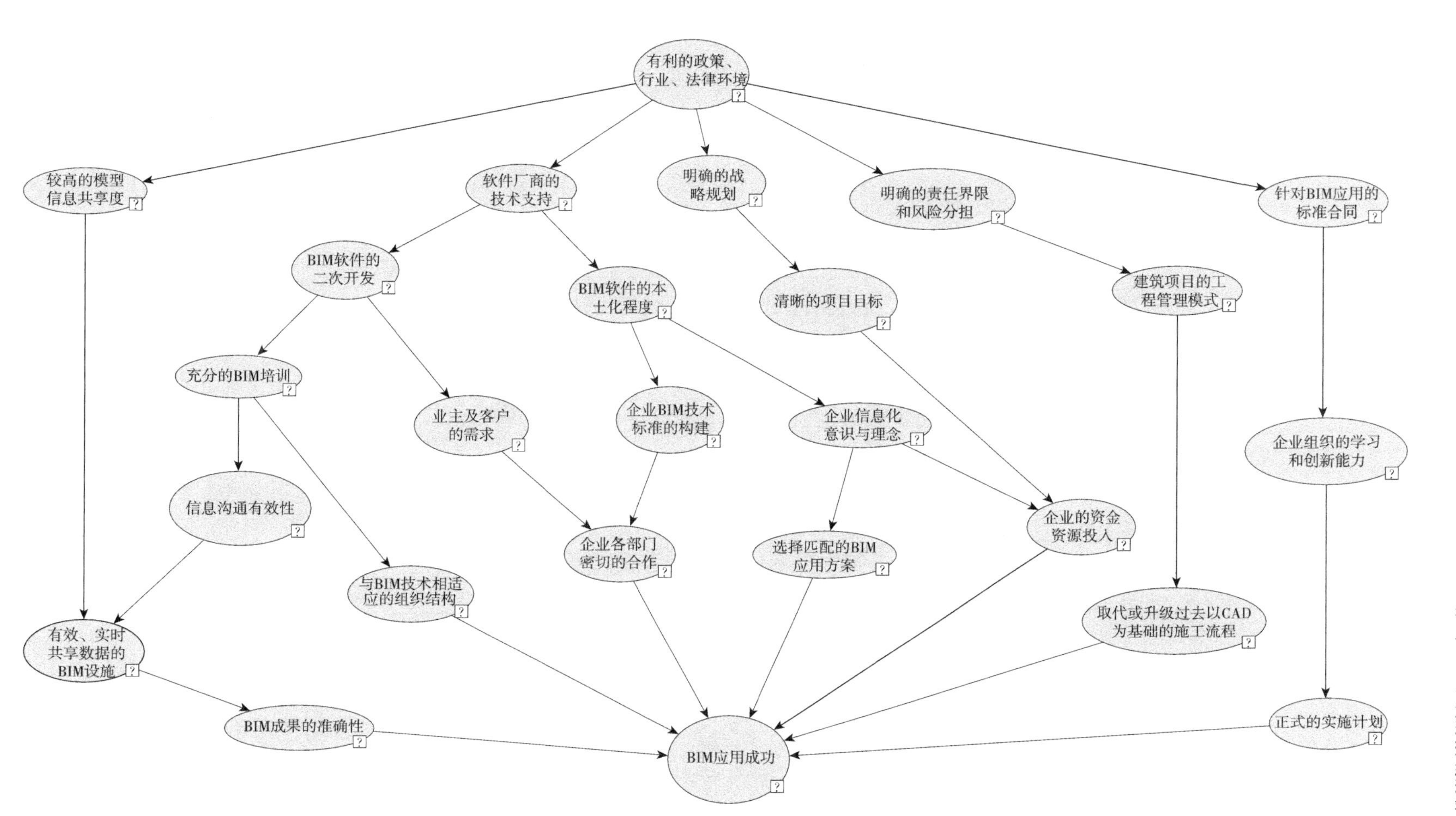

图9-1　BIM应用成功因素贝叶斯网络图

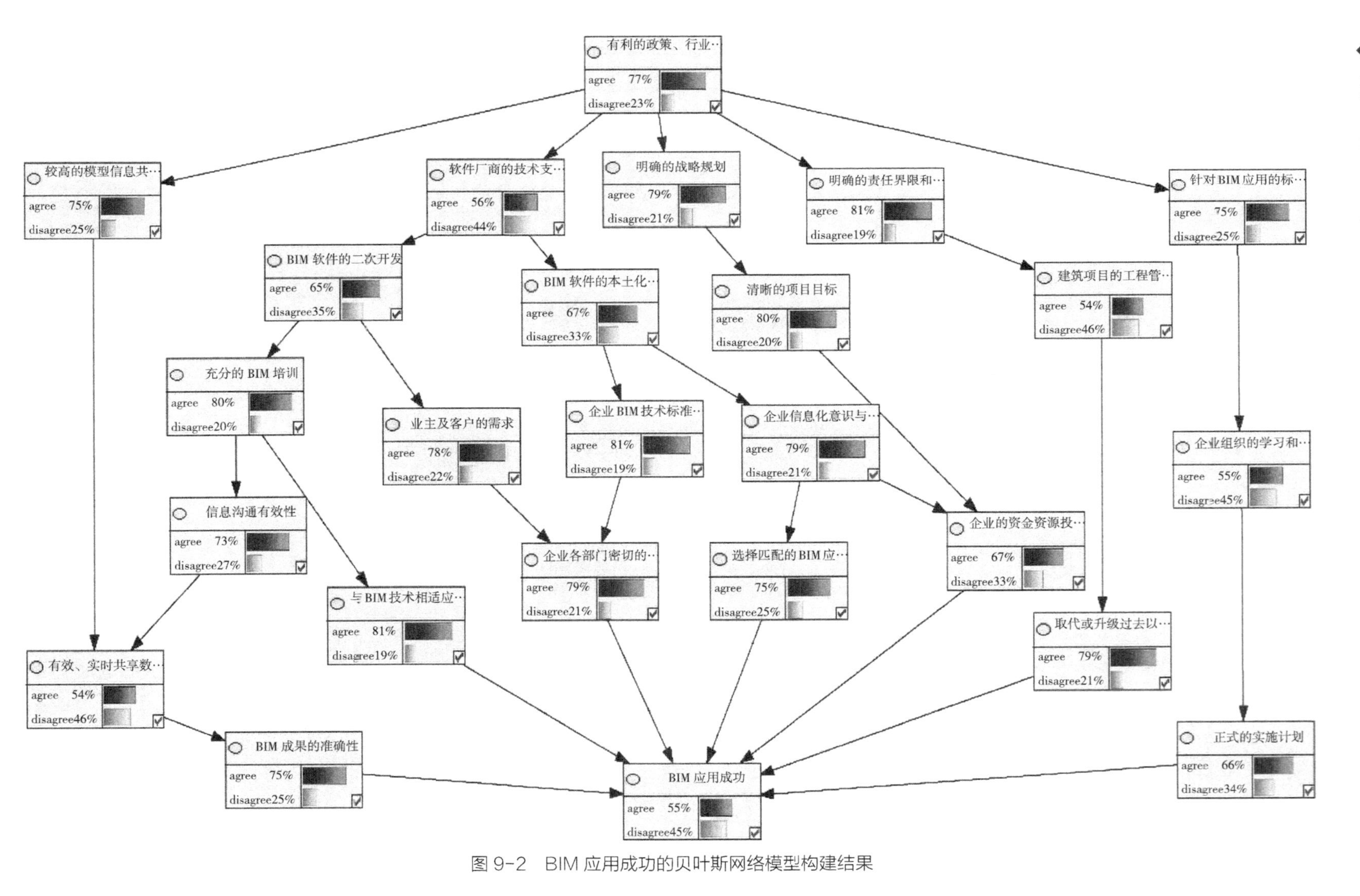

图 9-2 BIM应用成功的贝叶斯网络模型构建结果

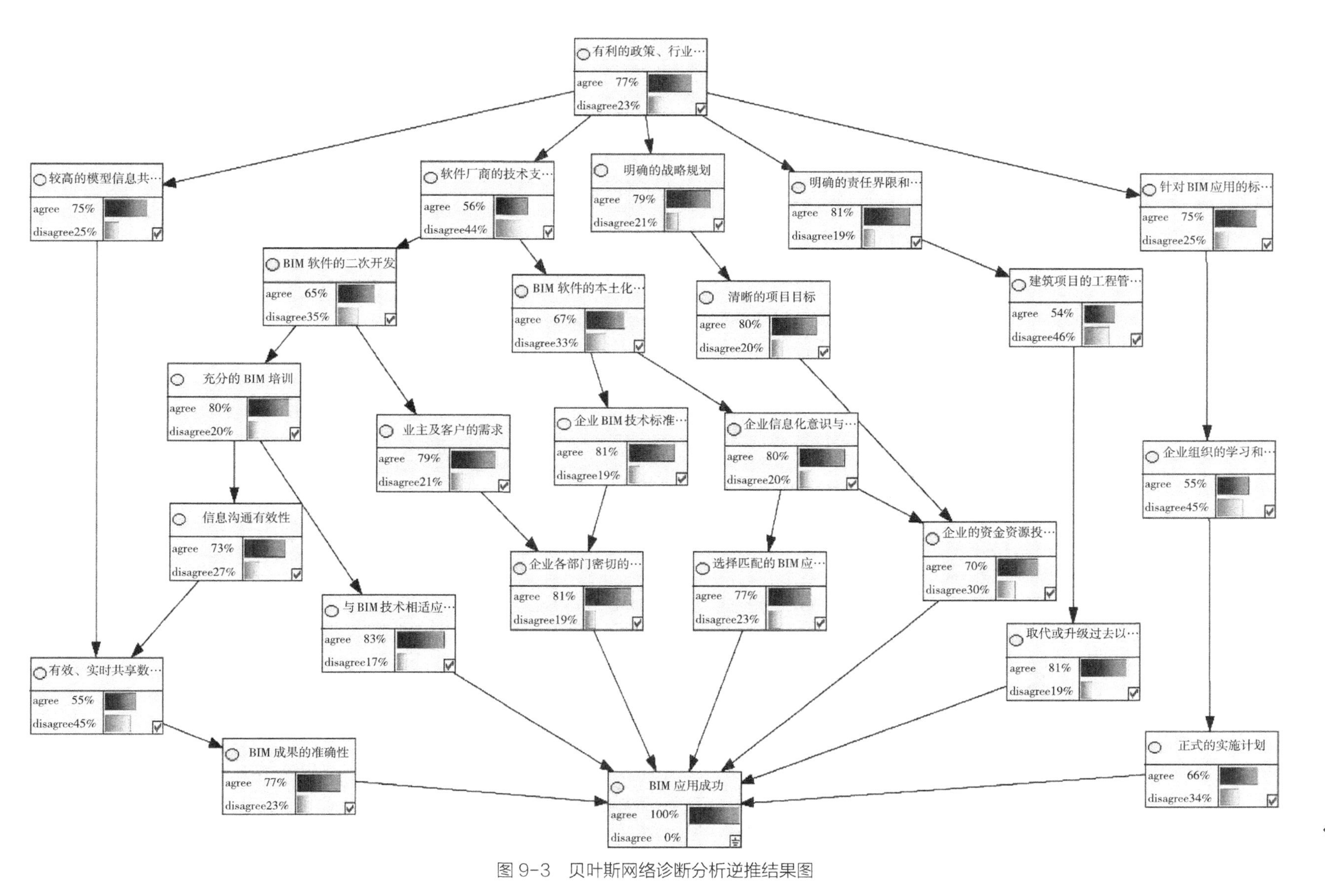

图 9-3 贝叶斯网络诊断分析逆推结果图

由图 9-3 可知，当把“BIM 应用成功”节点的同意程度概率设置为 100% 时，企业各部门密切的合作、与 BIM 技术相适应的组织结构、企业 BIM 技术标准的构架、取代或升级以 CAD 为基础的施工流程、明确的责任界限和风险分担这五个因素的影响程度较高，即当企业各部门密切的合作、与 BIM 技术相适应的组织结构、企业 BIM 技术标准的构架、取代或升级以 CAD 为基础的施工流程、明确的责任界限和风险分担这五个因素中的一个或多个发生时，BIM 应用成功程度的可能性就越高。

9.4.2 敏感性分析

敏感性分析能够演算出每个变量对其他各个变量分布的影响程度大小。通过使用敏感性分析，能够帮助使参与决定的决策者做出相对应正确的抉择，以积极主动的措施挑选出影响程度较大的敏感性因素，以提前使成功因素投入使用或实践（Jensen & Nielsen，2004）。

图 9-4 为 BIM 应用成功因素的贝叶斯网络模型敏感性分析结果，图中深色背景的节点变量即为影响 BIM 应用成功的敏感性因素。

由图 9-4 可知，信息沟通的有效性、业主及客户的需求、企业各部门密切的合作、明确的战略规划，企业信息化意识与理念、企业资金资源的投入、清晰的项目目标、充分的 BIM 培训、BIM 软件的本土化、企业 BIM 技术标准的构建均为敏感性因素。以上节点的小幅度变动都可能会对 BIM 应用成功造成很大的影响，所以需要对这些敏感性因素多加注意，通过管理使这些因素尽可能参与到行业或公司中，都能提高 BIM 应用成功的可能性。

9.4.3 最大致因链分析

进一步对 BIM 应用成功影响因素的贝叶斯网络模型进行最大致因链的分析，得到图 9-5 的分析结果。由图 9-5 可知，设定 BIM 应用成功节点状态为 100% 时，分析造成该状态下 BIM 应用成功的最大可能致因链即为图 9-5 中被加粗的线路，即有利的政策、行业、法律环境为 BIM 应用成功的最大致因链源头，而由有利的政策、行业、法律环境导致的针对 BIM 应用的标准合同、较高的模型信息共享度、业主及客户的需求、企业的资金资源投入、与 BIM 技术相适应的组织结构、选择匹配的 BIM 应用方案、建筑项目的工程管理模式等因素作为致因链上的节点，也是导致 BIM 应用成功程度的重要因素，因此在推广或实行 BIM 技术时，应对这些因素进行重点关注管控。

9.5 本章小结

本章以关键成功因素理论以及贝叶斯条件概率理论为基础，综合运用文献研究法、德尔菲法与贝叶斯网络模型相结合的研究方法，对影响 BIM 技术在建筑施工行业中成功应用的因素之间的关系进行了研究，并为建筑施工企业的 BIM 成功应用提供了模型理论

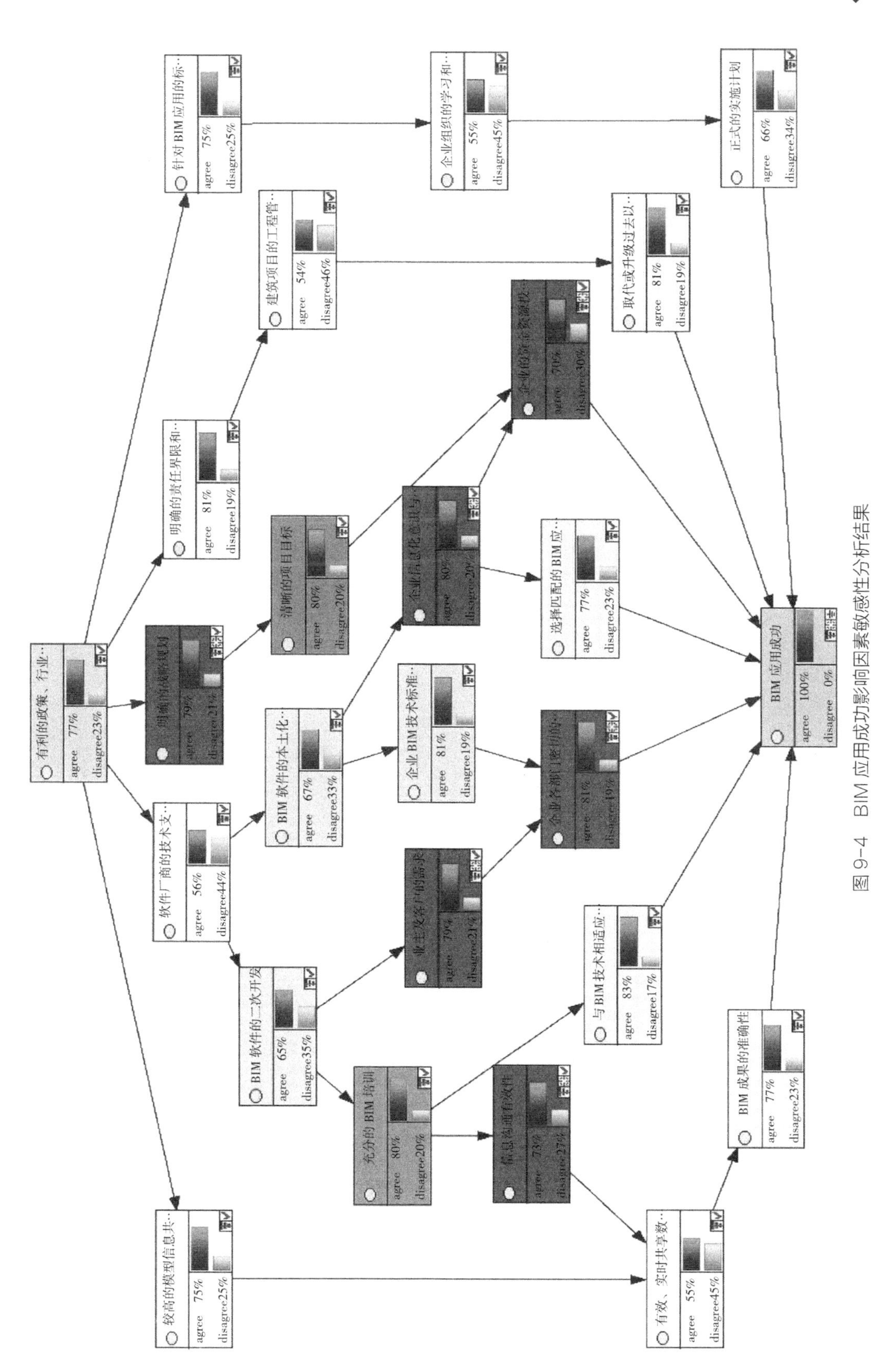

图 9-4　BIM 应用成功影响因素敏感性分析结果

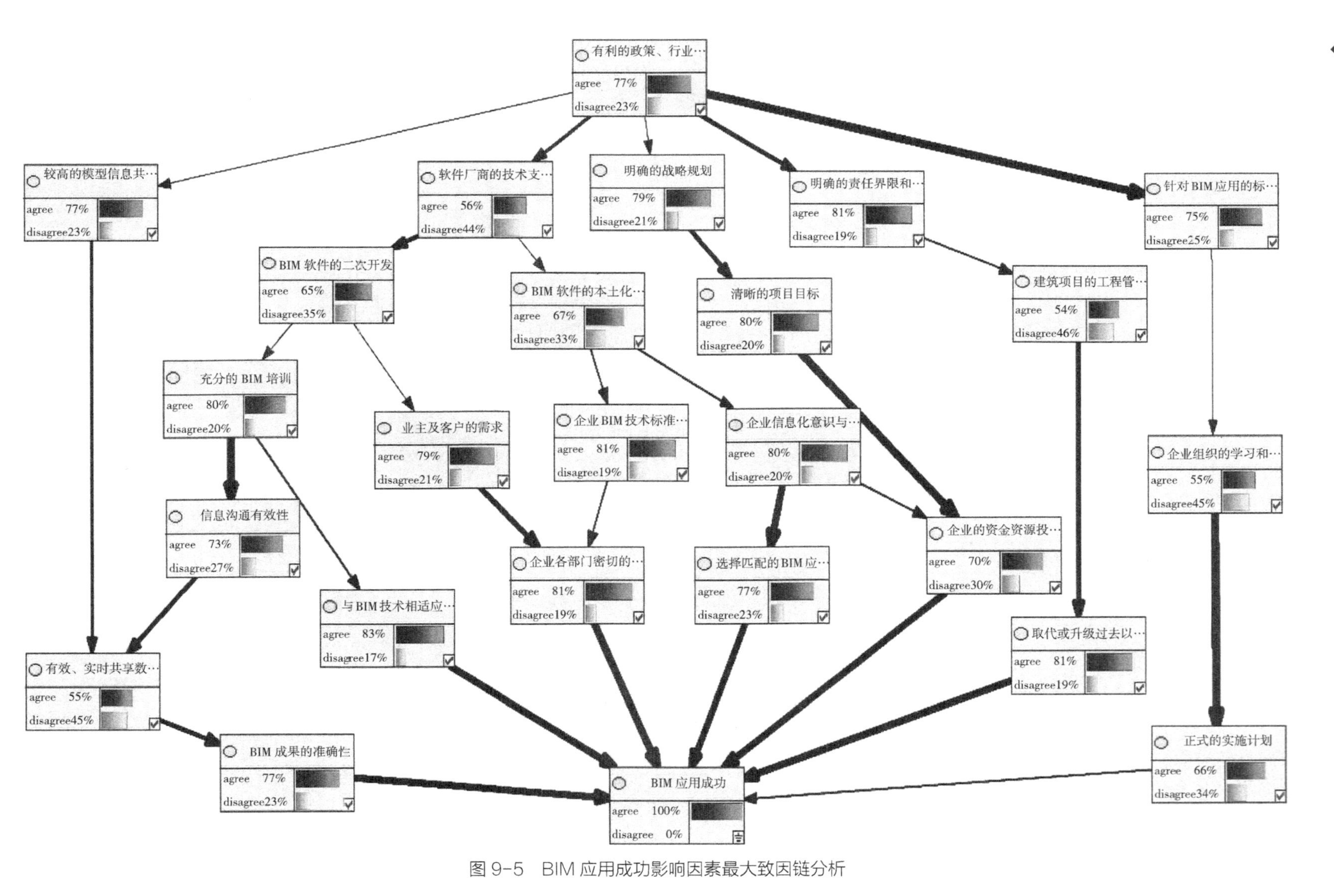

图9-5 BIM应用成功影响因素最大致因链分析

依据。通过对模型的诊断分析、敏感性分析、最大致因链分析，得出：

（1）当企业各部门密切的合作、与BIM技术相适应的组织结构、企业BIM技术标准的构架、取代或升级以CAD为基础的施工流程、明确的责任界限和风险分担这五个因素中的一个或多个发生时，BIM应用成功程度的可能性就越高。

（2）需要对信息沟通的有效性、业主及客户的需求、企业各部门密切的合作、明确的战略规划、企业信息化意识与理念等因素多加注意，通过管理使这些因素尽可能参与到行业或公司中，都能提高BIM应用成功的可能性。

（3）在推广或实行BIM技术时需要对致因链上的因素进行重点关注管控。

本章参考文献

[1] Aaker，D A. Strategic market management [M]. New York：John Wiley & Sons Inc，1984.

[2] Arayici Y，Coates P，Koskela L. Technology adoption in the BIM implementation for lean architectural practice [J]. 2011，20（2）：189-195.

[3] Bender K W，Cedeno J E，Cirone J F，et al. Process innovation：Case studies of critical success factors [J]. Engineering Management journal； EMJ，2015，12（4）：17-24.

[4] Daniel D R. Management information crisis [J]. Harvard Business Review，1961，39（5）：111-121.

[5] Ensen F V，Nieslsen T D，Bayesian networks and decision graph [M]. London：Chapman & Hall/CRC Press，2004.

[6] Gaag L C Van ger. Bayesian belief networks：Odds and Ends [J]. The Computer Journal，1996，39（2），97-113.

[7] Gregory F. CooPer. The computational complexity of probabilistic inference using bayesian belief networks [J]. Artificial Intelligence. 1990（42）：393-405.

[8] Han Y，Damian P. Benefits and barriers of building information modeling [C].12th International Conference on Computing in Civil and Building Engineering.2008.

[9] KetelhShn W. What is a key success factor [J]. European Management Journal，1998，16（3）：335-34.

[10] Lee E，Park Y，Shin J G. Large engineering project risk management using a Bayesian belief network [J]. Expert Systems with Applications，2009，36（ 3）：5880-5887.

[11] Lin HX. Situation analysis of chinese virtual streamer industry from the view of media materiality [J]. Advances in Social Sciences，2020，09（08）：1287-1299.

[12] Luu V T，Kimb S Y，Tuan N V，Ogunlana S O. A web-based integrated system for international project risk management [J]. International Journal of Project Management，2009，27（1）：39-50.

[13] Rockart J F. Critical success factors [J]. Harvard Business Review，1979，57（2）：81-91.

[14] Trucco P，Cagno E，Ruggefi F，Grande O. A bayesian belief network modeling of organizational factors in risk analysis：A case study in maritime transportation [J]. Reliability Engineering and System Safety，

2008，93（6）：845–856.

[15] Tsai M H，Hsich S H. Developing critical success factors for the assessment of BIM technoloy adoption：part L Methodology and survey [J]. Journal–Chinese Institute of Engineers，2014，37（7）：845–858.

[16] Van T L，Soo Y K. Quantifying schedule risk in construction projects using bayesian belief networks [J]. Project Management.2009：39–50.

[17] Zani W M. Blueprint for MIS [J]. Harvard Business Review，1970，48（6）：95–100.

[18] 陈静，付敬奇 . 贝叶斯网络在火灾报警系统中的应用 [J]. 仪表技术，2011（10）：47–51.

[19] 董立岩 . 贝叶斯网络应用基础研究 [D]. 长春：吉林大学，2007.

[20] 付路 . 基于贝叶斯网络不确定推理的研究 [J]. 研究与设计，2004，20（8）：6–8.

[21] 何清华，张静 . 建筑施工企业 BIM 应用障碍研究 [J]. 施工技术，2012，22：80–83

[22] 刘俊艳，王卓甫 . 工程进度风险因素的非叠加性影响 [J]. 系统工程理论与实践，2011，31（8）：1517–1523.

[23] 刘伟军，洪波 . 工程总承包项目 BIM 应用激励模型 [J]. 长沙理工大学学报（自然科学版），2019，16（3）：9–16.

[24] 赵红，李雅菊，宋涛 . 基于贝叶斯网络的工程项目风险管理 [J]. 沈阳工业大学学报（社会科学版），2008，1（3）：239–243.

[25] 陆静，唐小 . 基于贝叶斯网络的操作风险预警机制研究 [J]. 管理工程学报，2008，22（4）：56–61.

[26] 潘佳怡，赵源煜 . 中国建筑业 BIM 发展的阻碍因素分析 [J]. 工程管理学报，2012，1：6–11.

[27] 任远谋 . BIM 在我国建筑行业应用影响因素研究 [D]. 重庆：重庆大学，2016.

[28] 沈翔，张振生 . 业主使用 BIM 的价值与风险研究 [J]. 中国工程咨询，2015（6）：13–14.

[29] 孙书钢 . 船舶碰撞事故致因链分析 [D]. 大连：大连海事大学，2010.

[30] 陶绍钧 . 海外铁路工程总承包项目风险识别与分析研究 [D]. 成都：西南交通大学，2013.

[31] 王广斌，张洋，姜阵剑，等 . 建设项目施工前各阶段 BIM 应用方受益情况研究 [J]. 山东建筑大学学报，2009，24（5）：438–442.

[32] 王涛 . 建筑施工企业 BIM 技术实施的关键成功因素研究 [D]. 重庆：重庆大学，2016.

[33] 张春霞 . BIM 技术在我国建筑行业的应用现状及发展障碍研究 [J]. 建筑经济，2011，9：96–98.

[34] 张连营，李彦伟，高源 . BIM 技术的应用障碍及对策分析 [J]. 土木工程与管理学报，2013，3：65–69，85.

第 10 章　BIM 应用绩效评价研究

BIM 能改变传统管理模式，并实现精细化管理、建设与运营集成管理，从而有效解决传统建筑行业所产生的问题。然而，目前 BIM 在我国的普及率依然较低，主要原因是缺乏对 BIM 应用评价的有效手段，使得建筑企业无法了解 BIM 优势和 BIM 在复杂建设项目中运用的效果，从而导致企业对 BIM 应用保持一个观望态度。因此本章将 BIM 应用绩效评价作为研究对象，主要研究：（1）BIM 应用绩效评价体系的建立；（2）BIM 应用绩效评价数学模型的构建；（3）基于实证研究的 BIM 应用绩效提升策略分析。

10.1　理论基础与研究方法

10.1.1　平衡记分卡理论

平衡记分卡（其架构见图 10–1）是企业绩效管理手段之一，将企业发展目标分解为隐含潜在的因果逻辑关系的四个维度（蔡辉等，2015），分别是学习与成长、内部运营流程、财务和客户（颜海娜、鄞益奋，2014），下文针对四个维度进行具体阐述。另外平衡记分卡绩效评价与传统企业通过财务指标绩效管理相比更加注重“平衡”，其内容是在指标设计方面注重财务指标与非财务指标之间的平衡、企业的长期目标和短期目标的平衡、结果性指标与动因性指标之间的平衡、企业组织内部群体与外部群体的平衡、领先指标与滞后指标之间的平衡（陈小燕等，2017）。

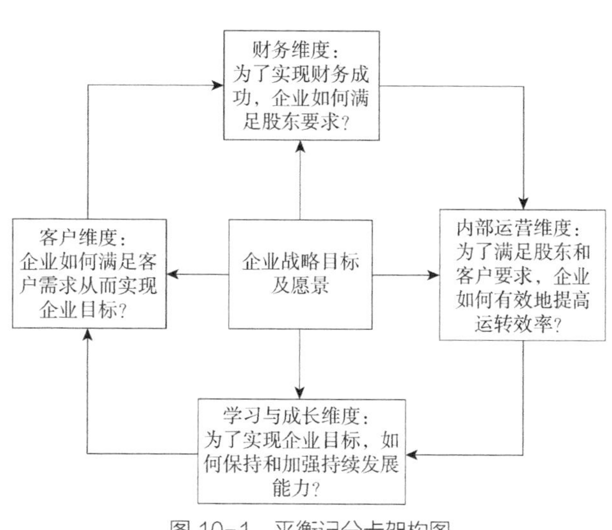

图 10–1　平衡记分卡架构图

1. 财务维度

财务维度包含财务指标和非财务指标。经济效益增长是企业发展的首要目标，财务指标能够反映企业经营状况，如运营、销售和利润等情况，也能够直接反映企业战略目标是否得到有效执行、执行的结果是否对企业发展具有积极的引导作用。然而，传统绩效评价在财务层面会忽略一个事实，在较长周期的企业战略目标中，经济效益无法在短期时间内能够产生经济效益（王方，2015），因此对其进行绩效评价时会导致绩效偏低，与事实不符。为了客观和公正地评价短期内的经济效益，就需要在绩效评价体系中设立非财务指标。

2. 客户维度

该客户维度与传统意义所指“客户”有所不同，传统客户是指用金钱或某种有价值的物品来换取接受财产、服务、产品或某种创意的自然人或组织，而客户维度除此之外还包括企业流程相关的上下相关客户（杜超，2019），并且平衡记分卡客户维度指出企业竞争需要立足于客户，其中包含如何服务于客户、满足客户需求和实现客户价值取向。企业加强与客户之间的联系可提升和巩固自身在行业内的竞争力与市场地位，从而实现企业制定的长远发展目标。

3. 内部运营流程维度

内部运营流程维度是指为了实现企业财务指标，增加和提高客户数量与客户满意度，企业管理者如何通过有效的管理手段或者简化工作流程提高企业内部运作效率，实现企业利润最大化。故企业管理者需要对企业管理流程进行优化，提升工作效率，并且需要根据股东和客户的需求变化迅速做出相应的动态调整，从而满足财务即股东对经济效益的要求和客户对其服务质量的要求（上官永清、牟卿，2013）。

4. 学习与成长维度

学习与成长维度是上述三个维度的支持、支撑和驱动力，是实现企业战略目标的保障，是最终转化为支持战略目标实现的动力（罗锦珍，2019）。学习与成长维度是指为了实现企业目标，如何保持和加强持续发展能力。在竞争日益激烈的环境下，企业如何实现战略目标、缩短实际发展和战略目标差距以及创造经济价值满足客户的需求，就需要鼓励企业员工创新和不断的自我学习，以及进行基础投资，改善员工工作环境。

10.1.2 数据包络分析法

数据包络分析法（Data envelopment analysis，DEA）是数学、运筹学、数理经济学、管理科学和计算机科学的一个新的交叉领域，是 Charnes、Cooper 于 1978 年第一次提出，将其命名为 DEA（Khoveyni M et al.）。DEA 使用数学规划模型（包括线性规划、多目标规划、具有锥结构的广义最优化、半无限规划、随机规划等），评价具有多个输入，特别是多个输出“部门”或“单位”（称为决策单元（Decision Making Unit，DMU））间的相对有效性（称为 DEA 有效）（李牧南等，2015）。另外，该方法具有以下两点优势：

1. 无须权重设置

无须权重设置是指在使用数据包络分析对某项生产活动进行绩效评价时，各指标数据之间的权重会通过数学模型计算给出最优的权重，无须再通过人为的方式进行确定，减少人为主观因素干扰。

2. 无须无量纲化处理

无量纲化处理是指在数据统计过程中对数据进行极值化、标准化、均值化以及标准差化方法处理。但在数据包络分析过程中无须对数据进行上述方法处理，可直接将整理后的数据代入数学模型中进行计算。

10.1.3 德尔菲法

1946年，美国兰德公司首次提出德尔菲法（Delphi Method），该方法最初是对不同领域进行预测，随着该方法的不断发展，逐渐被运用在绩效评价、管理决策以及规划等其他领域中（Ocampo et al.，2018）。因此本章将该方法运用于对BIM应用绩效指标体系的建立过程，该方法具有以下三点优势：

1. 权威性

权威性是指参与指标体系评价的调查人员是所处自身领域中的专业人士，具备丰富的实践经验和渊博的理论储备，故通过调查小组人员讨论获得的结论具有权威性。

2. 易操作性

易操作性是指德尔菲法在实践活动具体操作中是将研究内容以调查问卷的形式发放给专家小组成员，然后再收集调查问卷进行整理和分析，最后总结出专家小组的结论。

3. 全面性

全面性是指德尔菲法可通过调查问卷的形式向专家进行详细的、全面的咨询。通过问卷调查的结果对研究内容进行相关修改和整理，可一直修改直至与专家小组成员讨论结果一致。

10.2 BIM应用绩效指标体系的建立

10.2.1 BIM应用绩效指标体系构建原则与流程

1. BIM应用绩效指标构建原则

（1）具体性和导向性

指标是指如何将那些复杂、抽象和难以直接获得的概念转换为可直接进行统计记录及观察分析的操作型术语。其本质是将指标具体化，明确具体观测事物；同时指标也需要具有导向性，明确事物特性，故在指标构建上需要严谨，不能随意。因此，在构建BIM对工程项目的应用绩效指标的选择时需要具体性和导向性。

（2）可量化性和可操作性

BIM应用绩效评价指标体系建立，是指将复杂建设项目管理中的技术应用水平和组织管理水平中难以观测和统计的属性，利用BIM将其转化为可被统计的具体数据。在指标设计过程中，可能出现难以量化的指标，例如在意识、能力、需求等方面，故此时在定量分析的基础上结合定性分析辅助分析和收集，但在设计过程中应该尽可能采用定量方式来评价 BIM 在复杂建设项目的实际绩效情况。另外，可操作性是指依据自身实际情况对 BIM 应用绩效指标进行设计，无须追求复杂，但需要满足可量化和可统计两点要求。

（3）系统性

BIM 在复杂建设项目上的应用是一个复杂的网络系统，因此在指标的选取上优先考虑能够全面系统地反映 BIM 应用效果，而不是选取仅反映个别和次要现象的指标。如果选取不符合该条原则的指标会影响 BIM 应用绩效评价的准确性，降低其评价结果的可信度。

（4）综合性和全面性

指标在设置过程中需要充分考虑 BIM 在复杂建设项目的技术运用和管理组织活动影响，不能局限于单一方面或者某一状态，故所选指标需具备全面性和综合性的反映 BIM 应用效果，以及在指标选取过程中需要考虑指标之间的逻辑关系。除此之外，在指标选择上不宜过细，避免出现对某一现象重复评价，导致数据失真，选择综合性指标能够有效避免该类问题的出现。

（5）可比性、导向性和发展性

指标具有可比性是指在针对复杂建设项目活动评价时所设置的指标可进行纵向比较，用于分析在实际复杂建设项目中 BIM 运用状况、管理水平以及将来的发展方向。另外指标也需具备导向性，主要指通过绩效评价体系计算出指标在该状态下的理想水平，随后决策者与实际进行对比分析，得知目前状况并及时采取纠偏措施和调整。除此之外，为了保证指标体系在未来一段时间内能够适应环境变化保持其生命力，需要选择一些能够反映 BIM 目前工程项目应用状态以及评价未来发展趋势的指标，除了在时间维度进行指标设置外，还可以在内容上得到体现，从而使指标体系符合时代发展的趋势。

（6）独立性

BIM 应用指标体系中的每个指标设置都应该对应 BIM 实际运用中产生的独立现象，可避免各指标之间交叉、重复评价现象，进而防止同一现象出现多项指标进行评价而影响 BIM 绩效评价的准确性。

2. BIM 应用绩效指标构建流程

为了更好地确定 BIM 在复杂建设项目上应用产生的实际效果和绩效情况，本章结合平衡记分卡法和内容分析法构建 BIM 应用绩效评价体系，其目的是明确 BIM 在实际复杂建设项目应用过程中产生的效果。一方面，通过 BIM 应用绩效评价的结果对复杂建设项目进行实时调整，为项目管理者提供数据资料作为参考依据，提高管理者的决策效率；另一方面，总结该项目整体应用情况并分析自身的优缺点，为下一个项目建设提供相关技术参考，避免类似情况的再次发生。

根据平衡记分卡法、评价体系构建原则以及构建目的，并结合 BIM 应用绩效研究分析，

该评价指标体系的构建主要包括以下两个步骤：

（1）绩效指标设置。以平衡记分卡理论、指标构建原则和实际应用为参考，结合文献分析结果构建绩效评价的初步指标，并对定性指标和定量指标进行定义。

（2）指标优化。在原有指标体系基础上结合德尔菲法对BIM应用绩效指标进行最终筛选和优化，最终形成一个完整的BIM应用绩效评价体系。

具体指标构建流程如图10–2所示。

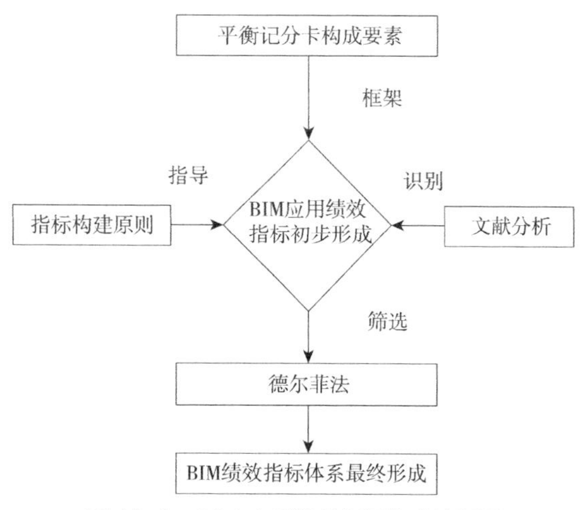

图10–2　BIM应用绩效指标构建流程图

10.2.2　BIM应用绩效评价指标的内容分析

1. BIM在工程项目的绩效指标文献分析

为了尽可能分析BIM在工程项目应用的绩效指标，主要通过分析国内外有关BIM应用绩效研究相关文献，通过对文献的分析总结出其他学者如何设计BIM应用绩效指标体系。

在中国知网以“BIM+复杂建设项目绩效”“BIM+复杂建设项目价值”和“BIM+复杂建设项目效益”为关键词检索，发现国内核心期刊相关论文数量显示不多，故本章主要以国外研究人员对BIM在复杂建设项目应用的研究为主，在数据平台选择上主要以ASCE（美国土木工程师协会期刊）、Science Direct（全文数据库）和Web of Science等权威数据库为主，并且在检索过程中设置以下三个条件：

（1）相关性。是指在文献搜索中添加关键词，如上文提到的三个关键词，可提高搜索效率，减少时间成本。

（2）时效性。是指BIM应用在国外发展时间长，论文时间跨越幅度大，对BIM应用绩效指标的选取会造成一定影响，故本章选取近十年来国外对BIM应用研究的相关文献。

（3）权威性。是指国外期刊水平总体较高，但也有滥竽充数、质量低的期刊，故期刊选择目前主流期刊，如Journal of Construction Engineering and Management和Automation in construction等权威期刊。

最终搜索结果如表10–1所示。

根据以上15篇国外文献，节约成本与缩减工期出现次数分别是8次和6次，是占所有指标出现次数最多的前两位，可体现上述两个指标在BIM应用绩效评价指标体系中的地位，因此将节约成本和缩短工期两个指标运用于BIM应用绩效指标体系的建立中。然而其他指标由于出现次数较少且只能潜在、间接地对复杂建设项目绩效产生影响，并且在相关数据收集和分析过程也存在一定困难，故在指标选取时需要进一步地确定和判断，例如竞争优势和风险控制这两个指标主要对BIM应用进行定性分析，需要通过间接量化手段对其记录，故在量化过程中无法准确进行转化，容易造成数据差异化严重、数据失真等现象，因此需要慎重考虑和分析。

国外对BIM应用绩效指标相关文献统计　　表10-1

文献作者以及时间	节约成本	缩减工期	提高质量	提高安全性	碰撞检查	施工或设计变更减少	减少返工时间	减少工作会议次数	可视化	可持续建设	促进沟通	节约劳动力	提高生产效率	减少信息请求	风险控制	竞争优势	提高项目决策	顾客满意度
Wu et al.(2020)	√								√			√						
Daniel et al.(2019)	√									√			√					√
Oraee et al.(2019)																	√	
Ding et al.(2019)	√	√					√						√					
Shin et al.(2018)	√					√										√		
Afari et al.(2018)									√		√			√				
Kim et al.(2017)	√	√																
Park et al.(2017)		√									√			√			√	
Smith.(2016)	√	√							√								√	
Han.(2016)	√	√							√				√				√	
Cao et al.(2015)									√	√								
Qi et al.(2014)			√	√											√			
Vaughan et al.(2013)	√	√	√			√	√				√							
Chi et al.(2012)				√	√								√					
Zhao et al.(2011)													√					

2. BIM复杂建设项目绩效关键指标

目前将BIM应用绩效关键指标以指标统计方式为标准分为两大类：定性指标和定量指标。其中，定量指标包括碰撞检查、减少设计变更次数、减少返工时间和节约劳动力等指标，可简单、直接量化，用于分析对施工成本、施工时间和质量安全等方面造成的绩效影响；定性指标包括施工项目风险控制、复杂建设项目施工环境影响、管理者决策影响以及工作人员对BIM认识水平等间接对BIM应用绩效造成影响。因此初步确定BIM应用关键绩效指标主要有以下八个指标：成本、时间、安全、质量、信息沟通、管理、企业和客户满意度。

10.2.3　基于平衡记分卡的BIM绩效指体系初步建立

由于复杂建设项目运作是一个复杂的工程系统，因此对工程绩效的影响因素多，在指标设置过程中存在一定的难度。故本章以平衡记分卡的四个维度（财务维度、客户维度、内部运营流程维度、学习与成长维度）设置BIM在复杂建设项目应用的绩效评价指标。

学习与成长维度：BIM是一项国外引进技术，在国内发展缓慢的主要原因是BIM人才培养机制缺乏，因此需要建筑企业在前期投入大量的财力、人力和物力，培养和建立服务于自身企业的专业BIM团队，这样才能使BIM在复杂建设项目应用中实现利益最大化。故评价指标有BIM应用专业人员数量、BIM应用相关器材费用以及BIM应用建设费用。

内部运营流程维度：BIM在实际复杂建设项目应用中发挥的作用是巨大的，主要提升工程项目在质量、安全、信息、进度和成本等方面的管理效率，故在该维度设置BIM应用绩效指标时可结合上述内容进行考虑。

客户维度：该维度指标表示在同一复杂建设项目其他参与方对BIM在工程项目的应用以及对BIM应用方带来形象影响进行相关的评价，故本章从客户满意度和企业形象提升两个方面设置指标评价。

财务维度：通过文献分析结果可知，复杂建设项目成本和复杂建设项目进度是体现BIM应用绩效的两大主要经济指标，也是衡量复杂建设项目在整体运行效果的重要表现。故将成本降低率和施工工期优化两个方面设置为绩效评价指标。因此绩效评价指标初步确定如表10–2所示。

BIM应用绩效评价指标初步确定　　表10–2

<table>
<tr><th>目标层</th><th>评价层</th><th>指标层</th></tr>
<tr><td rowspan="3">学习与成长</td><td>人力储备</td><td>BIM应用专业人员数量</td></tr>
<tr><td rowspan="2">资金储备</td><td>BIM专业设备购买费用</td></tr>
<tr><td>BIM管理建设费用</td></tr>
<tr><td rowspan="6">内部运营流程</td><td rowspan="6">技术层面</td><td>质量提升率</td></tr>
<tr><td>安全事故减少率</td></tr>
<tr><td>信息请求次数减少率</td></tr>
<tr><td>物资管理效率提升率</td></tr>
<tr><td>合同资料管理效率提升率</td></tr>
<tr><td>投资决策分析效率提升率</td></tr>
<tr><td rowspan="2">客户</td><td rowspan="2">企业层面</td><td>客户满意度</td></tr>
<tr><td>企业形象提升率</td></tr>
<tr><td rowspan="2">财务</td><td rowspan="2">经济层面</td><td>项目成本节约率</td></tr>
<tr><td>工程进度优化率</td></tr>
</table>

10.2.4 基于德尔菲法的BIM绩效指标体系最终确定

根据上述内容完成BIM绩效指标体系初步构建，为了更好地确定BIM应用绩效评价指标体系，采用两轮德尔菲法进行确定。

1. 专家小组成员架构

采用德尔菲法重点是需要确定专家小组成员，小组成员所处领域必须是建筑领域中的专业人士，除此之外，小组成员还需要有丰富的实践经验和渊博的理论知识储备。经过分析和研究，最终确定专家小组由10位专业人士组成，分别是高校教师（2名）、BIM工程项目技术人员（4名）以及BIM领域的研究人员（4名）。

2. 专家调查问卷制定

为了更好地制定BIM应用绩效指标体系以及快速收集专家意见，因此决定以邮件形式发放调查问卷，其中调查问卷的主要内容包括初步确定的13个指标、评价区、意见栏以及评价专家权威程度的两个指标：判断依据和熟悉程度。

3. 专家评定指标的确定

对专家的评定指标主要有三个指标：专家积极系数、专家权威程度系数和专家意见协调系数（张芮，2019）。

专家权威程度系数（C_r）的确定主要通过专家填写调查问卷进行自评，其评价指标是判断依据（C_a）和熟悉程度（C_s），以上两个指标的量化值见表10-3，计算方式为C_r=（C_a+C_s）/2。当$C_r \geq 0.7$时，表明专家权威程度很高，对BIM应用绩效指标体系建立帮助就越大。

判断依据和熟悉程度量化值　　表10-3

判断依据（C_a）	量化值	熟悉程度（C_s）	量化值
BIM应用实践经验	0.8	很熟悉	1.0
BIM应用理论基础	0.6	比较熟悉	0.8
有关BIM应用国内外文献	0.4	一般熟悉	0.6
专业直觉	0.2	较不熟悉	0.4
		很不熟悉	0.2

专家意见协调系数是指专家对BIM应用指标评价的协调程度，反映专家对指标整体评价意见是否达成一致。其计算公式为：

$$Q=\frac{S_R}{S_{max}}=\frac{12\times[(n\times k)\times\sum_{i=1}^{k}R_i^2-(\sum_{i=1}^{k}R)^2]}{[n^2\times(k^3-k)]\times[(n\times k)\times(n\times k-1)]} \tag{10-1}$$

式中，Q是表示协调系数，S_R表示同类指标的评价等级离均差平方和，S_{max}表示所有指标的评价等级离均差平方和，n表示专家数量，k表示指标数量，R_j是指分配给第j

个观察对象秩次的合计（陈青山等，2004）。系数 Q 的差异显著性检测用 X^2 检验，计算公式为：

$$X^2=\frac{12\times[k\times\sum_{i=1}^{k}R_i^2-(\sum_{i=1}^{k}R)^2]}{[n\times k^2\times(k-1)]} \quad (10-2)$$

式中，自由度为 $k-1$，其中 P 值小于 0.05 表明专家对指标意见的协调程度高，其询问意见结果可信度高。

4. 指标筛选标准依据

在指标筛选标准依据上，本章对 BIM 应用绩效评价指标体系采用界值法和专家意见两者结合的方式，其主要采用三个界值，分别是算术平均数界值、满分频率界值和变异系数界值，计算公式如下：

算数平均数界值 = 该指标算数平均值 – 指标标准差；

满分频率界值 = 该指标满分频率值 – 满分频率标准差；

变异系数界值 = 该指标变异系数均值 + 变异系数标准差。

5. 指标结果与讨论

对专家评定指标和指标筛选界值均通过 Excel 软件进行计算，其计算结果可信度高。首先通过专家自评方式获得各个指标的专家权威系数，见表 10–4。

专家权威系数　　表 10–4

二级指标	C_a	C_s	C_r
BIM 应用专业人员数量	0.76	0.94	0.85
BIM 专业设备购买费用	0.68	0.86	0.77
BIM 管理建设费用	0.66	0.88	0.77
质量提升率	0.72	0.94	0.83
安全事故减少率	0.8	0.96	0.88
信息请求次数减少率	0.64	0.86	0.75
物资管理效率提升率	0.7	0.94	0.84
合同资料管理效率提升率	0.7	0.92	0.81
投资决策分析效率提升率	0.72	0.8	0.76
客户满意度	0.7	0.8	0.75
企业形象提升率	0.64	0.82	0.73
项目成本节约率	0.74	0.82	0.78
工程进度优化率	0.8	0.92	0.86

根据计算结果，各指标 C_r 值均≥ 0.7，因此对 10 位专家的咨询是有效的，可以作为研究的依据。另外，根据两轮专家打分结果获得专家意见协调系数，见表 10–5。

专家意见协调系数　　表 10-5

	协调系数	X^2	P
第一轮	0.333	40.007	0.000
第二轮	0.449	53.821	0.000

由上可知，随着调查轮数的增加，协调系数也在不断增大，由第一轮的 0.333 上升到 0.449，另外前两轮的协调检验系数 P 值为零，表明专家对 BIM 应用指标体系的重要指标意见逐渐趋于一致，表明统计结果可信、结果可取。

依据指标筛选标准，对各个指标的算数平均值、满分频率以及变异系数进行计算，结果见表 10-6。

算数平均值、满分频率和变异系数计算结果　　表 10-6

二级指标	算数平均值	满分频率	变异系数
BIM 应用专业人员数量	9.4	0.7	0.098
BIM 专业设备购买费用	8.7	0.5	0.155
BIM 管理建设费用	8.7	0.5	0.163
质量提升率	3.5	0.0	0.230
安全事故减少率	3.4	0.0	0.420
信息请求次数减少率	3.4	0.0	0.270
物资管理效率提升率	7.9	0.3	0.192
合同资料管理效率提升率	8.0	0.3	0.202
投资决策分析效率提升率	7.9	0.3	0.236
客户满意度	7.1	0.2	0.248
企业形象提升率	7.7	0.3	0.324
项目成本节约率	8.9	0.6	0.177
工程进度优化率	9.2	0.5	0.095
平均值	7.215	0.323	0.216
标准差	2.160	0.222	0.086
临界值	5.055	0.101	0.302

根据表 10-6 显示有两个指标不满足临界值标准，分别是质量提升率和安全事故减少率，将直接在 BIM 应用绩效体系中删除。有一个指标不符合临界值标准，是信息请求次数减少率，该指标评价 BIM 信息应用程度，但是由于评价对象是已成的复杂建设项目，无法获得准确数据，将该指标删除。其余指标均符合界值要求，结合专家意见和指标体系建立的需求，将全部保留。故最终确定的指标体系如表 10-7 所示。

最终绩效评价体系 表 10-7

目标层	评价层	指标层
学习与成长	人才储备	BIM 应用专业人员数量
	资金储备	BIM 专业设备购买费用
		BIM 管理建设费用
内部运营流程	技术层面	物资管理效率提升率
		合同资料管理效率提升率
		投资决策分析效率提升率
客户	企业层面	客户满意度
		企业形象提升率
财务	经济层面	项目成本节约率
		工程进度优化率

（1）BIM 应用专业人员数量：BIM 应用专业人员是指能够独立建模，并且能够与其他参建单元进行沟通后提供专业方案和专业指导意见。故 BIM 应用人员需要参与工程项目建造全过程，是保障 BIM 在复杂建设项目应用的关键环节。

（2）BIM 专业设备购买费用：BIM 专业设备是指能够帮助 BIM 应用人员进行 BIM 应用活动的物质基础，如高配置电脑、移动化电子设备以及专业软件等基础设备的使用可提高 BIM 应用人员对复杂建设项目的管理强度，从而更好地将 BIM 管理思想在实际工程项目上得到体现。

（3）BIM 管理建设费用：BIM 管理建设是指人员管理和 BIM 应用中心建设方面。人员管理方面包括 BIM 应用人员薪资、奖惩制度建设以及技术培训等，该部分的费用投资主要是激励人员工作积极性以及避免专业人才流失，同时可以吸引其他优秀专业人才引入该项目管理中，从而提高管理水平。BIM 应用中心建设方面是指 BIM 应用人员办公环境建设以及办公场地建设，是管理和协调整个项目的中心。

（4）物资管理效率提升率：是指利用 BIM 依据 4D 进度模拟和 5D 成本模拟对物资进场计划进行合理规划，减少不必要的人力消耗和财力浪费。故该指标表示使用 BIM 节约的时间和成本占未使用 BIM 消耗的时间和成本百分比，即为物资管理效率提升率。

（5）合同资料管理效率提升率：是指施工企业在对复杂建设项目的资料和相关合同管理上存在制作、存储和调取混乱现象，通常是现场工程分部分项工作已经完成，但相关材料还没制作完成，应用 BIM 后，可以将复杂建设项目相关合同、资料与 BIM 数据平台关联起来，按照规章制度将其归纳整理，方便后期调用、查阅和搜索，故 BIM 应用后节约时间与原计划之比，即为合同资料管理效率提升率。

（6）投资决策分析效率提升率：是指 BIM 应用后，工程项目 BIM 团队建立数据库，该数据库主要用于收录使用 BIM 项目所有技术材料，管理者可通过分析数据库中资料，找出解决问题的方案，提高对项目精细化管理水平，故利用 BIM 数据库解决问题数量占实际问题总数百分比，即为投资决策分析效率提升率。

（7）客户满意度：是指 BIM 应用后，BIM 应用人员以建筑图纸为基础拟建工程项目的三维仿真模型，能够生动形象地展示工程项目施工前后对比，能够增加项目投资方以及各参与方对该项目的认识，能够帮助施工单位进行成本管理和进度管理，从而提高对服务单位的满意度。

（8）企业形象提升率：是指 BIM 这种新型信息技术在目前工程项目运用较少的环境下，一些施工企业或施工单位率先在工程项目中使用 BIM，彰显其对新型技术运用水平和研究水平，提升企业形象。

（9）项目成本节约率：是指 BIM 应用后，对工程项目进行精细化管理后，提高工作效率、优化工程项目施工流程以及减少项目成本支出，因此项目成本减少数值与总成本的比值，即为项目成本节约率。

（10）工程进度优化率：是指通过 BIM 运用和一定的管理措施及合理的安排，使得工期缩减，工程项目能够提前产生效益，即节约工期占计划工期的比例。

10.3 BIM 绩效评价的三阶段网络 DEA 模型构建

10.3.1 BIM 绩效三阶段网络 DEA 模型

1. DEA 基本模型

（1）CCR 模型

CCR 模型是 Charnes 以工程效率概念提出的一种 DEA 计算模型，该模型基于规模报酬不变的假设前提下衡量决策单元的相对效率，通过该模型计算所得效率值称为技术效率（Technical Efficiency，TE）（Kaffash et al.，2020）。其模型如下：

首先假设有 k 个决策单元（DMU），每个决策单元（DMU_j，j=1，2…，k）都有 s 项投入类型 X_t（t=1，2…，s，s>0）和 m 项产出类型 Y_c（c=1，2…，m，m>0），故任意单元的效率评价指数公式为：

$$h_j=\frac{u_{jc}Y_{jc}}{v_{jt}X_{jt}}\leqslant 1 \tag{10-3}$$

式中，h_j 是指第 j 个决策单元的效率评价指数，X_{jt} 是指第 j 个决策单元第 t 项投入值，Y_{jc} 是指第 j 个决策单元第 c 项产出值，u_{jc} 是指第 j 个决策单元第 c 项产出值的权重，v_{jt} 是指第 j 个决策单元第 t 项投入值的权重。

由公式（10-3）表明，在同一投入的情况下，产出值的高低决定该决策单元的生产效率。另外利用上述模型对决策单元进行有效性评价，需要计算得出在决策单元中最大效率指数并且以该值为目标，则构成如公式（10-4）以分式形式表达的模型。

$$(CCR)\begin{cases}\text{Max}\dfrac{u_{j_0c}Y_{j_0c}}{v_{j_0t}X_{j_0t}}=h_j \\ \dfrac{u_{jc}Y_{jc}}{v_{jt}X_{jt}}\leqslant 1,\ j=1,\cdots j_0,\cdots k \\ v\geqslant 0, v\neq 0 \\ u\geqslant 0, u\neq 0\end{cases} \quad (10\text{–}4)$$

由于公式（10–4）为公式形式，不便于理解和计算，需要将其进行转换，该转化过程称为 Charnes–Cooper 转换，其内容为：

$$t=\frac{1}{v_{js}X_{js}},\ \omega=tv,\ \mu=tu \quad (10\text{–}5)$$

式中，t、w、μ 是其他公式对其进行赋值。

再通过等式代换过程将公式（10–5）代入公式（10–4），得：

$$(s,t)\begin{cases}\text{Max } h_j=\mu Y_{j_0} \\ \omega X_j-\mu Y_j\geqslant 0 \\ \omega X_j=1 \\ \omega\geqslant 0 \\ \mu\geqslant 0\end{cases} \quad (10\text{–}6)$$

式中，ω 和 μ 表示的是投入项和产出项的权重集合，X_j 表示第 j 决策单元的投入指标数据，Y_j 表示第 j 个决策单元的产出指标数据。

根据公式（10–6）给出的计算模型可能导致无穷解现象，故在公式（10–6）基础上引入非阿基米德无穷小量 ε，两个松弛变量和评估权重分别是 s^-、s^+ 和 λ 以及两个 $j\times 1$ 阶矩阵 e^T 和 $\hat{e}^T$[两个矩阵为（1，1，1，…1）^{T}]。最终得到以下公式：

$$\text{Min}[\theta-\varepsilon(e^Ts^-+\hat{e}^Ts^+)]$$

$$(s.t)\begin{cases}\sum\limits_{j=1}^{k}X_j\lambda_j+s^-=\theta x_{j_0} \\ \sum\limits_{j=1}^{k}Y_j\lambda_j-s^+=y_{j_0} \\ \lambda_j\geqslant 0,\ j=1,\cdots k;\ \theta\subseteq R \\ s^+\geqslant 0, s^-\geqslant 0\end{cases} \quad (10\text{–}7)$$

将数据带入该分式模型中可求得 θ、s^+、s^- 以及 λ。根据计算结果可以判断每个决策单位的规模效率和技术有效性，判断依据如下：

①当决策单元相率 $\theta=1$ 时，并且满足 $e^Ts^-+\hat{e}^Ts^+=0$，则该决策单元为 DEA 有效；

②当决策单元相率 $\theta=1$ 时，并且满足 $e^Ts^-+\hat{e}^Ts^+>0$，则该决策单元仅为 DEA 弱有效；

③当决策单元 $\theta<1$ 时，表示该决策单元 DEA 非弱有效。

由于 CCR 模型是基于规模收益不变的基础假设条件下对各决策单元进行技术有效性分析，其中得出的最优解 θ 表示在产出不变的情况下，投入项所对应的转化效率，其经济意义如下：θ 值越大，代表投入转化率越高，表示对投入各项的调整较小；

反之 θ 越小，意味着需要加大力度对投入产业结构进行优化，其各投入项下调比例为 $1-\theta$。

（2）BCC 模型

Banker、Charnes 对 CCR 模型进行延伸和修改获得 BCC 模型，该模型建立基础是基于规模报酬可变的假设（Banker R，et al，1984）。在该模型计算所得的效率为纯技术效率（Pure Technical Efficiency，PTE），而在 CCR 模型计算所得效率值为技术效率（Technical Efficiency，TE）和规模效率（Scale Efficiency，SE），在两者效率之间存在关系为规模效率（SE）= 技术效率（TE）/ 纯技术效率（PTE），故可进一步了解效率值低的原因是哪一部分效率造成的。具体的 BCC 模型见公式（10–8）和公式（10–9）。

$$
\begin{aligned}
&\mathrm{Max}(\mu^T Y_0-\mu_0)\\
&(s,t)\begin{cases}\omega^T X_j-\mu^T Y_j+\mu_0\geqslant 0\\ \omega^T X_0=1\\ \omega\geqslant 0,\ \mu\geqslant 0,\ \mu_0\in R\end{cases}
\end{aligned}
\tag{10-8}
$$

式中，ω 和 μ 所表示的是投入项和产出项的权重集合，X_j 表示第 j 决策单元的投入指标数据，Y_j 表示第 j 个决策单元的产出指标数据，μ_0、X_0、Y_0 表示目标函数的最优解。

$$
\begin{aligned}
&\mathrm{Min}[\theta-\varepsilon(e^T s^-+\hat{e}^T s^+)]\\
&(s,t)\begin{cases}\sum\limits_{j=1}^{k} X_j\lambda_j+s^-=\theta x_{j_0}\\ \sum\limits_{j=1}^{k} Y_j\lambda_j-s^+=y_{j_0}\\ \sum\limits_{j=1}^{k}\lambda_j=1\\ \lambda_j\geqslant 0,\ j=1,\cdots k;\ \theta\subseteq R\\ s^+\geqslant 0,\ s^-\geqslant 0\end{cases}
\end{aligned}
\tag{10-9}
$$

式中，决策单元编号 j、非阿基米德无穷小量 ε，两个松弛变量和评估权重分别是 s^-、s^+ 和 λ 以及两个 $j\times 1$ 阶矩阵 e^T 和 $\hat{e}^T$（两个矩阵为（1，1，1，…1）^{T}），x_{j0}、y_{j0} 表示第 $j0$ 决策单元的投入指标和产出指标具体数据。可知每个字母代表含义与 CCR 模型一致，但与其不同的是在该模型上增加一个等式：$\sum\limits_{j=1}^{k}\lambda_j=1$。通过 BCC 模型求得的最优解 θ、松弛变量 s^+、s^- 以及权重 λ，仅当 $\theta=1$ 且 $s^+=s^-=0$ 时为技术有效，其他情况皆视为技术无效。但在该模型下可得到三种形式规模收益：

①最优解 $\theta=1$ 时，规模收益不变；

②最优解 $\theta=1$ 时，且 $\dfrac{\sum_{j=1}^{k}\lambda_j}{\theta}>1$ 时，规模效益递增；

③最优解 $\theta=1$ 时，且 $\dfrac{\sum_{j=1}^{k}\lambda_j}{\theta}>1$ 时，规模效益递增。

2. DEA 绩效评价机理

由 BCC 模型可知，DEA 技术效率的测算是由产出与投入比值进行确定，故技术效率

的取值范围是 0~1，这就意味着某个决策单元技术效率值越大，则越接近该行业技术生产水平。由于现实中绩效评价的设定是由多个因素决定和多个方面表现，因此在计算过程中需要对其进行加权计算，目前对数据加权的方式主要有两种：第一种，通过与专家进行交流咨询或查阅文献等主观方式对数据进行加权处理；第二种，就是利用数据包络分析法，通过数据本身获得投入和产出权重，剔除人为因素对数据造成的影响，使数据更精确。

利用 DEA 模型计算所得技术效率称为相对效率，因为被评价对象是通过数学规划法与其他评价对象进行相互比较获得。故可利用数学规划获得由各决策单元组成的外部有效生产包络面（也称前沿面），该前沿面可将评价对象的输入 / 输出值的观测点囊括其中，这也是 DEA 模型称为数据包络分析法的原因。在前沿面之中的点所对应的决策单元称为技术有效单元（或弱 DEA 有效单元），其效率值为 1；反之在前沿面以外的点对应的决策单元称为技术无效，其效率值小于 1，并且利用前沿面找出对应技术有效点所在的位置。如图 10-3 所示（成刚，2014），E 点是决策单元技术无效，连接 OE 两点与前沿面交叉点于 F 点，该点为该决策单元对应的技术有效位置，而 EF 两点距离与 OE 距离的比值为被评价决策单元在投入所需要下调的比例或者是产出所需要增加的比例值。另一方面就是考虑模型导向型，由于对 BIM 应用投入影响的因素较多，故本章在设计三阶段网络 DEA 模型时就以非导向为基础。

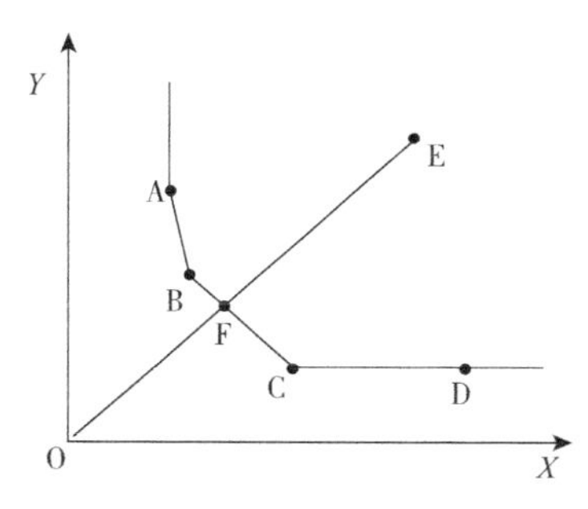

图 10-3 DEA 模型效率前沿图

10.3.2 BIM 应用绩效三阶段网络 DEA 模型构建

由上述两个基本模型（CCR 和 BCC）可知，传统的 DEA 模型在对决策单元进行评价时不会考虑生产过程的多样性，只考虑最初的投入值和最终的产出值，因此忽略了生产系统的相互作用对绩效的影响，使用传统 DEA 模型评价被称为“黑箱评价”。根据 Charnes 提出数据包络分析的本质是分析决策单元有效性的原因而不是着重于评价，而网络 DEA 模型可以在评价的基础上针对各阶段，这一点才是网络 DEA 模型的优势所在。

为了更好地评价 BIM 应用绩效，以传统 DEA 模型为基础建立三阶段网络 DEA 模型。三阶段网络 DEA 模型是将传统 DEA 模型中的“黑箱”拆分为三个串联的子系统（Kao、Hwang，2008），其中三个系统分别对应评价 BIM 应用绩效的三个阶段。

1. 第一阶段

第一阶段是指学习与成长维度作为投入项和内部运营流程维度作为产出项。在该阶段主要衡量技术人员运用 BIM 创新和开发新管理模式或运用模式等实用型技术，帮助或辅助复杂建设项目的管理活动，提高工程管理效率，即该阶段称为 BIM 应用成果转化阶段。

2. 第二阶段

第二阶段是指利用新型管理模式和技术即内部运营流程维度作为投入项，能否提高业主或其他参与方的认同即客户维度作为产出项。在该阶段主要衡量 BIM 作为一项新型建筑信息管理模式，其管理模式效果对参与者来说是否达到预期的期望。由于主要是业主和其他参与方推动 BIM 在我国建筑行业的应用和发展，即该阶段称为 BIM 应用效果展示阶段。

3. 第三阶段

第三阶段是指客户维度作为投入项，财务维度作为产出项。在该阶段主要是指在获得业主对 BIM 在复杂建设项目应用的肯定下，BIM 应用在经济层面的整体表现效果，是否能够帮助工程项目减少经济投入，即该阶段称为 BIM 应用经济效益转化阶段，其示意图见图 10–4。

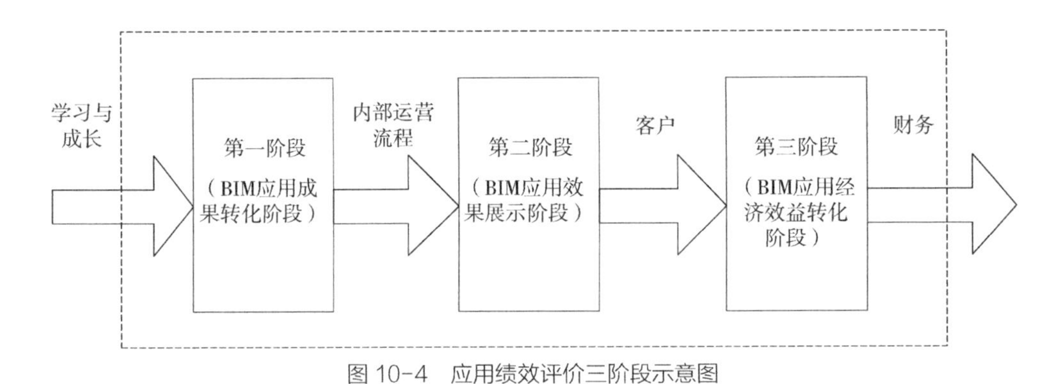

图 10–4　应用绩效评价三阶段示意图

在该模型下获得的效率值为四个，分别设为：整体效率（E_K）、第一阶段效率（E_{K1}）、第二阶段效率（E_{K2}）、第三阶段效率值（E_{K3}）。整体效率 E_K 求解公式为：

$$E_k=\mathrm{Min}\theta-\varepsilon\left(\sum_{i=1}^{m}s_i^v+\sum_{p=1}^{q}s_p^w+\sum_{f=1}^{o}s_f^d+\sum_{r=1}^{h}s_r^u\right)$$

$$(S.T)\begin{cases}\theta X_{ik}-\sum_{j=1}^{n}\alpha_jX_{ij}-\sum_{j=1}^{n}\beta_jX_{ij}-s_i^v=0,\quad i=1,\cdots,m\\ \sum_{j=1}^{n}\beta_jZ_{pj}^1-\sum_{j=1}^{n}\gamma_jZ_{pj}^1-s_p^w=0,\quad p=1,\cdots,q\\ \sum_{j=1}^{n}\gamma_jZ_{fj}^2-\sum_{j=1}^{n}\varphi_jZ_{fj}^2-s_f^d=0,\quad f=1,\cdots,o\\ \sum_{j=1}^{n}\alpha_jY_{rj}-\sum_{j=1}^{n}\varphi_jY_{rj}-s_r^u=Y_{rk},\quad r=1,\cdots,s\\ \alpha_j,\beta_j,\gamma_j,\varphi_j,s_i^v,s_p^w,s_f^d,s_r^u\geqslant 0\end{cases}\tag{10–10}$$

式中，α、β、γ 和 ψ 分别代表在三阶段网络模型中投入项和产出项的权重集合，E_{K1} 表示第一阶段技术效率值，s 表示对应的松弛变量，X 表示第一阶段投入值，Z^1 表示第一阶段产出值或第二阶段投入值，Z^2 表示第二阶段产出值或第三阶段投入值，Y 表示第三阶段产出值。

由于第一阶段、第二阶段、第三阶段各阶段效率值计算模型一致，就以第一阶段技术效率值求解为例，计算公式为：

$$E_{k1}=\mathrm{Max}\sum_{p=1}^{q}w_p Z_{pk}^{1}$$

$$(s.t)\begin{cases}\sum_{i=1}^{m}v_i X_{ik}=1\\ \sum_{r=1}^{s}u_r Y_{rk}-E_k\sum_{i=1}^{m}v_i X_{ik}=0,\ j=1,\cdots,n\\ \sum_{r=1}^{s}u_r Y_{ri}-\sum_{i=1}^{m}v_i X_{ij}\leqslant 0\\ \sum_{p=1}^{q}w_p Z_{pj}^{1}-\sum_{i=1}^{m}v_i X_{ij}\leqslant 0\\ \sum_{f=1}^{o}d_o Z_{oj}^{2}-\sum_{p=1}^{q}w_p Z_{pj}^{1}\leqslant 0\\ \sum_{r=1}^{s}u_r Y_{rj}-\sum_{f=1}^{o}d_o Z_{oj}^{2}\leqslant 0\\ u_r,v_i,w_p,d_o\geqslant\varepsilon,r=1,\cdots,s;i=1,\cdots,m;f=1,\cdots,o;p=1,\cdots,q\end{cases}\tag{10-11}$$

式中，u_r，v_i，w_p，d_o 都表示对应产出或投入的权重集合，X 表示第一阶段投入值，Z^1 表示第一阶段产出值或第二阶段投入值，Z^2 表示第二阶段产出值或第三阶段投入值，Y 表示第三阶段的产出值。

故所建立的三阶段网络 DEA 模型中的每个阶段分别对应以平衡记分卡建立 BIM 应用绩效评价体系的三个阶段，然后应用三阶段网络 DEA 模型对其进行整体和各个阶段 BIM 应用绩效评价和分析。

10.3.3 基于关联效度的 BIM 应用绩效优化路径分析

1. 三阶段关联效度分析

为了分析 BIM 应用的三个阶段（BIM 运用成果转化阶段、BIM 应用效果展示阶段、BIM 应用经济效益转化阶段）结构效应和组织效应，对其计算三阶段的关联指数，该指数表示各阶段的关联效度，其计算公式为：

$$CI=\frac{E_k}{E_{ck}^{1}\times E_{ck}^{2}\times E_{ck}^{3}}\tag{10-12}$$

式中，E_{ck}^{1}、E_{ck}^{2}、E_{ck}^{3} 分别表示第一阶段、第二阶段、第三阶段的技术效率有效值，E_k 表示三阶段网络 DEA 模型的整体技术效率值。CI 表示各阶段的关联有效度，当 $CI>1$ 时表示决策单元各阶段间的内部关联有效；当 $CI=1$ 时表示决策单元各阶段间的内部关联弱有效；当 $CI<1$ 时表示决策单元各阶段间的内部关联无效。

2. BIM 应用绩效优化路径分析

根据本书第 1 章可知，目前我国 BIM 在建筑业的应用处于初级阶段，并且推行十分困难。为了加快 BIM 应用推广速度，促进建筑业信息化改革，需要对原有的三阶段 BIM 应用绩效评价体系进行进一步优化。优化对象主要是“黑箱”第一阶段和第二阶段产出指标，其中第一阶段是关于BIM应用成果转化问题，然而BIM应用成果丰富，如何确定某个效果的收益最大，对其进行整体分析，如变化较大则说明该技术效果不适用于推广BIM应用绩效评价体系上；第二阶段为BIM运用效果展示阶段，BIM运用效果主要对各项目参与方进行展示，如何确定某个参建者对BIM影响大，对其进行分析，从而进行判断。其主要计算公式为：

$$\begin{cases} V_{KH}=\mathrm{Max}\sum_{r=1}^{s}u_r Y_{rk} \\ s.t. \\ \sum_{i=1}^{m}v_i X_{ik}=1 \\ \sum_{p=1}^{q}w_p^1 Z_{pj}^1-\sum_{i=1}^{m}v_i X_{ij}\leqslant 0 \\ j=1,\cdots,n \\ \sum_{p=1}^{q}w_p^2 Z_{pj}^2-\sum_{p=1}^{q}w_p^1 Z_{pj}^1\leqslant 0 \\ j=1,\cdots,n \\ \sum_{r=1}^{s}u_r Y_{rj}-\sum_{p=1}^{q}w_p^2 Z_{pj}^2\leqslant 0 \\ j=1,\cdots,n \\ u_r,v_i,w_p^1,w_p^2,\geqslant\varepsilon \\ r=1,\cdots,s;i=1,\cdots,m \\ p=1,\cdots,q \end{cases} \tag{10-13}$$

式中，X、Y、Z^1 和 Z^2 分别表示初始投入、最终产出、第一阶段产出（第二阶段投入）与第二阶段产出（第三阶段投入），而其中 v、w^1、w^2、u 分别表示初始投入指标权重、第一阶段产出（第二阶段投入）权重、第二阶段产出（第三阶段投入）权重以及最终产出权重。

10.3.4 三阶段网络DEA模型适用性分析

结合前文对网络DEA模型的描述和平衡记分卡对BIM在复杂建设项目运用的三个阶段的划分，可知三阶段网络DEA模型用于对复杂建设项目BIM运用效果的绩效评价是适用的，具体表现在以下几个方面：

（1）基于前文分析BIM应用对复杂建设项目的影响，因此确定本章的研究对象是以复杂建设项目作为被评价对象，即DEA模型中的决策单元分析BIM应用状况。根据网络DEA模型和传统DEA绩效评价原理，可知该绩效评价是针对被评价对象间效率有效性分析方法，故采用网络DEA模型对BIM在工程项目的运用绩效评价是科学的、合理的，不存在模型无法对其进行绩效评价的情况。

（2）网络DEA模型的发展就目前而言是成熟的，但在大部分研究领域中主要运用两阶段模型，如刘永松（2019）等利用两阶段网络DEA模型对南亚和东南亚国家创新效率研究；段永瑞（2019）等利用两阶段网络DEA模型对我国商业银行的效率及关键因素

分析，由上可知两阶段网络 DEA 模型应用十分广泛，但三阶段网络 DEA 模型的运用也十分成熟，如 Asgari et al.（2018）利用三阶段网络 DEA 模型优化对城市地铁线路绩效评价指标，可见国内外对网络 DEA 模型的使用十分成熟，故利用网络 DEA 模型对 BIM 应用进行绩效分析是可行的。

（3）采用网络 DEA 模型的优势。该模型继承传统 DEA 模型优势：第一，数据不需要进行量化处理；第二，指标数量需求没有确定要求。以上两条优势可节省数据的处理时间和采集过程，降低前期数据整理工作的难度。而网络 DEA 模型的优势就是将传统 DEA 模型绩效评价“黑箱”给打破，可以进行进一步的探索，将“黑箱”影响绩效评价机制研究透彻。

（4）利用网络 DEA 模型对 BIM 应用绩效研究具有重大意义。第一，网络 DEA 模型可找出在评价系统中影响 BIM 应用的关键指标因素；第二，网络 DEA 模型对各个指标进行分析，最终优化绩效评价体系；第三，根据各阶段效率值的结果找出该阶段的关键指标，对于推广 BIM 应用的发展和提高 BIM 整体应用水平绩效成果有着明显的帮助。

10.4 实证分析与绩效提升策略

本节将基于 9 个 BIM 工程案例，对构建的 BIM 应用绩效评价三阶段网络 DEA 模型进行实证分析，其分析内容包含三阶段 DEA 模型的计算分析、关联效度分析、松弛值分析、BIM 应用绩效路径优化分析以及 BIM 应用绩效提升策略分析。

10.4.1 数据来源与处理

本节案例相关数据通过查阅国内外文献，通过前期案例的收集，整理出 9 个工程案例，该 9 个工程案例均来自同一篇文献中（Wu et al.，2018），为了对应复杂建设项目类型以及方便对数据进行处理和计算，将 9 个工程案例进行编号处理：4 个商业办公综合楼项目（编号是：DMU1、DMU2、DMU3、DMU4）、4 个酒店项目（编号是：DMU6、DMU7、DMU8、DMU9）以及 1 个大学食堂项目（编号是：DMU5）。另外对各个阶段相应的指标进行编号，即对应平衡记分卡中的各个指标，如学习与成长维度中三个指标：BIM 应用专业人员数量（L1）、BIM 专业设备购买费用（L2）、BIM 管理建设费用（L3），单位分别是人、万元、万元；内部运营流程维度六个指标：物资管理效率提升率（P1）、合同资料管理效率提升率（P2）、投资决策分析效率提升率（P3），6 个指标单位统一为百分率；客户维度两个指标：客户满意度（C1）、企业形象提升率（C2），指标单位是百分率；财务维度两个指标：项目成本节约率（F1）、工程进度优化率（F2），指标单位是百分率。详细的各阶段指标编号及单元见表 10–8，三阶段网络 DEA 模型各阶段指标详细的投入产出值见表 10–9。

各指标编号及单位　　表 10-8

指标	编号	单位
BIM 应用专业人员数量	L1	人
BIM 专业设备购买费用	L2	万元
BIM 管理建设费用	L3	万元
物资管理效率提升率	P1	%
合同资料管理效率提升率	P2	%
投资决策分析效率提升率	P3	%
客户满意度	C1	%
企业形象提升率	C2	%
项目成本节约率	F1	%
工程进度优化率	F2	%

三阶段网络 DEA 模型各阶段指标投入产出值　　表 10-9

DMU	L1（人）	L2（万元）	L3（万元）	P1（%）	P2（%）	P3（%）	C1（%）	C2（%）	F1（%）	F2（%）
1	20	272.56	168.66	30	21	8	15	8	6.79	12.37
2	6	122.46	54.21	22	12	4	10	16	5.27	6.28
3	6	78.15	64.81	15	15	10	9	13	3.24	2.47
4	3	12.25	13.8	10	6	5	12	12	5.47	5.15
5	15	132.18	157.94	9	8.5	5	8	5	3.12	7.17
6	4	21	30.84	20	6	10	20	10	4.32	5.58
7	9	108.15	119.81	8	5	8	10	12	1.23	1.7
8	7	70.25	76.69	10	8	12	15	10	1.62	1.37
9	10	64	40	5	6	6	10	8	0.88	1.05

在使用 DEA 模型计算前，需要对各阶段指标进行投入和产出相关性分析，故需要对各阶段数据进行分析，在该过程使用 Excel 软件对数据进行相关性分析计算，其结果见表 10–10。相关系数 γ 与变量间相关分布为：

$$-1 \leqslant \gamma \leqslant 1 \tag{10–14}$$

式中，当 $\gamma=1$ 时，表示完全正相关；当 $0<\gamma<1$ 时，表示正相关；当 $\gamma=0$ 时，表示不相关；当 $-1<\gamma<0$ 时，表示负相关；当 $\gamma=-1$ 时，表示完全负相关。

由表 10–10 可知各阶段的投入与产出指标之间都呈现正相关，满足 DEA 模型的分析条件，故可正常使用三阶段网络 DEA 模型对其进行分析。

10.4.2　三阶段网络 DEA 模型计算及分析

本次数据分析主要以数据包络分析中的 CCR 模型为基础建立三阶段网络 DEA 模型，

对已收集的9个项目数据进行实例计算，本次计算借助MaxDEA 5.2软件。通过该软件测算获得的各个阶段的技术效率值和规模效率值见表10-11，以及各个项目的整体效率值见表10-12。

各阶段投入与产出指标相关性分析结果　　表10-10

第一阶段				第二阶段			第三阶段		
指标	P1	P2	P3	指标	C1	C2	指标	F1	F2
L1	0.314	0.574	0.011	P1	0.457	0.192	C1	0.179	0.014
L2	0.602	0.788	0.037	P2	0.002	0.026	C2	0.302	0.239
L3	0.250	0.488	0.007	P3	0.549	0.045			

MaxDEA软件测算结果　　表10-11

决策单元	第一阶段		第二阶段		第三阶段	
DMU	技术效率(E^1_{ck})	规模效率(S^1_{ck})	技术效率（E^2_{ck}）	规模效率（S^2_{ck}）	技术效率（E^3_{ck}）	规模效率（S^3_{ck}）
1	0.115	0.785	0.548	0.890	1.000	1.000
2	0.258	0.905	0.665	0.905	0.883	0.905
3	0.161	0.556	0.291	0.556	0.628	0.556
4	0.939	0.940	0.940	0.939	0.939	0.939
5	0.083	0.657	0.649	0.691	1.000	0.513
6	0.440	0.742	0.495	0.742	0.668	0.742
7	0.040	0.211	0.217	0.211	0.232	0.211
8	0.073	0.278	0.201	0.278	0.278	0.278
9	0.042	0.151	0.193	0.151	0.204	0.151
平均值	0.239	0.581	0.467	0.596	0.648	0.588

BIM应用在复杂建设项目运用整体技术效率值　　表10-12

DMU	1	2	3	4	5	6	7	8	9	平均值	方差
整体效率（E_k）	0.063	0.151	0.029	0.829	0.053	0.145	0.002	0.004	0.002	0.142	0.062

根据表10-11、表10-12和图10-5，得出以下结论：

首先从BIM在复杂建设项目应用的整体水平分析。由表10-12可知复杂建设项目BIM应用各项目的整体技术效率值、整体效率值的平均值以和方差。通过表10-12项目4的效率值0.829与整体效率平均值0.142比较可知，9个项目的BIM应用水平普遍不高。另外由表10-12中可知，项目9的整体技术效率值最低，仅为0.002，而项目4整体技术效率值是最高值，为0.829，通过两个效率值可知BIM应用是否成功与BIM自身无关，主要还是取决于BIM应用管理的过程和方式方法。

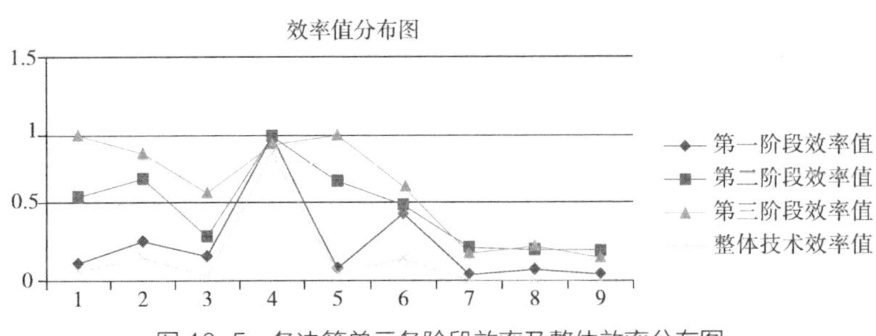

图 10-5　各决策单元各阶段效率及整体效率分布图

接下来从各阶段的技术效率值进行分阶段分析。第一阶段是指 BIM 应用成果转化阶段，其中转换率最高的是项目 4，为 0.939，说明该项目的 BIM 应用人员积极对 BIM 在复杂建设项目的应用进行创新和改革，实现 BIM 理论到 BIM 应用成果的转化；而项目 5、项目 7、项目 8 和项目 9 效率值分别为 0.083、0.040、0.073 和 0.042，均小于 0.1，因此这些项目在该阶段转化率不高，说明 BIM 与实际结合效果不好，需要对 BIM 应用方式方法加以改进，提高 BIM 与实际工程项目的结合，如不提高将极大程度地限制 BIM 在未来的发展以及在复杂建设项目的推广使用。第二阶段是指 BIM 应用效果展示阶段，在该阶段的技术效率平均值为 0.467，没有达到技术效率有效值 1.00 的水平，可见 BIM 在复杂建设项目的应用得到项目参与方的基本认可，但没有达到令他们满意的水平，故 BIM 应用在效果展现上需要有所创新。第三阶段是指 BIM 应用经济效益转化阶段，该阶段技术效率的平均值是 0.648，9 个项目的技术效率值分别为 1.000、0.883、0.628、0.939、1.000、0.668、0.232、0.278、0.204，其中有两个项目的技术效率达到 1.000，分别是项目 1 和项目 5，说明这两个工程项目针对第三阶段的应用达到最优，另外该阶段 BIM 效率平均值是三个阶段中最高的，故表明 BIM 对提高复杂建设项目的经济管理模式是有显著效果的。

10.4.3　各阶段效率关联效度及松弛值分析

1. 关联效度分析

由表 10-11 可知第一阶段、第二阶段、第三阶段的技术效率值 E^1_{ck}、E^2_{ck}、E^3_{ck}，以及由表 10-12 可得整体技术效率值 E_k，将其套入公式（4-10）计算得出各阶段的关联效度，见表 10-13。

由表 10-13 数据可知，只有项目 1、项目 4 和项目 5 的关联效度指数（CI）大于等于 1，说明这些项目三个阶段即 BIM 应用成果转化阶段、BIM 应用效果展示阶段和 BIM 应用经济效益转化阶段均有效，而其他项目的关联效度指数（CI）均小于 1，说明 BIM 应用绩效评价中的三个阶段关联性弱，需要加强上述三个阶段的关联性。

2. 松弛值分析

由表 10-11 技术效率值和表 10-12 整体效率值结果可知，BIM 应用效率并不高，因此需要通过计算各指标松弛值并对其进行改进。该松弛值根据 MaxDEA 5.2 软件从投入角度计算得出松弛值以及目标值，见表 10-14。

决策单元各阶段纯技术效率值及关联效度

表 10-13

DMU	第一阶段纯技术效率值（E_{ck}^1）	第二阶段纯技术效率值（E_{ck}^2）	第三阶段纯技术效率值（E_{ck}^3）	整体技术效率值（E_k）	关联效度（CI）
1	0.115	0.548	1.000	0.063	1.000
2	0.258	0.665	0.883	0.151	0.997
3	0.161	0.291	0.628	0.029	0.986
4	0.939	0.940	0.939	0.829	1.000
5	0.083	0.649	1.000	0.053	0.984
6	0.440	0.495	0.668	0.145	0.997
7	0.040	0.217	0.232	0.002	0.993
8	0.073	0.201	0.278	0.004	0.981
9	0.042	0.193	0.204	0.002	1.209

各指标对应的松弛系数、改进值及目标值

表 10-14

DMU	L1		L2		L3		P1		P2		P3	C1	C2	F1	F2
	松弛值	目标值	松弛值	目标值	松弛值	目标值	松弛值	目标值	松弛值	目标值	松弛值	目标值	松弛值	目标值	松弛值
1	−16.950	3.050	−256.839	15.721	−145.922	22.738	−15.167	14.833	−16.300	4.700	−0.583	7.417	0.000	15.000	0.000
2	−3.285	2.715	−111.372	11.088	−41.719	12.491	−12.949	9.051	−6.569	5.431	0.526	4.526	0.862	10.862	−5.138
3	−4.331	1.669	−71.333	6.817	−57.130	7.680	−9.435	5.565	−11.661	3.339	−7.218	2.782	−2.322	6.678	−6.322
4	−0.182	2.818	−0.741	11.509	−0.835	12.965	−0.605	9.395	−0.363	5.637	−0.303	4.697	−0.726	11.274	−0.726
5	−13.300	1.700	−123.838	8.342	−146.388	11.552	−1.333	7.667	−5.700	2.800	−1.167	3.833	0.000	8.000	0.000
6	−1.774	2.226	−11.911	9.089	−20.601	10.239	−12.580	7.420	−1.548	4.452	−6.290	3.710	−11.096	8.904	−1.096
7	−8.366	0.634	−105.562	2.588	−116.895	2.915	−5.887	2.113	−3.732	1.268	−6.944	1.056	−7.465	2.535	−9.465
8	−6.165	0.835	−66.842	3.408	−72.850	3.840	−7.218	2.782	−6.331	1.669	−10.609	1.391	−11.661	3.339	−6.661
9	−9.547	0.453	−62.148	1.852	−37.914	2.086	−3.489	1.511	−5.093	0.907	−5.244	0.756	−8.186	1.814	−6.186

从表 10-14 对各级指标的目标值计算结果得出以下结论：

（1）从整体松弛值来说，各个指标的松弛系数均为负数，在其中排除项目成本节约率（F1）以及工程进度优化指标（F2），各项目的整体表现来说生产效率都存在严重的投入冗余现象。需要通过减少投入和增加产出方式提高各阶段的生产效率，从而使该项目的整体技术效率值位于前沿面上，故需要提高三个阶段的整体技术效率值。因此可以从以下几个方面考虑：BIM 应用管理、BIM 应用组织架构、BIM 应用人才培养以及 BIM 应用标准等。

（2）从各指标的投入效率值分析，以项目 1 的数据说明，项目 1 的各指标松弛值为：-16.950（L1）、-256.839（L2）、-145.922（L3）、-15.167（P1）、-16.3（P2）、-0.583（P3）、0（C1）、0（C2）、0（F1）、0（F2）。为了增加该项目的生产效率，应该按照松弛值进行更改。以第一阶段的投入指标进行分析，从人员管理方面来看，减少 BIM 应用参与人员数量（L1）约为 17 人，可见从 BIM 应用人员管理程度上来看，该项目存在巨大的问题，说明 BIM 应用高端人才储备不足、人才培养制度缺失以及社会在该方面的优秀人才输送不足，导致大量水平较低的人滥竽充数，是导致生产效率低下的原因之一，这不利于 BIM 应用的发展。从 BIM 应用专业设备购买费用上来看，将要减少 256.84 万元投入，占总投入的 94%，从中可以看出目前市场上 BIM 相关应用软件在实际运用中产生的实际价值不高，以及相关设备的费用高，因此如何购买专业及易操作的软件，是该项目管理人员以后需要考虑的关键因素。从 BIM 应用管理建设费用指标考虑，项目 1 需要减少该方面的开支为 145.92 万元，由于该指标与 BIM 应用人员的薪资以及相关场地建设相关，故该指标的减少与 L1 与 L2 指标的松弛值符号保持一致，故只要前者效率值达到前沿面，该指标的松弛值变化将会大幅度降低。

（3）从各指标的产出效率值分析，同样以项目 1 的第一阶段产出值为例进行说明。第一阶段的产出有三个指标，分别是 P1、P2 和 P3，对应的松弛值为 -15.167、-16.3、-0.583，从中可看出 P3 指标对应的投资决策分析效率变化是负数，因此需要降低其技术效率才能达到要求，故从侧面反映出在该阶段 BIM 应用在投资决策分析效果上是有优势的，需要将其效果降低才能满足其生产效率。而 P1 和 P2 指标对应的是物资管理效率和合同资料管理效率，同样调整值为负数，说明该项目在应用 BIM 对物资管理、合同管理以及决策分析辅助作用是巨大的。

总体来说，BIM 应用效果是明显的，但其缺陷也是存在的，故需要建立合理的运用标准、组织架构和人才培养帮助其健康发展。

10.4.4 绩效评价体系路径优化

通过关联效度已知 BIM 应用绩效评价体系各阶段关联强度普遍不高，故在此基础上对其进行优化，找出最有效的关联路径，对推广 BIM 应用的发展有着重要意义。在三阶段网络 DEA 模型中关键是找出“黑箱”中影响因素，故通过评价路径的优化确定其关键

指标，关键指标的确定通过计算各个路径的效率值对原有的效率值进行对比。

首先确定其初始投入和最终产值指标是不变的，故“黑箱”路径共有 12 条，且该模型是从投入角度进行分析。由于分析“黑箱”内部指标，故该路径是从第二阶段投入指标开始分析。由于 MAXDEA 软件计算过程过于复杂，因此为了节省时间，利用 MATLAB2016 建立以三阶段网络 DEA 模型的乘数形式的数学模型，由于其算法与 MaxDEA 不一致，估算数据显示有差距但不影响对其路径的选择，MATLAB 代码见图 10-6，通过 MATLAB 代码的计算结果见表 10-15、表 10-16。

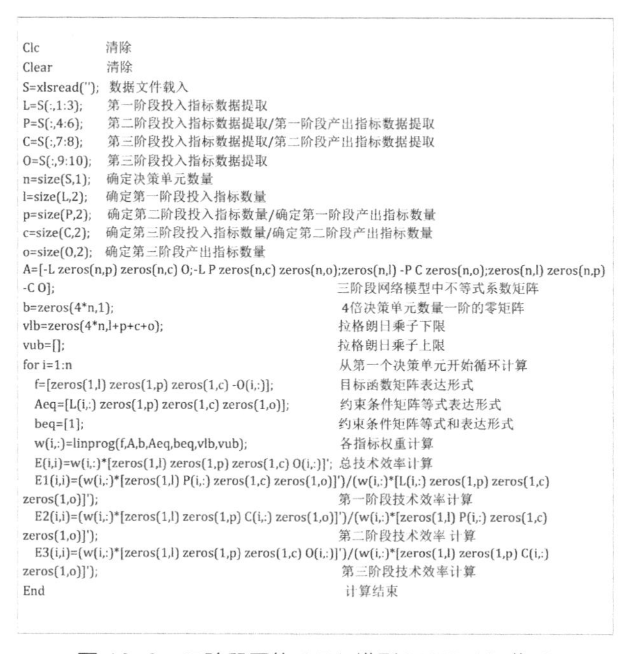

```
Clc           清除
Clear         清除
S=xlsread('');  数据文件载入
L=S(:,1:3);     第一阶段投入指标数据提取
P=S(:,4:6);     第二阶段投入指标数据提取/第一阶段产出指标数据提取
C=S(:,7:8);     第三阶段投入指标数据提取/第二阶段产出指标数据提取
O=S(:,9:10);    第三阶段投入指标数据提取
n=size(S,1);    确定决策单元数量
l=size(L,2);    确定第一阶段投入指标数量
p=size(P,2);    确定第二阶段投入指标数量/确定第一阶段产出指标数量
c=size(C,2);    确定第三阶段投入指标数量/确定第二阶段产出指标数量
o=size(O,2);    确定第三阶段产出指标数量
A=[-L zeros(n,p) zeros(n,c) O;-L P zeros(n,c) zeros(n,o);zeros(n,l) -P C zeros(n,o);zeros(n,l) zeros(n,p)
-C O];                                          三阶段网络模型中不等式系数矩阵
b=zeros(4*n,1);                                 4倍决策单元数量一阶的零矩阵
vlb=zeros(4*n,l+p+c+o);                         拉格朗日乘子下限
vub=[];                                         拉格朗日乘子上限
for i=1:n                                       从第一个决策单元开始循环计算
  f=[zeros(1,l) zeros(1,p) zeros(1,c) -O(i,:)];          目标函数矩阵表达形式
  Aeq=[L(i,:) zeros(1,p) zeros(1,c) zeros(1,o)];        约束条件矩阵等式表达形式
  beq=[1];                                              约束条件矩阵等式和表达形式
  w(i,:)=linprog(f,A,b,Aeq,beq,vlb,vub);                各指标权重计算
  E(i,i)=w(i,:)*[zeros(1,l) zeros(1,p) zeros(1,c) O(i,:)]'; 总技术效率计算
  E1(i,i)=(w(i,:)*[zeros(1,l) P(i,:) zeros(1,c) zeros(1,o)]')/(w(i,:)*[L(i,:) zeros(1,p) zeros(1,c)
zeros(1,o)]');                                  第一阶段技术效率计算
  E2(i,i)=(w(i,:)*[zeros(1,l) zeros(1,p) C(i,:) zeros(1,o)]')/(w(i,:)*[zeros(1,l) P(i,:) zeros(1,c)
zeros(1,o)]');                                  第二阶段技术效率 计算
  E3(i,i)=(w(i,:)*[zeros(1,l) zeros(1,p) zeros(1,c) O(i,:)]')/(w(i,:)*[zeros(1,l) zeros(1,p) C(i,:)
zeros(1,o)]');                                  第三阶段技术效率计算
End                                             计算结束
```

图 10-6 三阶段网络 DEA 模型 MATLAB 代码

MATLAB 代码第二阶段计算结果　　表 10-15

DMU	第二阶段						
	原始值（P1P2P3）	路径序号及指标					
		1（P1）	2（P2）	3（P3）	4（P1P2）	5（P1P3）	6（P2P3）
1	0.34	0.25	0.22	0.75	0.32	0.57	0.44
2	0.50	0.25	0.51	1.00	0.43	0.73	0.67
3	0.40	0.33	0.34	0.36	0.37	0.43	0.36
4	1.00	0.62	0.89	0.93	0.95	1.00	1.00
5	0.49	0.44	0.32	0.64	0.48	0.68	0.51
6	1.00	0.48	1.00	0.80	1.00	0.77	1.00
7	1.00	0.66	1.00	0.50	1.00	0.64	0.71
8	0.86	0.74	0.65	0.48	0.91	0.58	0.63
9	0.78	1.00	0.64	0.67	1.00	0.89	0.72

MATLAB 代码第三阶段计算结果　　表 10–16

DMU	第三阶段		
	原始值（C1C2）	路径序号	
		1（C1）	2（C2）
1	1.00	1.00	1.00
2	0.85	1.00	0.38
3	0.60	0.68	0.29
4	0.94	0.87	0.54
5	1.00	1.00	0.93
6	0.48	0.42	0.51
7	0.22	0.25	0.12
8	0.23	0.20	0.19
9	0.19	0.17	0.13

从第二阶段、三阶段的单指标和指标组合效率与原始值比较，如果相差值在 0.1 之内，则该变化属于可控范围之内且说明该指标或指标组合是影响该阶段效率的主要因素，大于 0.1 说明是非主要因素。

根据第二阶段结果显示指标组合物资管理效率提升率（P1）和合同资料管理效率提升率（P2），与各项目原始值的差值都在 0.1 范围之内，但是其中只有项目 9 的数据大于第二阶段原始值，这一现象的出现说明项目 9 的 P1 和 P2 两项指标的应用水平比其他 8 个项目还要高，故 P1 和 P2 指标组合是 6 条路径的关键路径。

根据第三阶段结果显示客户满意度（C1）指标的变化范围在 0.1 之内，只有项目 2 在该指标的变化大于 0.1 且大于初始值，说明项目 2 在 C1 指标的应用水平比其他 8 个项目还要高，因此 C1 指标作为关键路径的指标之一。

总而言之，影响 BIM 应用“黑箱”内的关键指标是物资管理效率提升率、合同资料管理效率提升率和客户满意度，故优化三个指标的资源配置能快速提高 BIM 应用效率。其最终绩效路径如图 10–7 所示。

10.4.5　BIM 应用绩效提升策略分析

通过上述数据分析可知，BIM 在复杂建设项目整体应用效果并不理想，为了更好地帮助 BIM 在复杂建设项目中的实际应用，可以从以下几个方面分析 BIM 应用绩效提升策略：

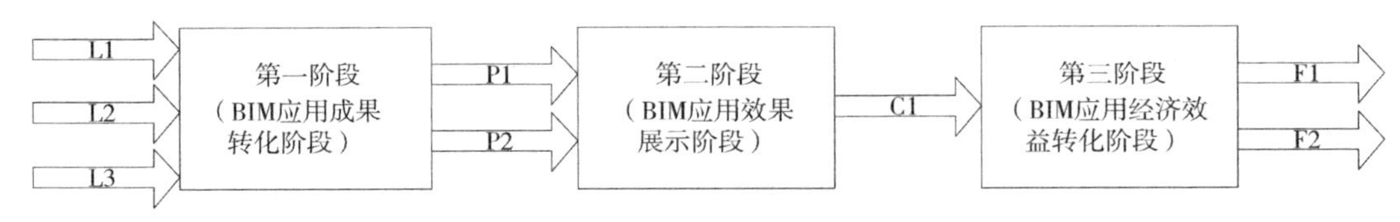

图 10–7　绩效评价路径优化图

（1）BIM 应用人才培养及储备。根据表 10–14 显示各项目保持原有技术水平，通过降低 BIM 应用人员的数量可以提高该项目生产效率，而其中减少数量最多的是项目 1，为 16.95 人，也反映出目前高水平 BIM 应用人才数量不足，建筑企业需要注重 BIM 应用人才的培养。为了提高高水平 BIM 应用人才的数量，建筑企业可以从以下三个方面考虑：第一，可以从项目中优秀的工程师中选取人员进行专业 BIM 培训；第二，在 BIM 培训中可以结合实际基础工程案例进行基础练习，并且在后期可逐渐加大难度、由浅入深地学习了解 BIM 应用操作；第三，由于人才培养是一个长期持续的过程，需要对 BIM 应用人员进行定期考核和长期持续的培训，可以巩固 BIM 应用人员操作知识，避免遗忘。

（2）BIM 应用组织管理体系。表 10–14 显示 BIM 管理建设指标下的各项目松弛值均为负数，表示在生产规模不变的情况下，降低 BIM 管理建设指标费用投入可以提高 BIM 应用绩效水平。其中项目 7 降低幅度最大，占原始值的 97.6%，可见项目 7 没有形成一个良好的 BIM 应用组织管理体系。因此良好的 BIM 组织管理体系除了资金的投入外，还要明确相关人员的权利和责任，形成良好的管理机制，对提高 BIM 应用管理绩效、技术交流和组织协调有着重要帮助。为解决项目 7 出现的问题，建立一个可供参考的 BIM 组织管理机构体系，见图 10–8。

（3）BIM 应用标准的制定。对于复杂建设项目来说，制定项目级标准具有重要意义，对提高 BIM 应用水平和建模效率具有重要意义和作用。因此制定项目级 BIM 应用标准需要明确项目的 BIM 组织实施管理模式、团队架构、模型要求、管理流程、各参与方的协同方式及各自的职责要求、成果交付六方面。在制定项目级 BIM 应用标准内容可归纳为三个层面，分别是 BIM 建模标准、BIM 实施标准和 BIM 交付标准。

（4）BIM 应用创新方面。根据表 10–11 显示第一阶段的技术效率平均值为 0.239，由此可见 9 个项目在 BIM 实际应用过程中整体创新效率较低，没有充分发挥 BIM 应用优势。为了深化和鼓励 BIM 应用创新，可结合其他领域科技发展考虑。例如 BIM+ 无人机结合进行

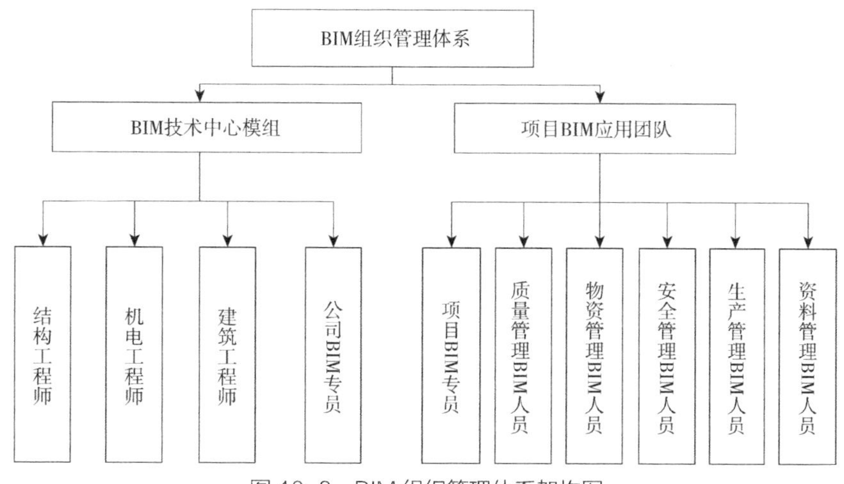

图 10–8　BIM 组织管理体系架构图

全方位、智能化监控施工过程，便于及时处理问题，提高工作效率；BIM+VR 技术可用于加强项目管理以及与客户的交互性体验；BIM+3D 打印技术辅助项目施工，提高生产效率等。

（5）BIM 应用投入角度分析。根据松弛值分析结果可知 BIM 应用项目的冗余现象严重，需要优化 BIM 在复杂建设项目的应用投入结构，控制投入，减少冗余现象，提高 BIM 应用效率。

BIM 作为 21 世纪新型信息技术之一，引领全球建筑行业进行信息化变革。然而我国 BIM 应用的普及率仅为 10%，推广 BIM 应用需要完善相应的 BIM 制度、标准及管理体系，除此之外还需要复杂建设项目参与建设单位共同努力，推动建筑行业由粗放式管理向精细化管理的转变，提高建筑行业生产效率，共建智慧城市。

10.5 本章小结

本章通过对国内外 BIM 研究分析整理，基于平衡记分卡法和德尔菲法构建一套 BIM 应用绩效评价指标体系，然后运用三阶段网络 DEA 模型对 9 个工程案例进行 BIM 应用绩效分析，并且提出相关改进建议。具体研究结论如下：

（1）基于平衡记分卡理论将 BIM 在复杂建设项目的应用划分为三个阶段、四个维度，进一步采用文献分析法和德尔菲法最终建立 BIM 应用绩效评价指标体系。

（2）构建 BIM 应用绩效评价数学模型，网络 DEA 模型在进行多阶段效率测算时不仅考虑了子过程对系统效率的影响，还通过对同种要素设定相同的权重来体现子过程间的相互联系。

（3）通过对 9 个复杂建设项目的 BIM 应用绩效实证分析，包括松弛值分析、关联效度分析以及 BIM 应用绩效路径优化等，明确 9 个工程案例对 BIM 应用前期投入资源分配不合理，从而进行绩效路径优化，找出关键路径用于对资源的重新分配，并提出相应的提升策略。

本章参考文献

[1] Afari A，Li H，Parn E A，et al. Critical success factors for implementing building information modelling（BIM）：A longitudinal review [J]. Automation in Construction，2018，91：100–110.

[2] Banker R，Charnes A，Cooper W. Some models for estimating technical and scale inefficiencies in data envelopment analysis [J]. Management Science，1984，30（9）：125–138.

[3] Cao D，Wang G，Li H，et al. Practices and effectiveness of building information modelling in construction projects in China [J]. Automation in Construction，2015，49：113–122.

[4] Charnes A，Cooper W，Rhodes E. Measuring the efficiency of decision making units [J]. European Journal of Operational Research，1978，2（6）：429–444.

[5] Ding Z，Liu S，Liao L，et al. A digital construction framework integrating building information modeling

and reverse engineering technologies for renovation projects [J]. Automation in Construction, 2019, 102: 45–58.

[6] Kaffash S, Azizi R, Huang Y, et al. A survey of data envelopment analysis applications in the insurance industry 1993 - 2018 [J]. European Journal of Operational Research, 2020, 284 (3): 801–813.

[7] Kao C, Hwang S. Efficiency decomposition in two–stage data envelopment analysis: An application to non–life insurance companies in Taiwan [J]. European Journal of Operational Research, 2008, 185 (1): 418–429.

[8] Khoveyni M, Eslami R, Fukuyama H, et al. Integer data in DEA: Illustrating the drawbacks and recognizing congestion [J]. Computers & Industrial Engineering, 2019, 135: 675–688.

[9] Kim S, Chin S, Han J, et al. Measurement of construction BIM value based on a case study of a large–scale building project [J]. Journal of Management in Engineering, 2017, 33 (6): 25–45.

[10] Ocampo L, Ebisa J, Ombe J, et al. Sustainable ecotourism indicators with fuzzy Delphi method - A Philippine perspective [J]. Ecological Indicators, 2018, 93: 874–888.

[11] Oraee M M, Hosseini R, Edwards D, Li H, Papadonikolaki E, Cao D. Collaboration barriers in BIM–based construction networks: A conceptual model [J]. International Journal of Project Management, 2019, 37: 839–854.

[12] Qi J, Issa R, Olbina S, et al. Use of building information modeling in design to prevent construction worker falls [J]. Journal of Computing in Civil Engineering, 2014, 28 (5): 1–10.

[13] Vaughan J, Leming M, Liu M, et al. Cost–benefit analysis of construction information management system implementation: Case Study [J]. Journal of Construction Engineering and Management, 2013, 139 (4): 445–455.

[14] Wu K, Garcia B, Bryan T, et al. BIM–based estimation of vertical transportation demands during the construction of high–rise buildings [J]. Automation in Construction, 2020, 110: 13–36.

[15] Wu W, Ren C, Wang Y, Liu T, Li L. DEA–based performance evaluation system for construction enterprises based on BIM technology [C]. American Society of Civil Engineers. 2018, 32 (2): 58–79.

[16] 蔡辉，詹长春，吴海波，袁丹 . 基于平衡记分卡的大病保险绩效考评指标体系构建研究 [J]. 中国卫生政策研究，2015，8（11）：47–51.

[17] 陈凡红，刘秋梅，郭慧敏 . 基于数据包络分析的廊坊地区高校绩效评价 [J]. 管理观察，2019（18）：131–132.

[18] 陈青山，王声湧，董晓梅，等 . 在 Excel 中完成 Delphi 法评价指标的计算 [J]. 数理医药学杂志，2004（1）：73–76.

[19] 陈小燕，高园，李敏纳 . 基于平衡记分卡的生态环境治理评价 [J]. 理论导刊，2017（6）：80–82.

[20] 成刚 . 数据包络分析方法与 MaxDEA 软件 [M]. 北京：知识产权出版社，2014.

[21] 杜超 . 基于平衡记分卡的 K 地产公司绩效考核体系设计 [D]. 济南：山东大学，2019.

[22] 郭红领，潘在怡 . BIM 辅助施工管理的模式及流程 [J]. 清华大学学报（自然科学版），2017，57（10）：1076–1082.

[23] 琚娟 . 基于投资回报率的项目 BIM 应用效益评估方法研究——基于业主视角 [J]. 建筑经济，2018，

39（7）：42–45.

[24] 李牧南，周俊锋，朱桂龙，梁雪梅．广东专业镇技术创新效率评价——基于 DEA 和问卷实证的双重视角 [J]. 科学学研究，2015，33（4）：627–640.

[25] 李勇，管昌生．基于 BIM 技术的工程项目信息管理模式与策略 [J]. 工程管理学报，2012，26（4）：17–21.

[26] 罗锦珍．平衡计分卡在中小企业绩效管理中的应用研究 [J]. 湖南社会科学，2019，1：120–125.

[27] 马占新．数据包络分析方法在中国经济管理中的应用进展 [J]. 管理报，2010，7（5）：785–789.

[28] 任娇，田砾，肖绍华，王鹏刚，倪凯．建筑信息建模技术在某地下车库中的应用研究 [J]. 工业建筑，2019，49（8）：202–206.

[29] 上官永清，牟卿．商业银行公司业务考核指标设计研究 [J]. 经济与管理研究，2013，3：88–93.

[30] 王方．基于战略地图的工程中心发展战略研究 [J]. 科学学研究，2015，33（2）：254–263.

[31] 王鹏飞，王广斌，谭丹．BIM 技术的扩散及应用障碍研究 [J]. 建筑经济，2018，39（4）：12–16.

[32] 颜海娜，鄞益奋．平衡计分卡在美国公共部门的应用及启示 [J]. 中国行政管理，2014，8：120–124.

[33] 张芮．我国 STEM 教育项目评价指标体系研究 [D]. 北京：北京邮电大学，2019.

[34] 钟娟．BIM 在国内建筑业领域的应用现状与障碍研究 [J]. 安徽建筑，2018，24（3）：60–62.

[35] 朱庆亮，张丽华，方涛．BIM 技术在项目施工进度管理中的应用 [J]. 施工技术，2017，46（S2）：1184–1186.

第 11 章　BIM 应用成熟度评估

BIM 在工程建设行业的应用已得到广泛认可，成为行业可持续发展的标杆，占据越来越重要的地位。Smart Market 报告显示，有 48% 的行业应用 BIM 及相关工具。随着 BIM 应用覆盖面的扩大，各个项目的 BIM 应用水平和应用程度也呈现出参差不齐的现象。基于此，为了更好地描述不同项目的 BIM 应用水平，本章将通过对 BIM 多维性的理解，整合当前 BIM 能力成熟度模型相关文献，运用定性与定量相结合的方法构建基于层次分析法和模糊数学综合评判的信息、技术、过程三维度的 BIM 应用能力成熟度模型（BIMM）评价体系，并用于评估不同项目的 BIM 应用水平。

11.1　经典能力成熟度模型

最早的成熟度模型是 1986 年由美国卡梅隆大学软件研究所（Software Engineering Institutiong，SEI）提出来的软件能力成熟度模型（Capability Maturity Model，CMM），它侧重于对软件开发过程和开发方法论的考察，是一种将软件组织的开发过程中的定义、实现、度量、控制以及改进等过程划分为可控制、可量化的管理阶段的方法（Humphrey，1988）。集成能力成熟度模型（Capability Maturity Model Integration，CMMI）是 2002 年 1 月由美国国防部、卡梅隆大学与美国国防工业协会共同开发研制并发布的通用模型，它具有阶段式和连续式两种结构表达的二维模型。随着成熟度模型的不断发展，许多学者参考 CMM 模型提出了经典的项目管理成熟度模型。科兹纳项目成熟度模型是美国著名咨询顾问和培训师 Harold Kerzner 博士参考 CMM 和项目管理知识体系，将项目管理能力的提升与整个组织管理能力的提升相结合，提出项目管理成熟度模型（Kerzner project management maturity model，K—PMMM）。它是首次从项目型企业战略规划高度看待的成熟度模型（Kerzner，2002）。组织级项目管理能力成熟度模型（Organizational Project Management Maturity Model，OPM3）是美国项目管理学会于 2003 年提出的一种组织能力评估方法，用于评估组织在项目管理过程中实施组织自身战略的能力。它包括项目管理范畴、PMBOK 的 9 大知识领域和 5 个项目管理过程组以及 4 个成熟度等级，是一个比较全面的三维体系模型。除此之外，能力成熟度模型已经促进很多行业的应用研究。

11.1.1 BIM 组织管理成熟度模型（BIM OPM3）

为了更好地评估 BIM 在实际项目中的水平，澳大利亚纽卡斯尔大学的研究员 Succar 提出了 BIM 组织管理成熟度模型（BIM OPM3）。Succar 建立的 BIM 框架体系由 BIM 领域、BIM 识别工具和 BIM 阶段三个维度构成，如图 11-1 所示。其中，第一维是由 BIM 参与者、BIM 交付物与 BIM 应用条件构成，包含技术、政策、过程三个方面的 BIM 评价指标域；第二维是利用范围、学科与概念三种识别工具分别对个体、组织和不同概念间的关系进行界定；第三维则是由实体建模、模型协作、网络整合三个 BIM 阶段构成。

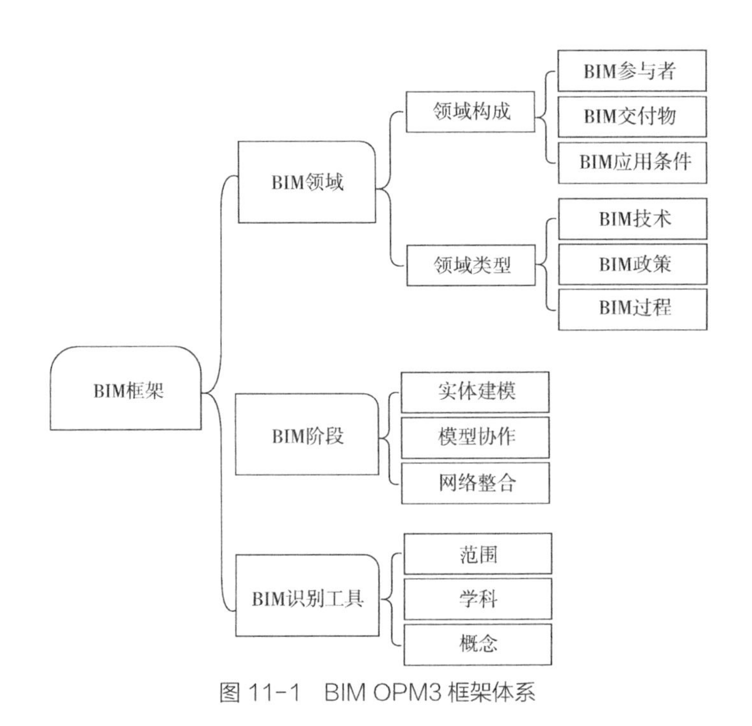

图 11-1　BIM OPM3 框架体系

在 BIM OPM3 中，把成熟度分为 5 个等级，包括初始级、可定义级、管理级、集成级和优化级；评价指标分为政策、过程和技术 3 个评价层次，如图 11-2 所示。BIM OPM3 指标集覆盖范围是全面且详尽的，但是关于信息管理领域的描述是有限的（Chen，2014）。另外，BIM OPM3 过程因素中对于人的作用和定义缺乏详细地描述且存在冗余的指标因素。例如，“网络解决方案”与“网络成果”指标就存在重复（Succar，2010）。因此，可以认为 BIM OPM3 更侧重于对技术维度和过程维度的关注。

11.1.2 BIM 能力成熟度模型（BIM CMM）

美国国家建筑科学协会（NIBS）为了定义复杂建设项目全生命周期所需的标准数据集，从而对复杂建设项目管理的信息进行评价，建立了 BIM 能力成熟度模型（BIM CMM）。

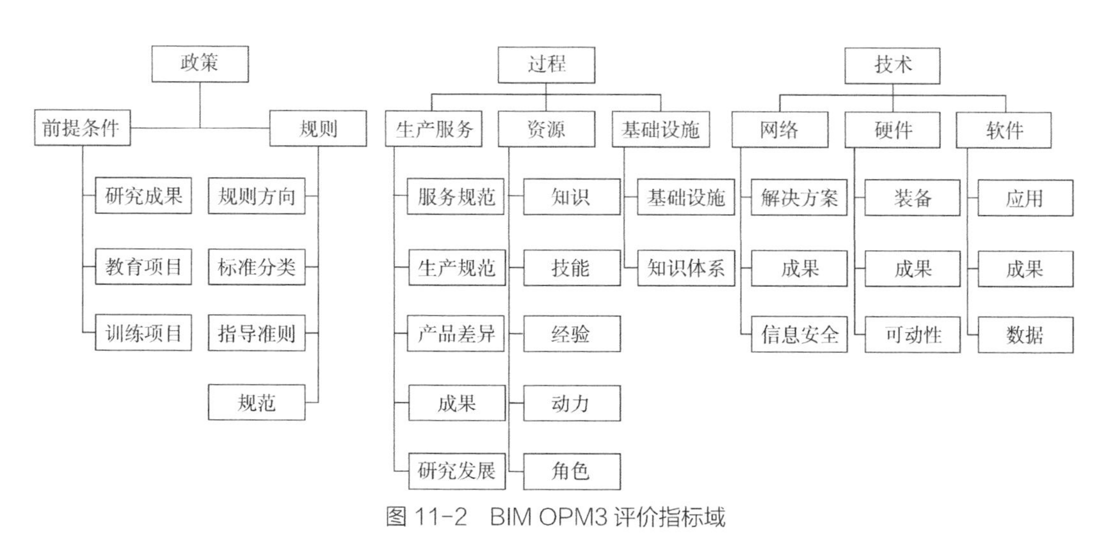

图 11-2 BIM OPM3 评价指标域

BIM CMM 是以项目文档和模型作为评价标准，建立 11 个重要级域，并为每个级域制定 10 个成熟度级别，在 11 个重要级域加权的基础上得到模型最终的评价结果，如表 11-1 所示。同时，BIM CMM 要求只有用户满足最低的 BIM 要求才可以声称自己具备 BIM 能力，即最低 BIM（Minimum BIM）。

BIM CMM 指标要素与成熟度级别　　表 11-1

序号	要素	成熟级别
1	数据丰富度	基本核心数据→数据加上扩展信息→完全知识管理
2	生命周期	没有完整的项目阶段→加入施工、供应和预制→支持外部努力
3	角色或专业	没有完全支持单一角色→支持规划、设计和施工→支持外部和内部的所有角色
4	变更管理	没有 CM 能力→实施 CM →日常业务流程由 CM 和反馈循环支持
5	业务流程	分离的流程没有整合在一起→全部业务流程收集信息→全部业务流程实时收集和维护信息
6	及时 / 响应	大部分响应信息需人工重做→所有响应信息在 BIM 中可用→实时访问与动态响应
7	提交方式	无信息保障下的单点接入→有限启用网络服务→基于 CAC 的网络中心 SOA 的作用
8	图形信息	主要是文字无技术图形→ NCS 的 2D 实时智能化图→ *n*D—加入时间与成本等
9	空间能力	没有空间定位→位置确定与信息完全共享→全部信息流集成到 GIS 中
10	信息准确度	没有实际数据→有限实际数据—内部与外部空间→以全度量准则计算实际数据
11	互操作性 /IFC 支持	没有互操作→大部分信息在软件产品间转换→全部信息用 IFC 互操作

Smith 认为美国国家建筑科学协会（NIBS）提出的 BIM CMM 是建立 BIM 实施标准的良好第一步（Smith，2009）。McGraw-Hill 认为 BIM CMM 是对信息管理测量的默认标准（McGraw-Hill，2009）。然而，Succar 认为 BIM CMM 在评价信息管理以外指标的能力却受到限制。由此可见，BIM CMM 对 BIM 的技术和过程维度缺乏详细描述，而对信息维度的构建是更加详尽且值得参考的。

11.1.3 BIM 快速扫描模型

BIM 快速扫描模型（BIM Quick Scan，BIMQ）是由荷兰建筑环境与地球科学研究院 Rizal Sebastian 提出的，被用来评估 BIM 服务机构提供 BIM 的能力水平。BIM 快速扫描工具通过评估一个组织的组织与管理、心态与文化、信息结构与信息流、工具与应用四个主要部分实现 BIM 能力水平的评价。其中，四个部分又代表了策略、组织、资源、伙伴关系、心态、文化、教育、信息流、开放标准与工具 10 个具体方面。BIMQ 即在关键绩效指标（KPI）的基础上加权 4 个主要部分和 10 个具体方面进行成熟度等级的评价（Berlo，2012）。

BIMQ 是从 BIM 服务机构角度，侧重于对人的因素的影响研究，强调了组织人员对 BIM 能力成熟度的影响，同时也兼顾了信息与技术维度的影响，但是对创建模型过程的关注较少。

11.2 BIM 应用能力成熟度模型（BIMM）的构建

11.2.1 BIMM 模型构建的依据

由于 BIM 的多维性，一个全面完整的矩阵建立是相对复杂的。一些研究关注 BIM 的一个维度，例如 BIM 能力成熟度模型（BIM CMM），BIM 交付矩阵和 BIM 能力矩阵只注重 BIM 的信息维数。另一些框架从两个维度探讨 BIM 的能力，例如 BIM 组织管理成熟度模型（BIM OPM3）和 BIM 框架对 BIM 的技术及过程维度进行评价，却没有直接测量传递信息的有效性。BIM 能力框架关注了信息和过程的有效性，但技术层面却没有考虑（Giel，2015）。

由此可见，很多模型并不能全面完整地构建 BIM 能力成熟度的评价体系。此外，由于许多研究工作缺乏实质性的理论和经验证明，模型的可靠性和有效性值得怀疑。由于 BIM OPM3 和 BIM CMM 覆盖了大部分的关键因素，因此，本章将基于 BIM 信息、技术和过程三个维度，参考上述 BIM 能力成熟度模型 BIM OPM3、BIM CMM 和 BIMQ，构建 BIM 应用能力成熟度模型（BIMM）框架的指标体系。除此之外，为了更好地体现 BIM 全生命周期的意义，本章将 BIM 全生命期九个阶段包括决策阶段、方案设计、扩大初步设计、施工图设计、招标投标和采购阶段、施工准备阶段、施工阶段、竣工阶段、维护和运营阶段纳入 BIMM 框架中。最后，借鉴相关文献，依据可以反映不同层次 BIM 能力及可交付成果且能反映 BIM 成熟度持续改进的原则，将 BIMM 框架的成熟度等级划分为五个等级，分别是初始级、管理级、定义级、量化管理级以及优化级。

11.2.2 BIMM 各维度的结构分析

信息维度是测量 BIM 信息产品传递与存储能力的指标。本章将 BIMM 信息维度划分

为信息传递与信息管理两个方面。参考 BIM CMM 关于 BIM 信息维度的描述，将信息传递划分为角色或专业、变更管理、业务流程、空间能力、互操作性五个部分，将信息管理划分为数据丰富度、生命周期、及时／响应、提交方式、图形信息、信息准确度六个部分。

技术维度是用于评价 BIM 应用项目为了提高效率、生产力和盈利能力而开发软件、硬件设备等的能力。参考 BIM OPM3 对 BIM 技术维度的评价，将技术维度划分为软件、硬件和网络三个方面。软件包括应用、可交付成果和数据；硬件包括设备、可交付成果、位置和可动性。考虑到 BIM OPM3 指标体系网络指标中“网络成果”和“网络解决方案”的重复，将其合并为一个指标要素“网络可交付成果”，则网络划分为可交付成果、安全与过程控制。

过程维度是对整个工作流程以及人的作用的定义和管理的评价。参考 BIM OPM3 对工作流程的描述以及 BIMQ 对人的作用的定义，将过程维度划分为基础设施、生产服务、企业管理和组织文化四个方面。基础设施包括基础设施建设和基础知识体系；企业管理包括策略、组织、资源、伙伴；组织文化包括文化、教育与心态。由于 BIM OPM3 的生产服务指标中“服务规范”“产品规范”“产品与服务差异”的冗余，将其合并为一个指标要素“规范”，则生产服务包括规范、项目可传递性、研究和发展。

BIMM 框架的成熟度等级划分为五个等级，分别是初始级、管理级、定义级、量化管理级以及优化级。各成熟度等级的基本特征如表 11-2 所示。

成熟度等级的基本特征 表 11-2

成熟度等级	描述	
初始级	信息维度	数据的使用、存储和交换没有定义组织或项目团队，项目或资产的交付与运营依赖于以书面资料为主的二维（2D）信息
	技术维度	依靠简单、重复的技术完成项目建设；BIM 设备不足；规格太低或不一致
	过程维度	在战略管理、项目运作方面不受监督、无管制，单个项目管理过程无序且混乱
管理级	信息维度	组织内部间实现信息共享；数据的使用、存储和输出变化得到初步的维护和管理；部分响应信息在 BIM 中可用；模型生成依赖于 2D 以及 3D 信息
	技术维度	在一个组织或项目团队使用统一的软件；设备规格适合 BIM 产品和服务交付定义、预算和标准化
	过程维度	能够根据不同项目的特点制定基本的建设项目计划，在项目建设过程中能够快速、有效、合理地配置资源，已建立基本的项目管理流程体系
定义级	信息维度	信息在组织内部和组织之间通过公共管理平台实现共享；数据的使用、存储和输出变化得到清晰的定义；完全实现 3D 模型视图
	技术维度	设备的维护和管理形成了清晰的战略标准；根据定义的交付物选择和使用软件
	过程维度	组织体系标准化、规范化，项目管理过程制度化，按照标准的、可定义的流程进行建设
量化管理级	信息维度	BIM 过程的信息通过集成数据实时共享；数据的使用、存储和交换的规范管理和执行是整体组织或项目团队战略的一部分；图形信息实现 3D 智能化
	技术维度	依据战略目标进行软件选择和部署；模型成果促使不同项目紧密同步；实现技术创新
	过程维度	整个生命周期内能用定量化的统计或其他度量方法来管理；明确发展目标，制定长期发展战略

续表

成熟度等级		描述
优化级	信息维度	全部业务流程的信息得到实时收集与维护；全部或大部分信息实现 IFC 互操作；图形信息实现 3D 实时智能化或 4D（加入时间）智能化
	技术维度	现有设备和创新解决方案不断测试、升级；周期性修订软件功能和可用扩展；不断根据战略目标选择和使用软件工具，以提高生产力
	过程维度	全生命期各个阶段都能根据过程的内在因素进行优化和改进，实现过程优化管理；不断评估 BIM 产品和服务，通过反馈促进持续改进；发展目标明确，制定整体战略

11.3 BIM 应用能力成熟度模型指标体系分析

11.3.1 指标体系的构建

根据上述 BIM 应用能力成熟度模型（BIMM），构建基于模糊数学综合评判的 BIM 应用能力成熟度模型（BIMM）评价体系，如表 11–3 所示。

BIM 应用能力成熟度模型评价指标体系　　表 11–3

一级评价要素	二级评价要素	三级评价要素
U1 信息	U11 信息传递	U111 角色或专业，U112 变更管理，U113 业务流程，U114 空间能力，U115 互操作性
	U12 信息管理	U121 数据丰富度，U122 生命周期，U123 及时 / 响应，U124 提交方式，U125 图形信息，U126 信息准确度
U2 技术	U21 软件	U211 应用，U212 可交付成果，U213 数据
	U22 硬件	U221 设备，U222 可交付成果，U223 位置和可动性
	U23 网络	U231 可交付成果，U232 安全与过程控制
U3 过程	U31 基础设施	U311 基础设施建设，U312 基础知识体系
	U32 生产服务	U321 规范，U322 项目可传递性，U323 研究和发展
	U33 企业管理	U331 策略，U332 组织，U333 资源，U334 伙伴
	U34 组织文化	U341 文化，U342 教育，U343 心态

11.3.2 AHP 决策方法确定权重

由于各个指标因素对成熟度的贡献度不尽相同，因此在评价 BIM 应用能力的实践过程中，需要对指标的权重进行赋值。为了改变以往凭经验给出权重的弊端，本章首先采用层次分析法（Analytic Hierarchy Process，AHP）确定权重。值得说明的是，在 AHP 决策分析中，为了保证结论的可靠性，邀请 20 名至少有 3 年 BIM 从业经验的建设领域专家共同确定指标体系的权重，计算过程如下：

构造专家判断矩阵：

$$A=\begin{bmatrix}1 & 2 & 3\\ 1/2 & 1 & 2\\ 1/3 & 1/2 & 1\end{bmatrix} \tag{11-1}$$

经计算求得 A 的最大特征值 λ_{max}=3.0092。

相应的特征向量归一化处理得：W_{U1}=0.54，W_{U2}=0.30，W_{U3}=0.16。

一致性指标：

$$CI=\frac{\lambda max-n}{n-1}=0.004 \tag{11-2}$$

查表得对应的随机一致性指标 RI=0.58。

则一致性比率指标为：

$$CR=\frac{CI}{RI}=0.0079<0 \tag{11-3}$$

可见矩阵 A 具有满意的一致性，于是 W 可作为一级指标的权重。

同理给出二级评价因素对一级评价因素中各个因素的判断矩阵，以及确定三级评价因素相应的权重。用 MATLAB 进行类似运算后，结果如表 11-4 所示。

BIM 能力成熟度评价体系各级因素及其权值　　表 11-4

一级评价要素	二级评价要素	权重	三级评价要素	权重
U1 信息 0.54	U11 信息传递	0.75	U111 角色或专业	0.08
			U112 变更管理	0.15
			U113 业务流程	0.27
			U114 空间能力	0.25
			U115 互操作性	0.25
	U12 信息管理	0.25	U121 数据丰富度	0.16
			U122 生命周期	0.17
			U123 及时 / 响应	0.17
			U124 提交方式	0.15
			U125 图形信息	0.08
			U126 信息准确度	0.27
U2 技术 0.16	U21 软件	0.54	U211 应用	0.60
			U212 可交付成果	0.20
			U213 数据	0.20
	U22 硬件	0.30	U221 设备	0.33
			U222 可交付成果	0.33
			U223 位置和可动性	0.34
	U23 网络	0.16	U231 可交付成果	0.60
			U232 安全与过程控制	0.40
U3 过程 0.30	U31 基础设施	0.30	U311 基础设施建设	0.60
			U312 基础知识体系	0.40
	U32 生产服务	0.48	U321 规范	0.60

续表

一级评价要素	二级评价要素	权重	三级评价要素	权重
U3 过程 0.30	U32 生产服务	0.48	U322 项目可传递性	0.20
			U323 研究和发展	0.20
	U33 企业管理	0.11	U331 策略	0.38
			U332 组织	0.39
			U333 资源	0.14
			U334 伙伴	0.09
	U34 组织文化	0.11	U341 文化	0.40
			U342 教育	0.40
			U343 心态	0.20

11.3.3 结果分析

根据上述权重分析结果可以发现：信息维度的影响高于过程维度，过程维度的贡献又高于技术维度，这与 Smart Market 报告的结果是一致的。BIM 应用的最主要障碍是 BIM 相关信息和过程。除此之外，三维 BIMM 模型中信息、技术、过程三个维度分别对应的最重要因素是业务流程、软件应用和生产服务规范，即这三个因素都对 BIM 应用水平产生显著影响。

11.4 BIM 应用水平成熟度评估

针对目标项目的 BIM 应用水平成熟度，采用模糊数学综合评判法进行综合评价，具体步骤如下：

1. 确定成熟度评估结果集

由于每个指标的评价值不同，往往会形成不同的等级。对于三级评价因素都可给出由五个元素组成的评语集：{初始级，管理级，定义级，量化管理级，优化级}，记为 V_i={1 分，2 分，3 分，4 分，5 分}。

在表 11–3 中，通过层次分析法（AHP）已经确定了各维度和各指标的权重。根据评价指标制作成调查问卷，进行网上问卷调研和 BIM 人员访谈，邀请被调查者根据实际情况打分，以 5 分制的评分方法打分。

2. 确定模糊综合评判矩阵

建立一个 N 位组员的评判组，每位组员给指标层中某一指标评定 V 中的某一个评语可表示为：

$$r_{ij}=\frac{\text{评其为第}j\text{个等级的人}}{\text{评委的总人数}} \tag{11–4}$$

也称之为第 i 个三级因素第 j 个等级的隶属度。

由于二级评价体系中的九个指标按信息 U1、技术 U2、过程 U3 三个准则分成三类，把每个类别中的元素作为一个整体来构造评价矩阵。如对于 U1（信息）中的“信息传递”“信息管理”对评语集 V 中的五个等级而言，按上述定义可以得到 2×5 矩阵 $R1$。

$$R1=\begin{bmatrix} r_{11} & r_{12} & r_{13} & r_{14} & r_{15} \\ r_{21} & r_{22} & r_{23} & r_{24} & r_{25} \end{bmatrix} \tag{11-5}$$

3. 综合评判

由上述讨论可得九个二级因素的模糊评判矩阵 $R_{\text{U1}i}$、$R_{\text{U2}j}$、$R_{\text{U3}k}$，则相应的评语向量为：

$$S_{\text{U1}}^{(\text{i})}=W_{\text{U1}i}\cdot R_{\text{U1}i}, S_{\text{U2}}^{(\text{j})}=W_{\text{U2}j}\cdot R_{\text{U2}j}, S_{\text{U3}}^{(\text{k})}=W_{\text{U3}k}\cdot R_{\text{U3}k} \tag{11-6}$$

式中，$i=1$，2；$j=1$，2，3；$k=1$，2，3，4。

故三个主要因素的模糊评判矩阵为：

$$\begin{aligned} R_{\text{U1}}&=(S_{\text{U1}}^{(1)}, S_{\text{U1}}^{(2)})^T \\ R_{\text{U2}}&=(S_{\text{U2}}^{(1)}, V_{\text{U2}}^{(2)}, S_{\text{U2}}^{(3)})^T \\ R_{\text{U3}}&=(S_{\text{U3}}^{(1)}, S_{\text{U3}}^{(2)}, S_{\text{U3}}^{(3)}, S_{\text{U3}}^{(4)})^T \end{aligned} \tag{11-7}$$

则相应的评价向量为：

$$B_{\text{U1}}=(\text{U11}, \text{U12})\cdot R_{\text{U1}}=(B_{\text{U11}}, B_{\text{U12}}, B_{\text{U13}}, B_{\text{U14}}, B_{\text{U15}}) \tag{11-8}$$

$$B_{\text{U2}}=(\text{U21}, \text{U22}, \text{U23})\cdot R_{\text{U2}}=(B_{\text{U21}}, B_{\text{U22}}, B_{\text{U23}}, B_{\text{U24}}, B_{\text{U25}}) \tag{11-9}$$

$$B_{\text{U3}}=(\text{U31}, \text{U32}, \text{U33}, \text{U34})\cdot R_{\text{U3}}=(B_{\text{U31}}, B_{\text{U32}}, B_{\text{U33}}, B_{\text{U34}}, B_{\text{U35}}) \tag{11-10}$$

令：

$$\mu_1=\sum_{j=1}^{5} B_{\text{U1}}, \mu_2=\sum_{j=1}^{5} B_{\text{U2}}, \mu_3=\sum_{j=1}^{5} B_{\text{U3}} \tag{11-11}$$

则 μ_1、μ_2、μ_3 分别是一级指标的隶属度，其评价向量记为 μ，于是可得对项目 BIM 应用水平的综合评价指标为：

$$B=W\cdot\mu=0.54\mu_1+0.16\mu_2+0.30\mu_3 \tag{11-12}$$

11.5　本章小结

本章基于理论和实证研究，提出了在信息、技术、过程三个维度下的 BIM 应用能力成熟度模型 BIMM 测量模型。本研究的核心价值在于构建 BIMM 多维指标体系，并对三个维度 BIM 能力水平的影响程度进行测量。研究结果表明：信息维度和过程维度比技术维度有更显著的影响，这与 Smart Market 报告的结果一致；三维 BIMM 模型信息、技术、过程三个维度对应的三个最重要因素是业务流程、软件应用和生产服务规范，这三个因素将对 BIM 应用水平产生显著影响。研究成果对 BIM 的应用和管理具有重要意义，不仅可以利用 BIMM 的指标因素指导 BIM 实施，还可以根据 BIMM 的指标权重将项目 BIM 水平量化，从而进行资源的合理配置和优化投资。

本章参考文献

[1] Berlo L A H M V, Beetz J, Bos P, et al. Collaborative engineering with IFC：new insights and technology [C]. 9th European Conference on Product and Process Modelling. 2012.

[2] Chen Y，Dib H，Cox R F. A measurement model of building information modelling maturity [J]. Construction Innovation，2014，14（2）：723-737.

[3] East E W. An overview of the U. S. national building information model standard（NBIMS）[C]// International workshop on computing in civil engineering. 2007.

[4] Giel B，Issa R R A. Framework for evaluating the BIM competencies of facility owners [J]. Journal of Management in Engineering，2015，32（1）：04015024.

[5] Humphrey W S. Characterizing the software process：a maturity framework [J]. IEEE Software，1988，5（2）：73-79.

[6] Jung Y，Joo M. Building information modelling（BIM）framework for practical implementation [J]. Automation in Construction，2011，20（2）：126-133.

[7] McGraw-Hill. SmartMarket Report .The business value of BIM：Getting building information modeling to the bottom line [R]. NewYork：McGraw-Hill Companies 2009.

[8] Smith D K，Tardiff M. Building information modeling：A strategic implementation guide for architects，engineers，constructors，and real estate asset managers [M]. Hoboken：John Wiley Sons，Ltd，2009.

[9] Succar B. Building information modelling maturity matrix [M]. Hershey：Information Science Reference/ IGI Global Publishing.2010.

[10] 储天罡，李辉，张善俊 . 基于建筑施工过程管理的 BIM 能力成熟度评价 [J]. 工程管理学报，2019，33（5）：120-124.

[11] 董娜，弓成，熊峰 . 装配式建筑施工建筑信息模型应用成熟度评价 [J]. 华侨大学学报：自然科学版，2020，41（1）：50-59.

[12] 赖华辉，侯铁，钟祖良，等 . BIM 数据标准 IFC 发展分析 [J]. 土木工程与管理学报，2020，37（1）：126-133.

[13] 叶萌，徐晓蓓，袁红平 . 复杂网络视角下的 BIM 技术扩散研究 [J]. 科技管理研究，2021，41（13）：151-157.

第 4 部分

BIM+ 热点前沿研究

第 12 章　装配式建筑 BIM 应用热点与趋势

为把握目前国际与国内基于 BIM 的装配式建筑研究动态，探索该领域研究差异与学科演进特点，本章运用 CiteSpace 软件对 WOS 和 CNKI 数据库中 2010~2021 年的相关文献进行研究，通过绘制可视化图谱，从知识基础、知识主体、研究热点、研究趋势进行多维度分析。该研究将有助于明确基于 BIM 的装配式建筑的知识基础、相关机构与作者合作网络，并通过关键词聚类，把握国际与国内的研究现状，结合关键词突现挖掘研究热点、追踪研究前沿，从而预测国际与国内未来基于 BIM 的装配式建筑研究演进方向。

12.1　发文趋势与关键文献分析

发文趋势与关键文献分析能够宏观把握国际与国内基于 BIM 的装配式建筑研究相关文献，明确国际与国内在 2010~2021 年的发文趋势，并通过定量分析高频次被引用文献，梳理该领域的知识基础（孙建军，2014）。从文献计量学角度来看，某领域的高被引文献表示在该领域具有权威性，同时也是该领域的经典文献（牛昌林等，2020）。

12.1.1　国际与国内发文趋势对比

通过国际与国内基于 BIM 的装配式建筑研究文献搜集，可以得到如图 12-1 所示的国际与国内研究发文态势分布状况。年度发文量的多少可以从总体上把握该研究领域的重要性与受关注程度（高静，2020）。可以看出，基于 BIM 的装配式建筑的相关研究都是从 2010 年开始，在 2010~2015 年时间段内，国际与国内关于这一主题都处于初步发展阶段，发文量都不多，表明研究者还未进行过多关注。而从 2016 年至今，基于 BIM 的装配式建筑研究处于快速发展阶段，每年发文量整体趋势稳步上升，表明该主题得到国际与国内学者的广泛关注。通过查阅相关资料发现，这一时期以美国 Autodesk 公司、美国 Bentley 公司、德国 Nemetsches & Graphisoft 公司、法国 Dassault 公司为主流的 BIM 软件公司推出了更多普适性与应用性更强的软件，使得 BIM 的应用更为流畅，从而推动了 BIM 技术在装配式建筑中的应用。值得一提的是，2016 年我国国务院办公厅印发的《关于大力发展装配式建筑的指导意见》更激发了国内学者对装配式建筑研究的热忱，由此顺应时代潮流的 BIM 也开始被广泛应用，此后基于 BIM 的装配式建筑研究得到快速增长。

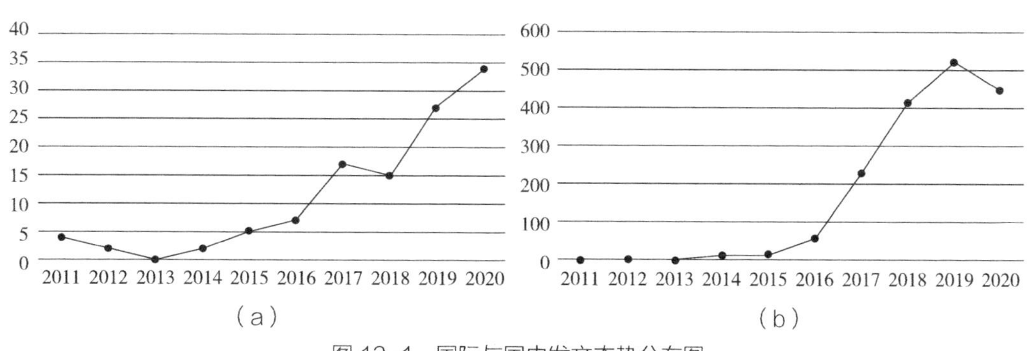

图 12-1 国际与国内发文态势分布图
(a)国际发文态势分布;(b)国内发文态势分布

12.1.2 国际与国内关键文献对比

分别在 CNKI 与 WOS 数据库筛选查找高频次被引用文献，并将其作者、发表年份和引用频次统计结果整理如表 12-1 所示。

国际与国内高频次被引用文献列表 表 12-1

国际文献				国内文献			
文献名	作者	发表年份(年)	被引频次(次)	文献名	作者	发表年份(年)	被引频次(次)
Prefabricated construction enabled by the Internet-of-Things	Zhong	2017	89	BIM 技术在装配式建筑中的应用价值分析	白庶	2015	254
Bridging BIM and building：From a literature review to an integrated conceptual framework	Chen	2015	79	基于 BIM 的装配式建筑全生命周期管理问题研究	齐宝库	2014	222
Waste minimisation through deconstruction：A BIM based Deconstruct ability Assessment Score (BIM-DAS)	Akinade	2015	76	装配式建筑全寿命周期管理中 BIM 与 RFID 的应用	李天华	2012	216
An Internet of Things-enabled BIM platform for on-site assembly services in prefabricated construction	Li	2018	69	BIM 技术在预制装配式住宅中的应用研究	周文波	2012	169
Key constraints and mitigation strategies for prefabricated prefinished volumetric construction	Hwang	2018	64	基于 BIM 和 RFID 技术的装配式建筑施工过程管理	常春光	2015	153

从表 12-1 可以看出，在 WOS 上高频次被引用文献大多依据某一实际建筑工程案例，基于具体的工程施工过程形成相关研究。Zhong（2010）基于中国香港案例提出了一个多维物联网（IOT）支持的 BIM 平台（MITBIMP）以实现预制建筑的信息共享与责任追溯。Akinade（2015）则开发了一种基于解构能力评估分数的建筑信息模型（BIM-DAS），该模型根据建筑的设计阶段可拆分性设计，符合装配式建筑的构件特点，它的提出为此后

装配式建筑模型的可解构性提供了基础。Hwang（2018）则关注制约装配式建筑的影响因素，通过对41家新加坡建筑组织进行结构化问卷调查得出主要制约因素，并进行可行性策略研究。

相反的是，国内相关研究主要以理论研究为主。周文波（2012）较早地将BIM技术应用于预制装配式建筑中，采用了Revit与Tekla Structures等设计软件进行三维模型深化设计，并指出将BIM应用于装配式建筑可以大大提高工作效率，避免不必要的返工，从而节约工程成本。后续学者如白庶（2015）等则进一步阐述了BIM应用在装配式建筑全生命周期的价值，包括设计、施工、运维等阶段。李天华（2012）则聚焦于BIM与RFID在装配式建筑中的应用，指出可以通过BIM虚拟建造完成设计协调和施工模拟，通过RFID技术实现信息追踪控制和提高工程质量。常春光（2015）认为现代信息管理系统中，BIM属于施工控制，RFID属于材料监管，两者集成应用后可以在构件的制造、运输、入场、存储与吊装上保证高质量地完成工程目标。

综上所述，通过对高频次被引用文献的研究可以发现，国际研究大多基于具体工程案例，通过信息化技术手段将自己所研究的创新成果应用于工程实践中，从而验证自己成果的科学性与有效性，并致力于提高其经济效能。而国内的高频次被引用文献则更多关注基于BIM的装配式建筑的理论研究、技术发展与施工管理分析。

12.2 国际与国内发文机构与作者对比分析

12.2.1 国际与国内发文机构对比

2010~2021年研究基于BIM的装配式建筑这一主题的发文机构结果如图12-2所示。可以看出，国际论文方面关注BIM和装配式建筑的主要机构为香港大学、香港理工大学、南洋理工大学、深圳大学等，表明高校在这一主题下的研究发挥着重要的技术支撑与理论研究作用；国内论文方面则是高校与企业都体现了研究热忱，不少建筑类高校对该主题研究颇深，如东南大学、广西科技大学、沈阳建筑大学等，这些高校拥有专业知识丰厚的师资力量，高校内实验条件优良，便于完成实验探究。此外，国内还出现了许多建设公司间的相互合作，如中建科技有限公司、成都建筑工程集团总公司等，他们以其丰富的实践经验与技术手段完成研究。

12.2.2 国际与国内发文作者对比

作者共现分析就是寻找作者合作网络，能够反映作者间的交流与合作情况，国际与国内作者共现分析结果如图12-3所示。基于国际作者共现可以看出，Xue F、Shen GQ、Liu ZS、Peng Y等为主要研究者，并各自形成了其相应的研究中心，推动着基于BIM的装配式建筑的发展。以Xue F为例，合作者包括Clyde Zhengdao Li、Chen K、Shen GQ、Lu WS等，通过阅读其相关文献，发现他们已逐渐形成稳定的学术合作研究团队，主要

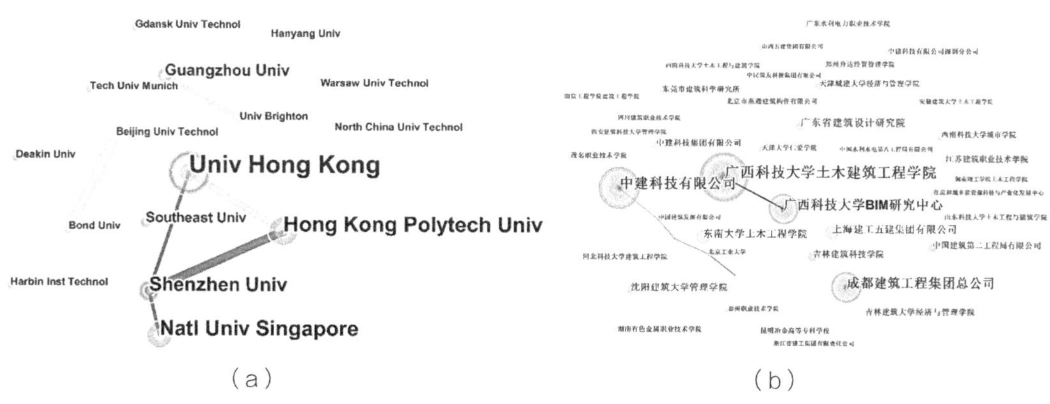

（a）　　　　　　　　　　（b）

图 12-2　国际与国内发文机构分布

（a）国际发文机构分布；（b）国内发文机构分布

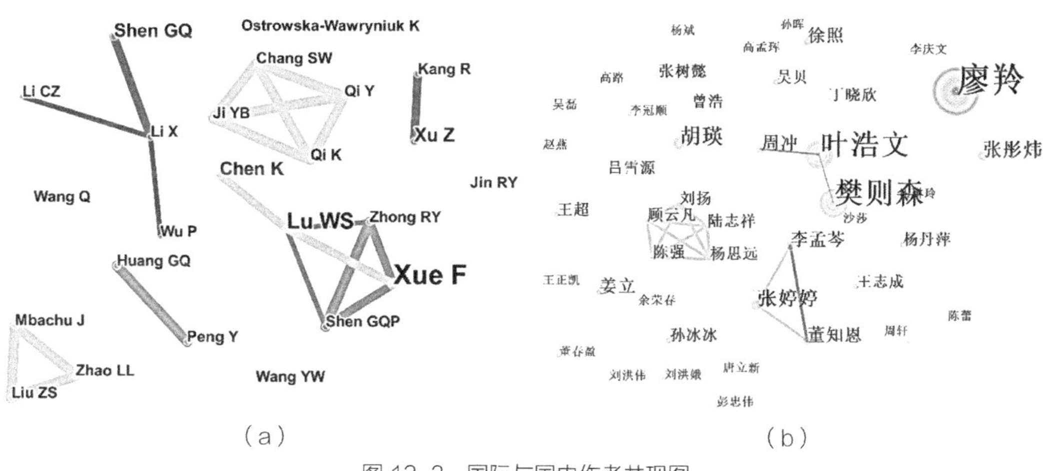

（a）　　　　　　　　　　（b）

图 12-3　国际与国内作者共现图

（a）国际作者共现图；（b）国内作者共现图

基于香港预制公屋项目研究 BIM 应用于装配式建筑的障碍，并采用解释结构模型（ISM）来确定这些障碍的相互关系（Li C，2018）。

而我国该主题下的研究团队表现更加突出，出现了较多的作者共现群体。叶浩文等（2017）主要研究 BIM 与 ERP 结合的一体化数据化的装配式建筑信息交互平台来实现全产业信息协调与共享，从而提高管理效率；并且他们都属于中国建筑集团有限公司（以下简称中建集团），即通过实际产业实现学术研究突破，将产学研结合促进基于 BIM 的装配式建筑发展。胡瑛（2018）与其合作者则是另一个典型依靠高校合作的学术研究团队，主要关注全生命周期视角的质量管理，并注重 BIM 技术在此过程中的应用价值。

综合国际与国内研究作者与机构分析可见，基于 BIM 的装配式建筑相关研究已经颇具规模，发展较为良好；而且发文量多的研究人员紧密联系，并逐步形成其各自的团队，合作紧密、精益求精，共同致力于装配式建筑的发展。此外，目前主要研究机构大致分为两类，即通过公司实际案例进行产学研发展与以高校为主的学者间合作研究。但是，国际与国内高校与建设公司均缺乏良好的互动与正向的促进交流。因此，在以后的发展中，双方可以取长补短，加强交流联系，高校、企业与相关科研团队协同发展，最终可以实现各方主体利益最大化，进而促进基于BIM的装配式建筑这一主题的良好发展（方刚，2016）。

12.3 国际与国内研究热点对比与演进趋势分析

通过分析国际与国内基于BIM的装配式建筑关键词聚类结果图，以关键词为节点直观展现国际与国内该主题的研究热点；并结合关键词聚类时区图与关键词突现图可以从时间维度展示该领域的研究路径，追踪研究前沿，从而进一步预测国际与国内未来的发展方向（罗兴武，2020）。

12.3.1 国际与国内研究热点对比

将数据导入CiteSpace后，聚类点类型（Node Types）设置为Key Words，阈值调整保持默认，绘制装配式建筑与BIM的关键词图谱。图中节点大小能反映关键词出现频率，节点越大即热度越高，节点间连线越粗即关联性越强（王翠波，2020）。研究结果表明，基于BIM的装配式建筑领域研究的关键词共现图谱中国际显示节点数量N=50，国内显示节点数量N=97。进一步采用LLR（Loglikelihood Ratio Test）算法提取出相关关键词并进行主题聚类，聚类效果可以通过模块值（Q值）与平均轮廓值（S值）指标进行判断。一般当Q>0.3意味着划分的网络结构是显著的，而S>0.5一般认为聚类合理，S>0.7则认为聚类高效且令人信服（陈悦，2015）。研究结果表明，国际聚类中Q=0.4731（>0.3），S=0.5426（>0.5）；国内聚类中Q=0.5706（>0.3），S=0.669（>0.5），表明国内外相关聚类的结构合理，能较为科学地反映该主题下的研究热点。关键词聚类结果如表12–2、图12–4所示。

国际与国内关键词聚类结果　　表12–2

聚类结果	国际	子标签	国内	子标签
#0	Internet	Optimization，off site construction，internet，platform	精准定位	物联网、全生命周期、绿色建筑、协同平台、钢结构、标准化、精益建造
#1	Design	Hong kong，design，productivity，performance，system，design，technology，sustainability	发展前景	建筑信息化、施工技术、施工阶段、人才培养、应用价值
#2	BIM	BIM，framework，management，energy，efficiency，component，allocation	工程质量	标准化设计、质量管理、预制率、epc模式、成本控制、正向构件、pc构件
#3	Cost	Life cycle assessment，waste management，visualization，cost，simulation，impact，china	平法表达	参数化、碰撞检查、模数化、二次开发、施工模拟、rfid、住宅产业化、建筑产业化
#4	Point cloud	Information，extraction，point cloud	问题及应用措施	工程总承包、施工安全、安全管理、管理模式、编码体系

续表

聚类结果	国际	子标签	国内	子标签
#5	Prefabrication	prefabrication，circular，economy，adoption	美国国家标准学会	信息化、深化设计、工业化、精细化管理、协同设计
#6	—		装配式建筑	管理系统、外围护、构件拆分、建筑工业化
#7	—		预制装配式建筑设计	项目管理、RFID 技术、全寿命周期、施工管理、绿色施工
#8	—		装配式建筑	经验交流、建筑装修、建筑设计

（a）　　（b）

图 12-4　国际与国内关键词聚类结果

（a）国际关键词聚类结果；（b）国内关键词聚类结果

12.3.2　国际与国内研究热点相同点分析

通过对图 12-4 分析发现，国际与国内的聚类都高度关注着该主题的基础理论研究与该产业的核心设计，并存在相似的聚类。

研究发现国际与国内部分关键词都聚焦于基础理论与名词概念，表明国际与国内对该主题的理论研究都很重视。国际文献的关键聚类有 #BIM 与 #Prefabrication，此聚类下包括“BIM 技术”“framework（框架结构）”“management（管理）”“energy efficiency（节能）”“circular economy（循环经济）”等子标签；国内关键聚类则是 # 装配式建筑，包括“建筑业”“建筑工业化”“PC 预制装配式建筑”等。这也反映出基础概念是每一个研究主题都不容忽视的关键，只有进行扎实的理论研究，后续发展才不会是无根之源（邓朗妮等，2021）。

此外，作为基于 BIM 的装配式建筑的核心部分——建筑设计，也在国际与国内聚类词中有所体现。国际上是聚类 #design，包括关键词“system（系统）”“sustainability（可持续性）”“performance（绩效）”“BIM（建筑信息模型）”“technology（技术）”“productivity

（生产力）”等；国内是 # 预制装配式建筑设计，包括关键词“施工管理”“全寿命周期”“RFID 技术”“绿色施工”“项目管理”等。作为核心部分，BIM 技术应用于装配式建筑，能够保质保量地满足建筑设计的需求。BIM 将建筑信息集成于可视的构件模型中，结合 RFID 技术，可以将信息贯穿于整个建筑全生命周期，从而提高生产力。

12.3.3 国际与国内研究热点不同点分析

阅读相关文献，结合国际与国内相关聚类结果与子标签出现频次分析，探寻国际与国内研究热点的不同点。综合分析后发现，国际学者将目光更多地投向基于 BIM 的装配式建筑应用的经济化以及未来发展的信息化，而国内学者的研究热忱更侧重基于 BIM 的装配式建筑在施工过程中的管理、技术实现以及标准化与发展前景。

1. 国际研究热点分析

分析国际关键词聚类时线（图 12-5）与聚类子标签发现，国际学者主要聚焦于基于 BIM 的装配式建筑应用的经济化与其未来发展的信息化。

（1）经济化。由聚类词 #cost 体现，关键词包括“life cycle assessment（全生命周期）”“waste management（垃圾管理）”“visualization（可视化）”“impact（影响）”“simulation（仿真模拟）”等。通过可视化技术实现基于 BIM 的装配式建筑全生命周期管理，能够提高其经济效能，从而实现建设增值。而关键词“垃圾管理”则体现着人们对建筑废物的关注，妥善管理与拆卸废物可以为建造业与废物回收业带来巨大收益，特别是对于构件化、模块化的装配式建筑，有效处理建筑废物，实现其循环利用与再生产，能够有效提高经济效能（Kvočka D at el，2020）。

（2）信息化。体现在聚类词 #Internet 与 #point cloud，关键词包括“BIM（建筑信息模型）”“information（信息）”“optimization（优化）”“implementation（实施）”“platform（平台）”“extraction（提取）”等。BIM 技术可以将建筑信息反映在可视化的三维模型中，提

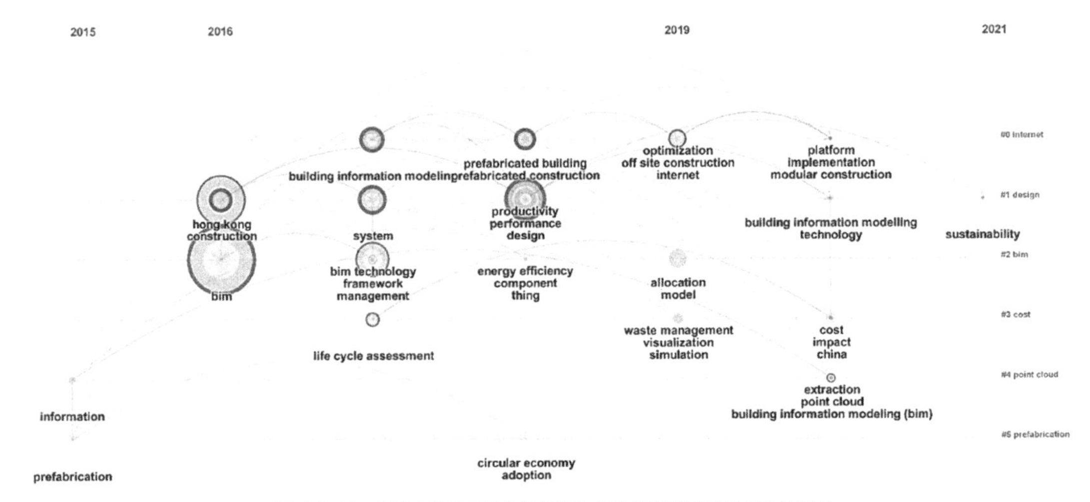

图 12-5 国际基于 BIM 的装配式建筑关键词聚类时线图

供了一个信息交互的平台。如今装配式建筑行业中预制构件的模块化与批量化需求日益增高，制造与装配过程的质量控制也愈加精确，通过 3D 手段的点云数字技术，实现激光测距原理与计算机加工，提取相关信息并构建点云模型，最后实现实景复制（Yu K，2000）。BIM 的优势在于设计阶段完成信息丰富的三维实体模型，点云技术可以完善核心节点处的表面模型，两者结合从而能够优化装配过程与核心区的建造，从而有效实现质量控制，使用新型信息化技术手段能更好地推动基于 BIM 的装配式建筑的发展（张爱琳 等，2017）。

2. 国内研究热点分析

分析国内关键词聚类时线图（图 12–6）与聚类下相关关键词发现，国内学者更关注基于 BIM 的装配式建筑在施工过程管理、技术实现以及标准化与发展前景三个方面。

（1）施工过程管理。图 12–6 中 # 精准定位、# 工程质量与 # 问题及应用措施三个聚类结果体现了 BIM 应用于装配式建筑施工过程中的管理。进一步分析图 12–6 中 # 精准定位，这一聚类下包括“物联网”“钢结构”“绿色建筑”“协同平台”“质量控制与应用”“精益建造”；# 工程质量聚类下包括“EPC 模式”“成本控制”“标准化设计”；# 问题及应用措施聚类下包括“施工安全”“质量管理”“预制率”“EPC 模式”“管理模式”“正向设计”等。从关键词可以得到其过程管理包括质量管理、安全管理、信息管理、成本控制、进度控制、人员组织与协调等全方位的管理。其中在基于 BIM 的装配式建筑施工全过程管理中，值得注意的是应用物联网技术设计预制构件中的参数、利用 RFID 技术加载关于构件的全部信息，通过协同平台实现质量全过程追溯与安全监督管理（刘大君，2020）。新型管理模式 EPC 则是国家推行的建筑工程总承包模式：总承包方负责完成工程的设计、制造、装配、采购等环节。与传统建筑企业不同，装配式建筑 EPC 企业能够改变经营业务、优化组织模式、提升管理技术的要求等（纪颖波等，2018）。物联网平台辅以 EPC 模式，最终能够

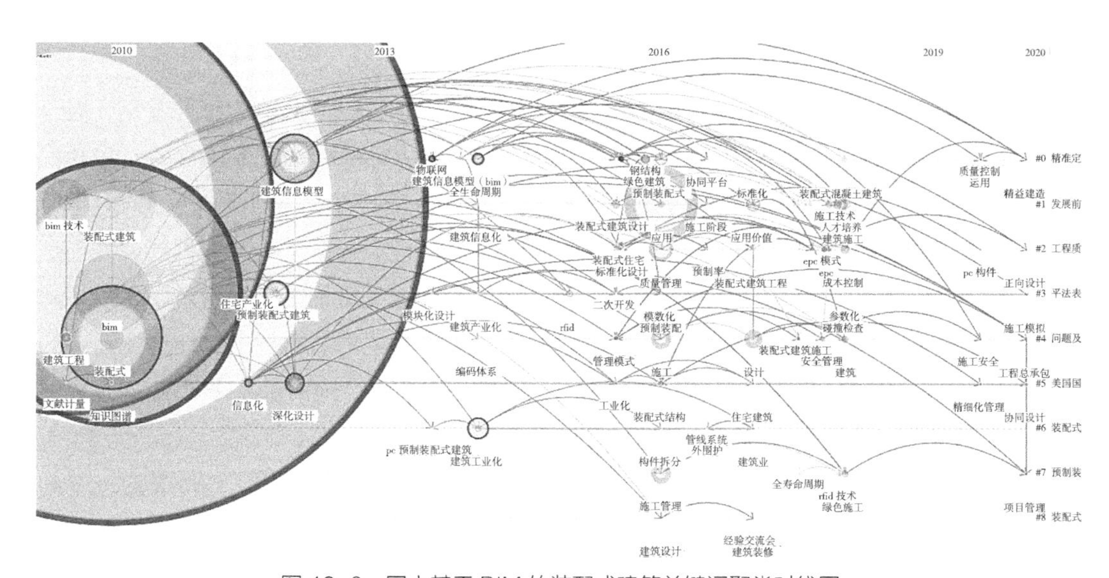

图 12–6　国内基于 BIM 的装配式建筑关键词聚类时线图

实现装配式建筑的精益建造与细化管理。

（2）技术实现。通过多种技术实现装配式建筑产业化，可从聚类 # 平法表达得到，关键词包括“建筑产业化”“建筑信息化”“模块化设计”“模数化”“参数化”“碰撞检查”“施工模拟”“二次开发”等。建筑业发展趋势是产业化，要想实现这一目标，需要相关技术的支持。BIM 能提供有效的技术支撑，完成碰撞检查、施工模拟等操作，从而提高生产效率。如今装配式建筑仍然存在施工工序复杂、信息繁多难以管理、使用成本高等问题，BIM 可以发挥信息在构件精细加工与具体施工中的优势，从而完成深化设计与二次施工（邓朗妮 等，2021）。

（3）标准化与发展前景。由聚类 # 发展前景与 # 美国国家标准学会得到。图 12–6 中 # 美国国家标准协会下包括关键词：“精细化管理”“协同设计”“工业化”“装配式结构”“深化设计”“信息化”。# 发展前景聚类下包括“施工技术”“应用价值”“人才培养”“建筑施工”“建筑信息化”。可以认为这组关键词集中体现了该主题的最大特点——可持续性，即发展前景良好可观。BIM 技术可以满足装配式建筑从设计、施工直至后续运营各阶段的需求（齐宝库，2014）。未来 BIM 技术在设计与施工阶段的潜在价值极大，能够实现精准设计与标准化施工，云计算也将为 BIM 发展提供更大的平台，有效解决 BIM 技术硬件要求高的问题，从而进一步增强 BIM 的普适性（纪博雅，2015）。未来我国的装配式建筑要想走出国门，与国际标准接轨是必不可少的，观察各国基于 BIM 的装配式建筑发展，发现美国已在多个机构协调领导下，长期采用 PC 类与轻钢类装配式建筑结构体系，其构件的生产预制与装配建设已纳入专业化、标准化、模块化，并在实际生产中体现着优势（丰景春，2017）。因此这一关键节点的出现表明学者对建立统一标准、增强其普适性都十分关注。目前我国也在进一步完善相关制度设计与标准规范，国家层面与行业内均陆续出台了相关标准与指导文件，以期提高该产业的综合效益（孙国帅 等，2021）。

12.3.4 国际与国内研究演进趋势对比

从时间维度对国内外基于 BIM 的装配式建筑领域的演进趋势进行对比研究。通过 CiteSpace 绘制关键词共现时区图，将关键词与时间相结合来表达国际与国内基于 BIM 的装配式建筑演进过程，得到图 12–7 国际关键词聚类时区图与图 12–8 国内关键词聚类时区图。该部分均以“keyword”为研究节点，以横轴为时间，纵轴为关键词，当关键词出现后，就固定在首次出现的年份显示，两幅图直观地展现了关键词的时间更新与传承（陈春花等，2018）。并且结合关键词突现检测，可以发现某个关键词在特定时间高度活跃的研究状态，通过图 12–9 国际与国内的关键词突现图，能够更好地追踪基于 BIM 的装配式建筑的学科研究前沿。

由图 12–7 与图 12–9 可见，在 2016 年之前国际关于该主题的研究主要聚焦于基础概念，并没有出现明显的研究热点。而在此之后，更多的专家学者辅以专业软件在信息化与经济化两个方面，将目光投向如何利用新兴软件提高管理效率、优化框架系统，使

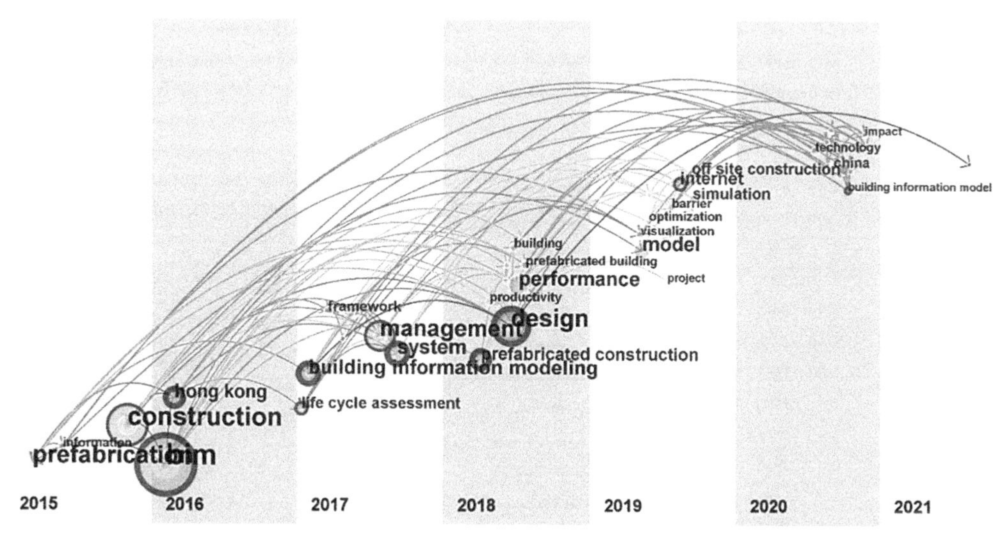

图 12-7 国际基于 BIM 的装配式建筑关键词聚类时区图

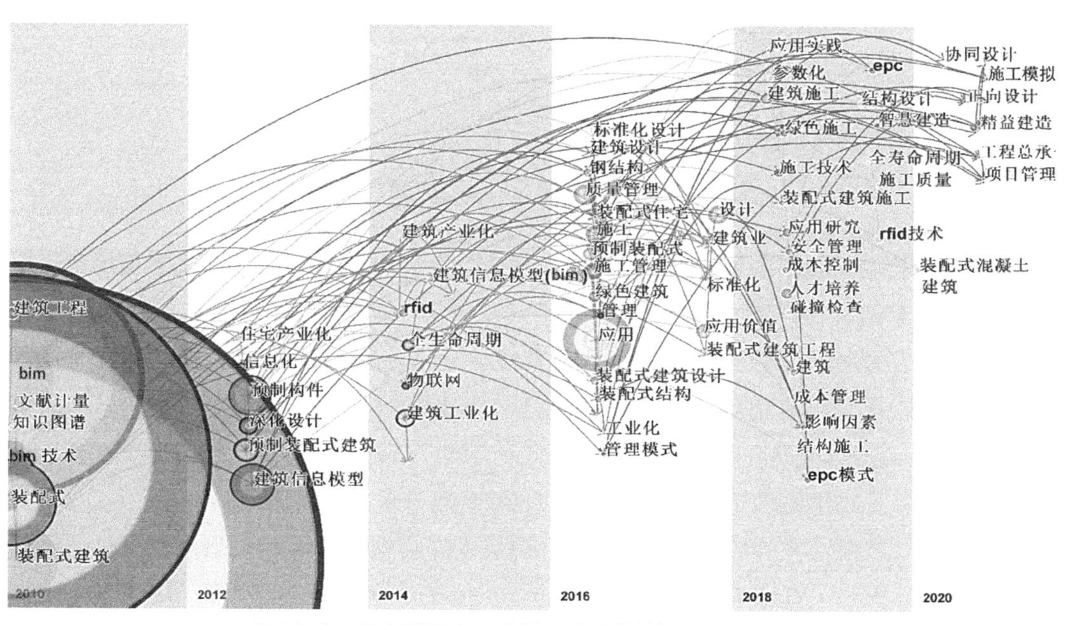

图 12-8 国内基于 BIM 的装配式建筑关键词聚类时区图

其更富有成效，实现建设增值。在 2017 年后，出现了“life cycle assessment（全生命周期）”“energy efficiency（节能）”“circular economy（循环经济）”“performance（绩效）”“adaption（适应）”“productivity（生产力）”等关键词，根据其演进趋势，未来国际上基于 BIM 的装配式建筑将进一步提升信息化水平与集成应用能力，将 BIM 与新技术贯穿建筑全生命周期，从而实现提质增效。

分析图 12-8 发现，国内方面有较明显的从基础理论研究向具体应用与技术手段标准化发展的趋势。2010~2015 年，我国的研究热点大多局限在对装配式建筑研究情况做总结

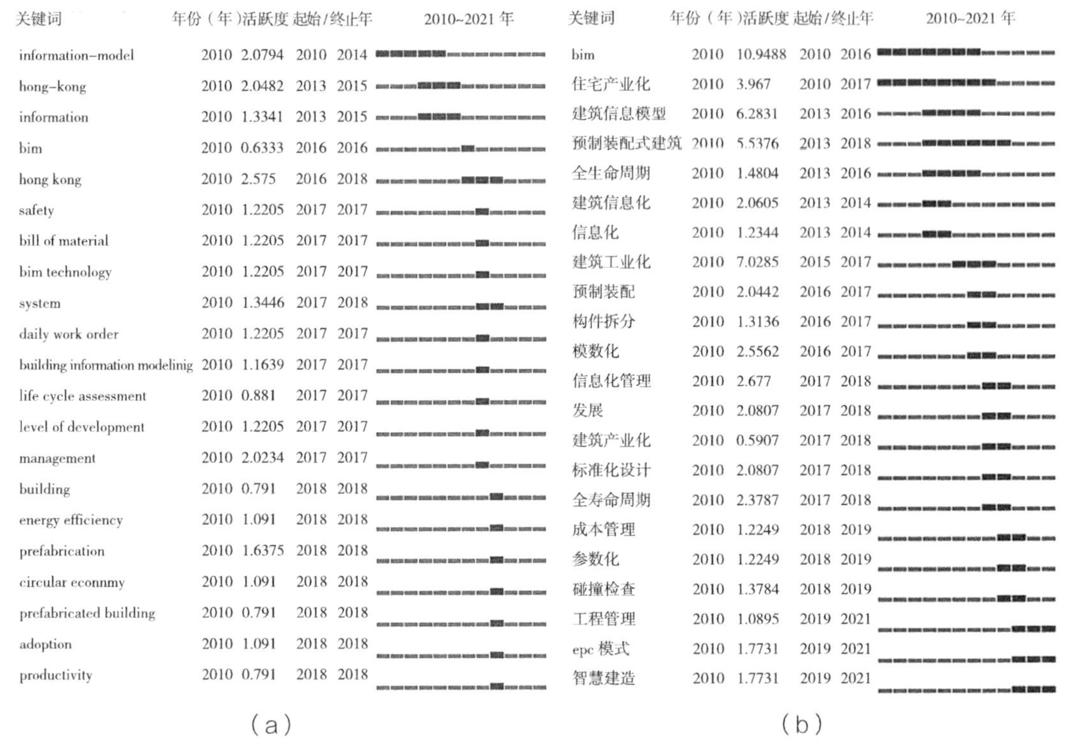

图 12-9 国际与国内基于 BIM 的装配式建筑关键词突现图
（a）国际关键词突现图；（b）国内关键词突现图

综述，从而笼统地提出概括性描述。而在 2016 年之后，基于 BIM 的装配式建筑得到快速发展，在具体实验与模拟中出现了“模数化”“参数化”“信息化管理”“成本管理”“EPC 模式”“全生命周期”“智慧建造”等研究热点。这些研究热点的出现不仅是因为技术手段的提升，更是因为市场导向与政策支持。对比国际与国内的研究热点演进，结合图 12-9 国际与国内关键词突现图，并结合相关文献，从施工过程管理、技术实现、标准化与发展前景三个方面提出我国基于 BIM 的装配式建筑未来发展趋势。

（1）施工过程管理从最初分散的成本、质量、安全等管理到 EPC 管理模式、信息化管理，进一步提升了管理水平，未来发展趋势不仅在于管理模式的更新，更会进一步加强信息系统的集成与应用，推进 BIM 与相关软件带来的数据共享与兼容，实现协同管理，通过优化建筑施工模式创造更大的经济效益。

（2）技术实现主要体现在新技术如 RFID、物联网、云计算等的出现，将会加速我国建筑业实现转型发展，提高生产效率和产业升级，进一步发展资源节约型与环境友好型建筑。BIM 带来的信息共享，进一步加快了未来虚拟协作的发展，从而可以更好地解决施工、设计过程中可能出现的问题（张涑贤，2020）。

（3）标准化与发展前景方面则是基于未来建筑工业化与住宅产业化的趋势，伴随着经济全球化，在未来建立可行统一的标准规范产业至关重要，从而促进基于 BIM 的装配式建筑的长足发展（姜红，2018）。

12.4 本章小结

本章基于 CiteSpace 软件，通过文献计量与可视化分析绘制出作者与机构共现图、关键词聚类图、关键词共现时区图与关键词突现图等可视化图谱，从知识基础、知识主体、研究热点、演进趋势四个方面对国际与国内基于 BIM 的装配式建筑进行综述。该研究将有助于明确该产业的知识基础、相关机构与作者合作网络，并通过关键词聚类把握国际与国内的研究现状、结合关键词突现挖掘研究热点、追踪研究前沿，从而预测国际与国内未来基于 BIM 的装配式建筑研究方向。研究结论总结如下：

（1）从国际与国内发文态势与关键文献角度来看，国际与国内基于 BIM 的装配式建筑的相关研究都是从 2016 年之后蓬勃发展，都拥有扎实稳定的知识基础。

（2）从国际与国内机构与作者共现分析来看，作为知识主体的国际与国内部分作者已经形成健康稳定的学术研究团队，包括高校研究团队与产业研究团队两种合作方式，其各自针对某一主题深入研究进行成果创新，共同致力于装配式建筑的长远发展。

（3）从研究热点来看，国际与国内相关研究均重点关注基础理论部分研究，并且依托技术手段实现建筑设计的优化和可持续发展。但不同点在于国际研究热点体现在产业的信息化与经济化，而国内研究热点则体现在施工过程管理、技术实现、标准化与发展前景三个方面。

（4）从演进趋势来看，未来国际将进一步提高信息化水平，从而实现建设增值，提质增效；而我国关于该主题的研究是从基础理论研究向具体应用与技术手段标准化逐步发展的，未来也将通过优化施工管理模式，建立统一标准，以技术创新与科技进步加速基于 BIM 的装配式建筑发展。

本章参考文献

[1] Akinade O，Oyedele L，Bilal M，et al. Waste minimisation through deconstruction：a BIM based deconstructability assessment score（BIM-DAS）[J]. Resources，Conservation & Recycling，2015，105：167-176.

[2] Chen C. CiteSpace II：Detecting and visualizing emerging trends and transient patterns in scientific literature [J]. Journal of the American Society for Information Science and Technology，2006，57（3）：359-377.

[3] Hwang B，Shan M，Looi K. Key constraints and mitigation strategies for prefabricated prefinished volumetric construction [J]. Journal of Cleaner Production，2018，183：183-193.

[4] Kvočka D.，Lešek A.，Knez F，at el. Life cycle assessment of prefabricated geopolymeric faade cladding panels made from large fractions of recycled construction and demolition waste [J]. Materials，2020，13（18）：3931.

[5] Li C，Xue F，Li X，at el. An internet of things-enabled BIM platform for on-site assembly services in prefabricated construction [J]. Automation in Construction，2018，89：146-161.

[6] Yu K，Froese T，Grobler F. A development framework for data models for computer-integrated facilities management [J]. Automation in Construction，2000，9(2)：145-167.

[7] Zhong R，Peng Y，Xue F，et al. Prefabricated construction enabled by the internet-of-things [J]. Automation in Construction，2017，76：59-70.

[8] 白庶，张艳坤，韩凤，等 . BIM 技术在装配式建筑中的应用价值分析 [J]. 建筑经济，2015，36（11）：106-109.

[9] 常春光，吴飞飞 . 基于 BIM 和 RFID 技术的装配式建筑施工过程管理 [J]. 沈阳建筑大学学报（社会科学版），2015，17(2)：170-174.

[10] 陈春花，朱丽，刘超，等 . 协同管理国内外文献比较研究——基于科学计量学的可视化知识图谱 [J]. 科技进步与对策，2018，35（21）：73-79.

[11] 陈敬武，班立杰 . 基于建筑信息模型促进装配式建筑精益建造的精益管理模式 [J]. 科技管理研究，2020，40（10）：196-205.

[12] 陈悦，陈超美，刘则渊，等 . CiteSpace 知识图谱的方法论功能 [J]. 科学学研究，2015，33（2）：242-253.

[13] 陈悦，王续琨，郑刚 . 基于知识图谱的管理学理论前沿分析 [J]. 科学学研究，2007（S1）：22-28.

[14] 邓朗妮，赖世锦，廖羚，等 . 基于文献计量可视化的中外“建筑信息模型 + 大数据”研究现状对比 [J]. 科学技术与工程，2021，21（5）：1899-1907.

[15] 邓朗妮，周峥，叶轩，等 . 基于建筑信息模型的装配式构件深化设计流程 [J/OL]. 桂林理工大学学报，2021（4）：1-9.

[16] 方刚，周青，杨伟 . 产学研合作到协同创新的研究脉络与进展——基于文献计量分析 [J]. 技术经济，2016，35（10）：26-33，101.

[17] 丰景春，赵颖萍 . 建设工程项目管理 BIM 应用障碍研究 [J]. 科技管理研究，2017，37（18）：202-209.

[18] 高静，李瑛，于建平 . 中国企业创新生态系统研究的知识图谱分析——来自 CSSCI 的数据源 [J]. 技术经济，2020，39（8）：43-50.

[19] 胡瑛，张锋 . 基于全生命周期的装配式建筑中 BIM 的应用策略 [J]. 中外建筑，2018（9）：233-235.

[20] 纪博雅，戚振强 . 国内 BIM 技术研究现状 [J]. 科技管理研究，2015，35（6）：184-190.

[21] 纪颖波，姚福义，佟文晶，等 . 装配式建筑 EPC 企业信息化绩效评价指标体系设计与应用 [J]. 科技管理研究，2018，38（11）：188-194.

[22] 姜红，孙舒榆，刘文韬 . 技术标准化研究 40 年回顾：理论基础与热点演进的知识图谱 [J]. 技术经济，2018，37（12）：26-35，93.

[23] 李天华，袁永博，张明媛 . 装配式建筑全寿命周期管理中 BIM 与 RFID 的应用 [J]. 工程管理学报，

2012，26（3）：28-32.

[24] 刘大君，吴玫．物联网技术在装配式建筑中的应用现状 [J]. 科学技术创新，2020（21）：99-100.

[25] 罗兴武，林芝易，刘洋，等．平台研究：前沿演进与理论框架——基于 CiteSpace V 知识图谱分析 [J]. 科技进步与对策，2020，37（22）：152-160.

[26] 牛昌林，冯力强，张雷，等．基于知识图谱的国外装配式建筑研究可视化分析 [J]. 土木工程与管理学报，2020，37（5）：68-76.

[27] 彭聪，李杏，乔亚昆．BIM 技术在装配式建筑施工质量管理的应用探索 [J]. 中小企业管理与科技（上旬刊），2020（12）：168-169.

[28] 齐宝库，李长福．基于 BIM 的装配式建筑全生命周期管理问题研究 [J]. 施工技术，2014，43（15）：25-29.

[29] 孙国帅，刘占坤，冯娇，等．中国装配式混凝土结构研究态势的知识图谱分析——基于1992~2019 年文献计量数据 [J]. 科学技术与工程，2021，21（16）：6807-6814.

[30] 孙建军．链接分析：知识基础、研究主体、研究热点与前沿综述——基于科学知识图谱的途径 [J]. 情报学报，2014，33（6）：659-672.

[31] 王翠波，熊坤，刘文俊．基于 CiteSpace 的技术预测研究的可视化分析 [J]. 技术经济，2020，39（6）：147-154.

[32] 王要武，吴宇迪，薛维锐．基于新兴信息技术的智慧施工理论体系构建 [J]. 科技进步与对策，2013，30（23）：39-43.

[33] 叶浩文，周冲，樊则森，等．装配式建筑一体化数字化建造的思考与应用 [J]. 工程管理学报，2017，31（5）：85-89.

[34] 张爱琳，张秀英，李璐，等．基于 BIM 技术的装配式建筑施工阶段信息集成动态管理系统的应用研究 [J]. 制造业自动化，2017，39（10）：152-156.

[35] 张涑贤，王强．BIM 应用下项目主体间信任关系对虚拟协作有效性的影响——信息共享质量的中介效应 [J]. 技术经济，2020，39（10）：173-180.

[36] 赵亮，王文顺，张维．基于知识图谱的国外建筑信息模型研究可视化分析 [J]. 重庆理工大学学报（自然科学），2019，33（3）：107-118.

[37] 周文波，蒋剑，熊成，等．BIM 技术在预制装配式住宅中的应用研究 [J]. 施工技术，2012，41（22）：72-74.

第 13 章　新基建研究热点与趋势分析

新型基础设施建设在近年来发展迅速，本章将通过检索中国学术期刊全文数据库（CNKI）2011~2021 年相关文献，利用 Citespace 软件和文献计量学方法对文献基本信息、研究热点及未来前景方面进行可视化分析并绘制知识图谱。通过分析新型基础设施建设的研究热点与趋势，期望能为今后新基建研究的发展方向提供一定的借鉴和参考。

13.1　新基建的内涵及现状分析

新型基础设施建设（以下简称新基建），存在于日常生活的各个方面。新基建这一综合概念出现于 2018 年，其内容主要包括七大领域：5G 基站建设、特高压、城际高速铁路和城市轨道交通、新能源汽车充电桩、大数据中心、人工智能、工业互联网，涉及生活中的各个产业结构。此前，这些领域均与人们的生活息息相关，但并未有一个总的概念。新基建突出的特点是“新”，它的理念是新发展，体现在技术上追求创新。新基建大致可以分为四层，数字、信息经济为第一层次，其次是电子化、智能化改造现有城市的传统基础建设设施，再次是在城市中发展新能源、新材料的配套引用设施，最后则是一些辅助设施。新基建的高速发展时期出现于 2020 年的新冠肺炎疫情期间，在此期间，人工智能等新技术极大地提高了人们的安全系数，保障了社会的有序运行。此后新基建的益处逐渐扩大范围，越来越多的城市开始推行与新基建有关的政策。近年来，新基建在数字行业的发展引人注目，人工智能、5G 等技术给人们带来的便利不容忽视，在线经济、智能制造等新产业不断兴起，数字经济、互联网经济等新经济规模不断扩大，以互联网、大数据、人工智能为代表的新一代信息技术对经济效率和社会效率的提升作用并没有完全发挥，在现实中虽有局部应用，但没有实现全面变革。

纵观国内外产业的发展过程，智能化、数据化等方面的发展是重中之重。例如，现今智能联网汽车的发展如火如荼，在经历了从感知到控制、从部件到整车、从单项到集成、从单向到互动之后，汽车正在进入“全面感知 + 可靠通信 + 智能驾驶”的新时代。同时，借助于基础设施投资的新兴趋势，特别是与 5G 设备建设相关的投资趋势，虚拟流媒体经济在我国正变得越来越有吸引力。新基建为光电子产业的进一步发展提供了难得的机遇，光电子产业自身的发展首先应加强基础研发能力建设。显然，我国新基建领域发展前景广阔。为了新基建更好地发展，需要梳理全球及国内数据中心产业发展状况和发展趋势，

针对该产业发展过程中面临的难题和痛点，借鉴发达国家支持数据中心优化发展的经验，提出助力数据中心产业发展质量提高的政策思路。

13.2 研究分布分析

13.2.1 时间分布

通过对 1753 篇文献的发表年份进行分析，得到关于新基建的文献整体分布如图 13–1 所示。从图 13–1 可以看出关于新基建的研究基本自 2019 年开始,此前每年的发文量极少。这是由于新型基础设施建设的各个领域此前虽然一直在发展，但是直到 2018 年 12 月 19~21 日才重新在经济工作会议上被提及，将各个领域结合统一命名为新型基础建设，此后研究才以新基建为中心开始发展。2019 年关于新基建的发文量增长迅速，此后在 2020 年达到发文量高峰，虽然图 13–1 中显示 2021 年发文量较之 2020 是减少的，但是由于本书的检索仅截止于 2021 年 2 月 20 日，故图中 2021 年的发文量仅为 2021 年 2 月前的发文量，并不能代表 2021 年全年的发文量。而根据目前新基建的关注热点来看，可以预测 2021 年关于新基建有关的文献数量仍会保持一定的水平，或有持续升高的趋势。

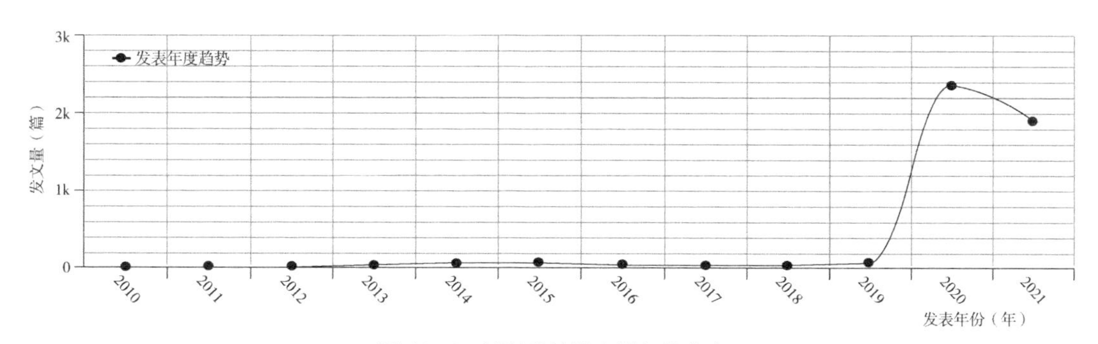

图 13–1　新基建的发文量年份分布

13.2.2 空间分布

信息交流、学科合作是当前大环境下提升学术水平的新趋势，且研究机构的水平最能反映当前关于该领域的研究程度。为了解新基建领域学术发展程度，本节将与新型基础建设研究有关文献数据导入 CiteSpace 软件进行分析，从而生成新基建的发文机构知识图谱（图 13–2）。由图 13–2 可知，图中有 134 个节点和 35 条连接线，网络密度仅为 0.0039。节点大小代表了发文量的多少，节点间的连线代表着机构之间进行了交流。从中可以看出该领域内的聚类主要是学院与学院，研究院与学院。分析知识图谱可以看出联系最为密切的是中国科学院、华中科技大学、同济大学、中国工程院，之后便是研究院之间的联系。目前来看，研究领域内起主导作用的主要是研究院、工程院、高校，学院参与较少，反映出关于新基建主题更受研究学者的关注。而中国财政科学研究院发文量最多则表明新基建对于国家经济复苏发展的重要性。总体来看，领域内发文量排名第一的是中国财政科学研究院，第二则是中国工程院，之后便是中国电子技术标准化研究院。从某种方面来说研究院集合了各个领域的顶尖人才,且在一定程度上与国家发展结合，相对于其他机构来说更容易掌握发展前沿研究的趋势。其次便是一些有着强大学科知识与师资力量等资源的高校，而其中参与合作的公司大多是该行业的佼佼者，他们大多期望利用技术上的不断革新来保证自身的长期发展。

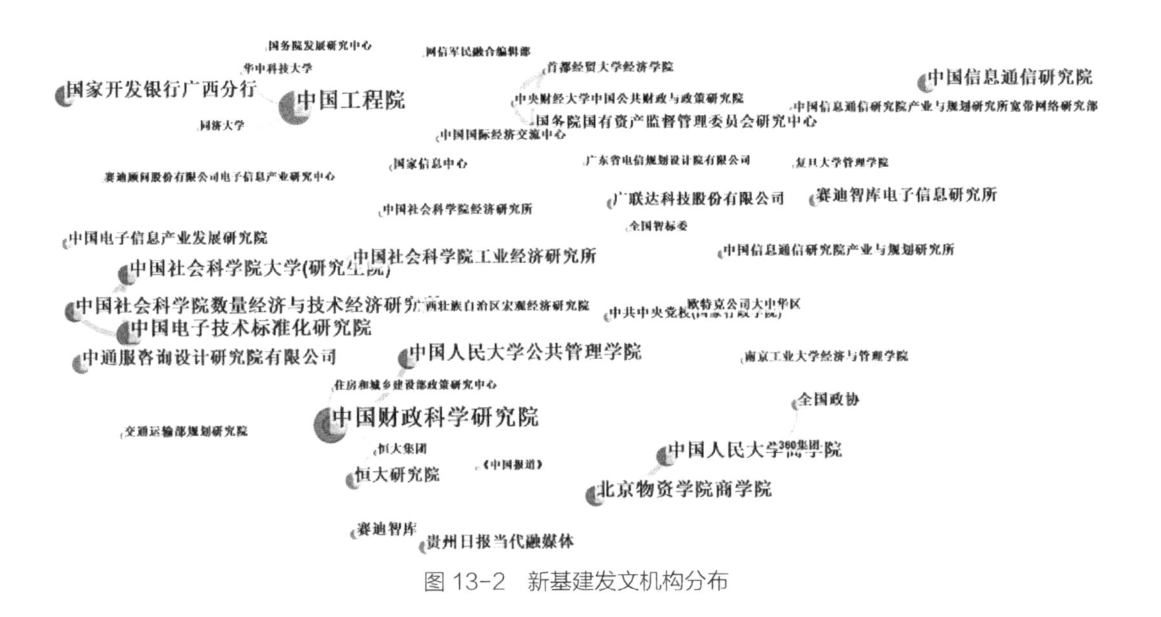

图 13-2　新基建发文机构分布

图 13–2 中的网络密度则显示各研究机构之间联系还是较少的，在知识图谱中也可以看到还是有很多独立存在的研究机构。为了使得联系更加密切，高校、学院、企业与研究院四者之间加强合作，形成高度集中的研究团体是有必要的。学术合作不仅可以促进研究机构之间的联系，还可以带来信息公开化的优势，从而使得合作双方对于领域有着深层次的认识，显著提升发文数量与质量，更好地促进新基建的研究发展。

13.2.3　高频次被引用文献分析

文献的被引用频次是研究文献质量水平与其学术价值的重要依据，同时通过分析文献被引用频次也可以看出作者的学术水平与该研究主题对于新基建是否有一定的贡献，可以起到快速定位有价值的论文与查找研究前沿和学术水平高的作者的作用。在此统计出文献被引用频次排名前 10 的文献，如表 13–1 所示。

由表 13–1 分析可得，引用较多的文献研究内容主要包括：经济增长、推进建设、供给链、智慧城市、新型研究。这些内容为新基建的发展方向提供了重要的理论支持。从时间上来看这些论文大体分布在 2020 年，即新基建高速发展时期。在此阶段，学者们大

2010~2020 年新基建研究高频次被引用文献　　表 13-1

文献名称	发表期刊	第一作者	发表年份（年）	被引频次（次）
新冠肺炎疫情对中国经济增长的影响	福建论坛（人文社会科学版）	廖茂林	2020	28
新冠肺炎疫情对供给侧的影响与应对：短期和长期视角	经济纵横	黄群慧	2020	21
新型基础设施建设的投融资模式与路径探索	改革	盛磊	2020	21
新冠疫情背景下新零售行业发展面临的机遇、挑战与应对策略	西南金融	兰虹	2020	19
面向智慧社会的“新基建”及其政策取向	改革	李晓华	2020	18
新时代我国新型基础设施建设模式及路径研究	经济学家	马荣	2019	17
构建现代化强国的十大新型基础设施	中国科学院院刊	潘教峰	2020	14
新基建：既是当务之急，又是长远支撑	党政研究	贾康	2020	14
坚持创新引领全面推进新型基础测绘建设	中国测绘	李维森	2018	13
中国“新基建”：概念、现状与问题	北京工业大学学报（社会科学版）	刘艳红	2020	11

多在研究各个领域内的可行性，研究方向主要集中于智能化。可以看出在不久的将来新基建必会进入一个发展的“黄金时期”。

13.2.4　发文作者

研究者之间的交流是获得全面信息的前提，而对于研究内容的全面了解是体现研究程度的重要因素，故有效地分析研究者之间的合作程度，有助于探索学术研究的凝聚效果与学术交流程度。将 CiteSpace 的分析年限设置为十年，得到新基建发文作者分布如图 13-3 所示，节点大小代表作者发文数量的多少，且大小与发文量呈现正相关，节点之间的线条则代表了作者之间相互有学术交流。对该图谱进行分析，可知该图谱

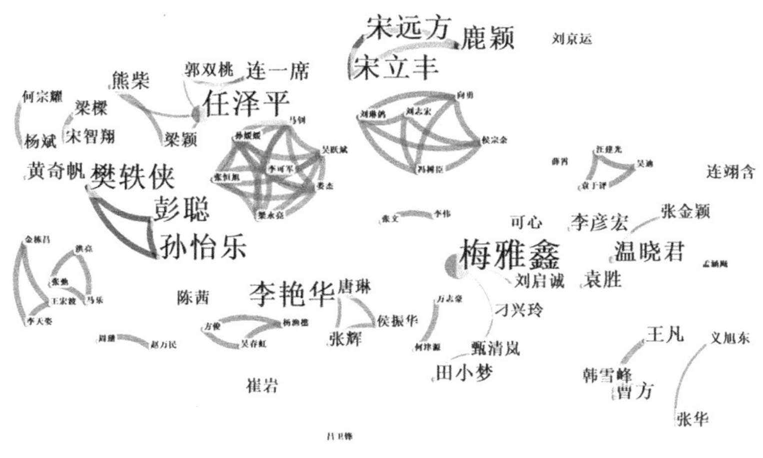

图 13-3　新基建发文作者分布

有169个节点，82条连线，网络密度为0.0058。在该领域里通过被引用次数进行排列，可知被引用次数最多的是梅雅鑫，其次就是任泽平。梅雅鑫的研究方向是AI与5G，即数据中心领域。任泽平研究的是经济领域与供给结构侧改革，主要针对经济结构的改变。

线条的分布情况代表着研究团队中各研究主导成员之间的合作，从图13-3中可以看出，各研究人员之间的合作大多独立进行，或组成研究小组进行分析，观察发现在每个团队中至少有一人在发文量的排行中位居前沿。例如梅雅鑫与刘启诚、刁兴玲、田小梦、甄清岚之间有联系，他们通过研究SD-WAN（软件定义广域网）的重要性，提出SD-WAN应与5G相结合，从而达到助力“新基建”的效果。5G和SD-WAN结合能够通过选路、优化和安全等策略来保证5G链路的良好体验，在音视频的优化、传输的优化、抗丢包的优化以及应用选路等方面都做了大量的研究，以确保5G链路和SD-WAN的结合能够给客户带来更好的体验。但从总体来说，作者之间有着各自的交流网，大体上并没有形成一定的学术交流网。研究方向也是各有侧重的，涉及学术交流范围不广，故对于新基建的信息掌握可能不全面。

13.3 研究热点与趋势分析

13.3.1 文献关键词共现及中心性分析

关键词代表一篇文章的核心内容，通过关键词可以实现对文章内容的高度凝练和概括，CiteSpace的关键词共现图谱通过分析关键词可以很好地帮助研究者找出所研究领域内的热点及其演变过程。而关键词的频次高低在一定程度上代表了新基建研究的热点。而以关键词为节点进行共现分析，得到图13-4新基建的关键词共现图谱。

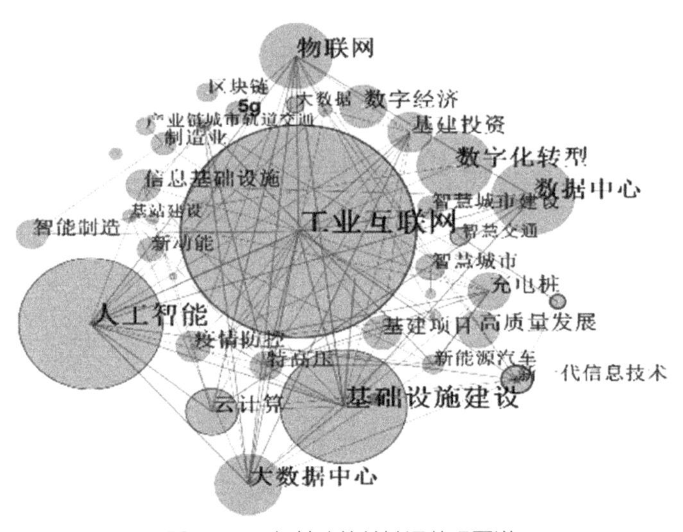

图13-4 新基建的关键词共现图谱

排名前九的高频次关键词　　表 13-2

出现次数（次）	中心性	年份（年）	关键词
338	0.08	2020	工业互联网
316	0.13	2020	新基建
209	0.02	2020	人工智能
182	0.14	2017	基础设施建设
133	0.05	2010	数据中心
113	0.02	2020	数字化转型
107	0.02	2020	物联网
99	0.05	2020	云计算
74	0.02	2020	大数据中心

该知识图谱显示共有 60 个节点，109 条连接，网络密度为 0.0616。知识图谱中的节点大小表示关键词的次数，且节点大小与出现次数为正比关系。中心性则是由圆圈大小所表示，圆圈越大，则代表该词的频率越强，即该关键词的影响程度越大，值得注意的是，中心性与节点大小并无直接关系。以关键词词频为分类统计标准，得到如表 13-2 所示的排名前九的高频次关键词。可知工业互联网出现的次数最多，为 338 次。其次是新基建，出现次数为 316 次。排名第三的是人工智能，为 209 次。其后主要为基础设施建设、数据中心、数字化转型、物联网、云计算、大数据中心。由此可知，学者目前研究的文献领域主要为工业互联网、数据中心与人工智能有关的研究有加深的趋势。中心性由高到低排名则是基础设施建设（0.14），新基建（0.13）、工业互联网（0.08）。通过阅读大量的文献，发现学者目前研究的热点大多关于物联网与工业互联网，主要侧重面是经济结构的改变与制造业结构的改变等，装备制造业是指为国民经济生产活动与国防建设提供机器和设备的基础性产业。我国立志于建立独立自主的装备制造业，且采取了更加多元的政策来发展装备制造业。总体上，这一多元的政策可以称为进口替代和战略性贸易政策的混合体。随着新冠肺炎疫情过去，智能化生活将常态化，大数据时代即将到来。人工智能在此期间得到一定的发展，而随着与此有关的研究逐渐深入，必将影响未来新基建的热点与趋势。

13.3.2　文献关键词聚类分析

CiteSpace 在上述图谱的基础上，能够自动对关键词进行聚类分析，并在此基础上自动生成聚类标签。从引用聚类的相关文献中通过算法提取标签词，以此表征对应于一定知识基础的研究前沿。CiteSpace 5.1.R6 将关键词自动划分为九类，生成如图 13-5 所示关键词聚类图谱。

由图 13-5 可知，将关键词聚类结果输出得到表 13-3。一般认为 $Q>0.3$ 意味着聚类结构显著，而该图中 Q 值为 0.4803，显然聚类结构显著。同质性指标数值越接近 1，同

图 13-5　文献关键词聚类图谱

质性越高。其值大于 0.5，则可认为聚类明显，同时也是合理的。通过研究新基建的关键词聚类分析，从关键词聚类分析的具体信息可得，关键词从 0 到 8，包含 2 到 14 的节点，同质性指标数值在 0.672~1，显然聚类的主题明确。

文献关键词聚类表　　表 13-3

聚类编号	节点	同质性指标	年份（年）	中心节点（相似度等级）	关键节点（交互度指标）
0	14	0.672	2019	工业互联网（1943.94，1.0E-4）	产城联动（1.7）；勘察（1.7）；包容性（1.7）
1	8	0.786	2020	充电桩（912.23，1.0E-4）；新能源汽车（660.26，1.0E-4）	ceo（0.44）；下一代互联网（0.44）；中心城区（0.44）
2	6	0.973	2020	智慧城市建设（461.24，1.0E-4）；智慧城市（449.06，1.0E-4）	北京轨道交通（0.18）；投资规模（0.18）；应急装备（0.18）
3	4	0.79	2020	数字化转型（837.67，1.0E-4）；制造业（377.48，1.0E-4）	产城联动（0.2）；信息化规划（0.2）；人才保障（0.2）
4	4	1	2017	新型基础测绘（208.17，1.0E-4）；地理信息（130.04，1.0E-4）	工业互联网（0.08）；人工智能（0.05）；基础设施建设（0.04）
5	4	0.925	2017	新基建（2968.5，1.0E-4）；5G（703，1.0E-4）	专业出版（0.25）；gpt（0.25）；信息数据（0.25）
6	3	0.954	2020	应用场景（227.54，1.0E-4）；产业互联网（217.07，1.0E-4）	工业互联网（0.05）；垃圾回收箱（0.05）；移动通信领域（0.05）
7	2	1	2020	区块链（509.55，1.0E-4）；区块链技术（360.83，1.0E-4）	工业互联网（0.05）；包容性（0.04）；产学研用（0.04）
8	2	1	2019	监管机制（118.43，1.0E-4）；社会信用体系建设（118.43，1.0E-4）	工业互联网（0.08）；人工智能（0.05）；基础设施建设（0.04）

从图 13-5 可以看出，工业互联网是从图的中心向各个方向延展，形成一片区域，且与各个聚类区域均有重合，而从表 13-3 也可以看到“工业互联网”存在于各个主题之中，这表明该区域涵盖了很多不同的主题内容，发布的文献数量较多并具有深入研究的趋势，互联网在经济社会诸多领域的广泛应用，为其与行业的深度融合打下了坚实基础。互联网已经从以往的信息消费类领域逐步走向生产领域，从而进一步激活、释放和放大传统产业和服务业等领域的创新潜力，显然工业互联网是当前的研究热点。而“数字化转型”“应用场景”“智慧城市的建设”均以一个方向从中心向外延伸，且连接线条复杂，即关于这一块领域的研究深度很有可能发展迅速，很有可能形成更大范围的区域，成为新的研究热点。当前数字经济领域的颠覆性创新更加频繁，同时数据产品和服务的创新还具有代码量巨大、高度模块化、后向兼容、以数据为基础等特点，因此数字领域的科学研究和产业创新活动需要新型的创新基础设施作为支撑，故对于以数字技术为中心的新基建的未来的研究热点趋势很可能与人工智能、数据中心有关。

13.4　本章小结

通过对新基建领域内的文献进行不同层次的分析与可视化研究，可以得出以下结论：由于新基建这个概念是在 2018 年被正式定义的，从发文量的时间图来看，我国关于新基建研究的发文量总体来说是偏低的，关于新基建的研究成果并不丰富，缺乏高质量的相关研究，但整体呈现出一定的上升趋势，预计后期会有更多的高质量论文产生。从新基建的空间分布上来看，参与新基建研究的机构较多，但是缺乏交流，即研究机构各自为政，或形成一定的合作体系，但未出现集中的研究群体。关键词共现图谱表明目前新基建研究的热点是“工业互联网”“数据中心”“人工智能”“物联网”等。事实上，这些领域大多都互相有交集，5G、人工智能、大数据、工业网络和其他新技术将刺激未来的智能制造发展，例如智能能源、智能医疗服务、智能交通、智能物流与智能零售业等。而从长远角度来看，高速铁路及新能源充电桩也将拉动消费，促进城市发展，这一点从相对集中的关键词共现网络结构也可以看出来。而随着信息化、数据化时代的繁荣，结合当前社会的发展情况，未来新基建的热点大概率仍会集中在数据与智能方面，不会有太大的变化。

根据上述结论，提出以下关于新基建未来发展的建议：在新冠肺炎后疫情时代，各个行业的发展滞后，作为经济复苏关键的新基建，承担着新冠肺炎疫情后促进行业发展的重要使命，如何对新基建进行评价从而找到更好的发展方式是当前的重点。未来世界的发展趋势在于信息化、智能化，科学逐渐成了国家发展的重要推力。而我国目前的产业结构亟需转型，新旧动能的转换导致目前我国经济发展迟缓，新基建的出现在很大程度上缓解了我国目前的经济压力。故为了产业结构的快速转型、新旧动能的顺利转换，建议未来新基建的研究重点放在信息基础设施建设部分。信息基础建设施与科学发展的关系是不可分割的。信息基础设施的建设源于5G、云计算、区块链、数据中心等新一代信息技术的演化，在此基础上对互联网和人工智能等新技术的深度应用又进一步产生了以智能交通基础设施、智慧能源基础设施为代表的融合基础设施，信息融合得到的创新基础设施反过来还可以继续支撑科学研究、技术开发和产品研制，进而促进新一代的信息技术研究。科技创新是国家发展的重要措施，通过促进新基建的发展，可以更有力地推动我国传统科技与创新的融合，有效地提高我国的创新实力。同时大力发展信息技术使得新媒体遍布各个角落，而新媒体自身的特性同样也带动了科学的传播，可以有效地推进发展。

本章参考文献

[1] Guo A. New infrastructure construction uncovers huge business opportunities [J]. China's Foreign Trade，2021（1）：18–20.

[2] Lin H X. Situation analysis of chinese virtual streamer industry from the view of media materiality [J]. Advances in Social Sciences，2020，9（8）：1287–1299.

[3] 陈悦，陈超美，胡志刚，等 . 引文空间分析原理与应用 CiteSpace 实用指南 [M]. 北京：科技出版社，2014.

[4] 樊轶侠，孙怡乐，彭聪 ."新基建"浪潮下数据中心产业发展痛点及相关政策思路 [J]. 财会月刊，2021（5）：128–133.

[5] 高柯夫，孙宏彬，王楠，郭迟 ."互联网 +"智能交通发展战略研究 [J]. 中国工程科学，2020，22（4）：101–105.

[6] 郭朝先，王嘉琪，刘浩荣 ."新基建"赋能中国经济高质量发展的路径研究 [J]. 北京工业大学学报（社会科学版），2020，20（6）：13–21.

[7] 韩国忠 ."新基建"环境下光电子产业基础能力建设的探索 [J]. 半导体光电，2020，41（3）：301–305.

[8] 林桂军，何武 . 中国装备制造业在全球价值链的地位及升级趋势 [J]. 国际贸易问题，2015（4）：3–15.

[9] 梅雅鑫，刁兴玲 . 行业标准逐步完善 SD–WAN 成 5G 时代核心竞争力 [J]. 通信世界，2020（32）：28–29.

[10] 王兴伟，李婕，谭振华，马连博，李福亮，黄敏 . 面向"互联网 +"的网络技术发展现状与未来趋势 [J]. 计算机研究与发展，2016，53（4）：729–741.

[11] 赵剑波 . 新基建助力中国数字经济发展的机理与路径 [J]. 区域经济评论，2021（2）：89–96.

第 14 章　建设项目数字孪生研究热点及前沿

本章将通过对 Web of Science 核心合集数据库以及 CNKI 中建设项目数字孪生相关文献的统计，以建设项目数字孪生为研究对象，阐述数字孪生的内涵与研究现状，并对国内外文献进行可视化分析，以发文量与文献分布、国家和作者及研究机构合作、文献引用、关键词共现等为观察点，采用文献计量研究方法，找出建设项目领域的数字孪生相关文献时间分布及增加量，以及研究热点、前沿与发展趋势。

14.1　数字孪生的内涵界定及研究现状

14.1.1　数字孪生的内涵界定

数字孪生概念起源于工程制造领域，最早是由格里夫斯提出的，将其定义为“具备抽象表示真实装置的能力并可在此基础上进行现实或虚拟环境下性能测试的数字化复制产品”。以数字方式创建物理对象的虚拟模型，模拟其在现实环境中的行为。因此，物理世界中的物理实体、虚拟世界中的虚拟模型以及将虚实世界联系在一起的数据，这三个部分组成了数字孪生体。数字孪生反映了物理对象与虚拟模型之间的双向的、动态的、实时的映射，具体来说，它是物理实体的虚拟化，以虚拟方式判断、分析、预测和优化物理操作过程。不仅如此，它还是虚拟过程的实现。在对产品设计、制造和维护过程进行仿真和优化后，它指导了物理过程以执行优化的解决方案。而在虚拟与现实的互动过程中，数据的整合是必然趋势。来自物理世界的数据通过传感器传输到虚拟模型，以完成仿真和动态调整。仿真数据被反馈到物理世界，以响应这些变化，改善操作并增加价值。在融合数据环境的基础上，才可能进行交叉分析。

十年前，数字孪生在航空航天领域上初步得到应用。美国空军研究实验室和 NASA 合作提出了构建未来飞行器的数字孪生体。在数字空间建立真实飞机的模型，并通过传感器实现与飞机真实状态完全同步，每次飞行后，根据结构现有情况和过往载荷，及时分析评估是否需要维修、能否承受下次的任务载荷等。数字孪生也用于厂房及生产线的建设。在实际施工之前，先建立厂房及生产线的数字化模型，在虚拟空间中对厂房进行仿真模拟，为实际工厂建设提供参考。而在厂房和生产线建成后，在日常的运营和维护中，物理实体和虚拟空间持续进行信息交互。从产品全寿命周期的角度来看，数字孪生技术可以在产品的设计研发、生产制造、运行状态监测和维护、后勤保障等阶段对产品提供支撑和指导（刘大同等，2018）。此外，数字孪生可以通过传感器实时收集数据，持续监测系统的工作状态，判断系统的健康状况、出现故障的概率以及剩余使用寿命，通过激活自我修复机制来减轻损害，从而提高寿命，降低故障概率。

综上所述，数字孪生利用物理模型、传感器等数据，集成多学科、多物理量、多尺度、多概率的仿真过程，在虚拟空间中完成映射，从而反映相对应的实体装备的全生命周期过程。数字孪生是普遍适应的理论技术体系，可以在众多领域应用，在产品设计、产品制造、医学分析、工程建设等领域应用较多。

14.1.2 国内外研究现状

1. 国外研究现状

2011 年，美国空军研究实验室和 NASA 合作提出了构建未来飞行器的数字孪生体，并定义数字孪生为一种面向飞行器系统的仿真模型，能够利用物理模型、传感器数据和历史数据等反映与该模型对应的实体功能、实时状态及演变趋势等，数字孪生才真正引起关注。一些学者在 NASA 提出概念的基础上进行了补充和完善，例如 Uabor 等提出数字孪生还应包含专家知识以实现精准模拟，Rios et al.（2015）认为数字孪生不仅面向飞行器等复杂产品，还应面向更加广泛通用的产品。

随后，国际上对数字孪生技术进行了不断地研究和持续探索，如 2015 年美国通用电气公司将数字孪生技术与互联网、大数据等信息技术有效结合，利用云服务平台 Predix 对发动机进行全生命周期管理（Warwick，2015）；Rios et al.（2015）从工业化视角回顾了数字孪生的起源和发展历程，认为数字孪生技术在未来的工业化发展历程中潜力巨大，应用前景十分广阔。Tao et al.（2018）在以往的大型研究的基础上，重点研究了如何生成和使用融合的网络物理数据来更好地服务于产品生命周期，从而推动产品设计、制造和服务变得更加高效、智能和可持续，同时提出了一种由驱动的产品设计、制造和服务的数字孪生新方法，详细地研究了应用方法和框架数字双驱动产品设计、制造和服务。此外，给出了三种情况来分别说明未来在产品的三个阶段中数字孪生的应用。

2. 国内研究现状

在国内，来自北京航空航天大学的陶飞教授不断探究数字孪生技术领域。陶飞等（2017）基于车间生产中要素管理、活动计划和过程控制中出现的问题，提出了数字孪生车间的概念，介绍了数字孪生车间的四个主要系统组成、运行机制、运行特点等；同时，由数字孪生车间的四个组成部分，通过物理、模型、数据、服务四个维度探讨了实现信息物理融合的理论和技术；随着数字孪生车间概念的提出，数字孪生在智能制造方面的应用热度日益上升。随后，陶飞（2019）联合我国其他领域的多名学者，提出了数字孪生的五维结构模型和在十大领域的应用；接着进一步提出六条数字孪生驱动的应用准则，并探究了数字孪生在十四类方面的应用。来自北京理工大学的庄存波等（2017）介绍了产品数字孪生体的内涵与数字纽带，从产品全生命周期的角度分析产品数字孪生体的数据组成、实现方式、作用及目标，提出产品数字孪生体的体系结构。此外，周有城等（2019）从智能产品的模块特性出发，基于数字孪生技术改善现有系统功能模型的构建方法，创建信息和物理双向反馈的交互体系，大幅提升了创新设计系统的效率；来自中国石油管道公司的李柏松等（2018）从管道设计、调度优化、管道设备运行维护、管道全生命周期管理四个方面分析数字孪生在油气管道中的应用前景，有利于我国的智慧管网建设。苗田等（2019）则研究了数字孪生技术在产品生命周期管理中的应用实践，在考虑生产全要素的基础上对生产全过程进行统筹分析，总结得出数字孪生体将深刻影响基于数据的未来制造模式。

综上所述，数字孪生已演变为一种以数字化技术构建现实世界中物理实体的仿真模型，借助大量产品信息、运行状态、实时维护等数据模拟物理实体在现实环境的全生命周期过程，通过一系列信息手段扩展物理实体综合性能的创新技术。而当前数字孪生相关理论研究还处于起步阶段，为促进数字孪生的落地应用，在数字孪生建模、信息物理融合、交换与协同等方面有待系统深入地研究（陶飞等，2018）。长远来看，数字孪生技术的研究发展关系到制造业未来的创新进步，更为人类探寻未知科学领域提供了途径和方法。因此，及时对数字孪生领域的研究成果进行科学统计和阶段分析，从而识别学术前沿、确定研究方向、管理客观知识并做出科学决策，对推动我国制造业的转型升级、引导智能化制造的发展创新具有重大意义。

14.2　图谱主体分析

研究主体包括文献数量分布以及文献的发布国家、机构、作者等，要对一个领域的文献进行分析，主体分析应该是第一步。统计各年建设项目数字孪生领域的文献数量，形成折线图，能够了解特定时段的研究热点；通过可视化图谱，能够直观清晰地反映该领域研究的国家、机构、作者分布情况及联系；对图谱进行分析，可以得到建设项目数字孪生领域的文献时间分布、科研合作情况、作者集中情况等。

14.2.1　文献数量分布分析

通过文献数量的变化，可以直观地了解到在特定时间段里该领域研究热度的变化。文献数量是衡量某一领域研究发展趋势的重要指标，对分析该领域的发展历程和预测未来趋势具有重要意义。分别从 Web of Science 和中国知网筛选出 163 篇文献和 256 篇文献，数量、时间分布如图 14-1 所示。建设项目数字孪生作为新兴领域，从 2017 年才开始受到关注。可以看出，从 2017 年到 2021 年，建设项目数字孪生研究文献发表的数量总体上不断上升。2017 年，这一新兴领域开始受到学术界的关注，在接下来的几年中，建设项目数字孪生的研究热度不断上升。2017 年和 2018 年，由于刚进入起步阶段，国内外总共发表 20 篇相关文章，但在 2019 年发文量快速增长，达到 74 篇。2020 年建设项目数字孪生研究数量迅速增加，发文量持续上升，国内外共计 208 篇，表明建设项目数字孪生研究逐步成为研究热门。截至 2021 年 3 月，已有 49 篇相关文献发表，预计 2021 年将会达到新高。此外，可以看出国内与国际对该领域的研究几乎同时开始，但国内研究数量多于国际，这与我国政策不断推进智慧城市建设、建筑信息模型（BIM）技术研究等密切相关。

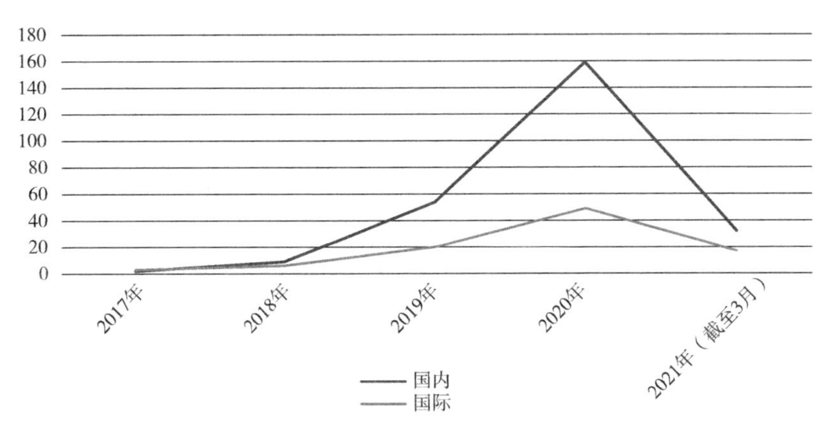

图 14-1　2017~2021 年建设项目数字孪生研究文献数量分布图

14.2.2　科研合作分析

1. 国家合作分析

国家间的合作情况如图 14-2 所示。由此可以看出，以美国、德国、中国、英国为代表的少数国家已经对建设项目数字孪生技术领域展开相应研究，中国、美国、英国、西班牙等国家已展开合作研究，数字孪生研究领域逐渐形成国际合作趋势。

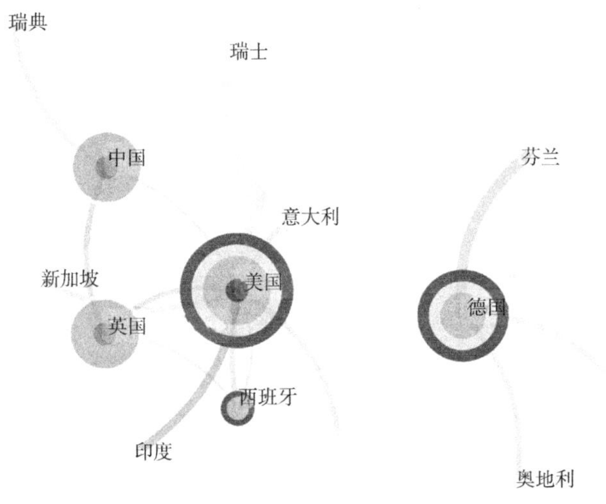

图 14-2　国家合作知识图谱

近年来，数字孪生研究领域不断发力，科研领域蓬勃发展。德国工业 4.0 战略、美国数字工程战略、中国“制造强国”战略等是各国在智能制造与数字孪生领域有所作为的战略保障，也是这些国家走在数字孪生技术领域国际前沿的根本所在。其中美国作为最早提出数字孪生概念并大力发展此技术的国家，在该领域影响力卓越，仍然处于国际领先地位。

2. 机构合作分析

从图 14-3 科研机构合作情况的知识图谱可以看出，各研究机构以地区为划分有局部范围的初步合作，如英国的剑桥大学、伦敦大学学院、帝国理工学院；美国的宾夕法尼亚州立大学、俄亥俄州立大学等，但还是处于相对独立的研究阶段，发文量也并未形成一定规模。

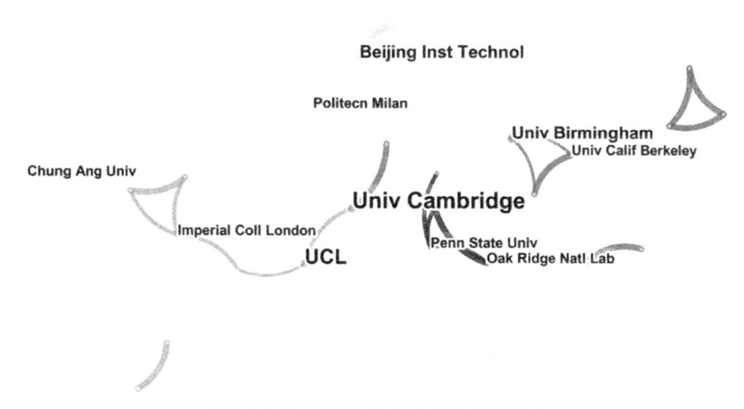

图 14-3 国际机构合作知识图谱

机构之间的合作主要是以“高校—高校”的形式存在，特别是在英国和美国的研究机构合作中比较常见。由图 14-4 反观我国机构的合作情况，出现频次较高的有中国工程院、南开大学商学院、中国石油大学、中国信息通信研究院等，同济大学、东南大学和华中科技大学等建筑实力较强的高校之间合作关系较为密切，表明我国研究数字孪生的机构大部分还是一些理工类大学，且主要与国内高校保持着较强的合作关系，高校与企业之间也有一定的合作关系。合作单位大多是同一地区的同类型机构，各大研究机构之间跨领域、跨地区的合作交叉程度有待进一步提高。这一现状对数字孪生理论和研究方法的深入探索，以及对数字孪生在建设项目上的实践应用均不利，仍需加强。

3. 科研人员合作分析

（1）国际科研人员合作情况

图 14-5 反映了在建设项目数字孪生技术领域中国际科研人员的合作概况，由图可知，国际科研人员之间的合作也主要以同地区之间合作为主。聚类 1 以 Ajith Kumar Parlikad（剑桥大学）、Xie Xiang（剑桥大学）、Lu Qiuchen（伦敦大学学院）为核心研究人员的合作关系，这三位学者的发文量同时居于首位；聚类 2 是以伯明翰大学的

Sakdirat Kaewunruen 和 Jessada Sresakoolchai 为核心研究人员的合作关系。同时来自韩国中央大学的数名学者进行合作，形成小聚类。其余各小聚类代表的学者中，以局部地区的研究合作为主,且各小聚类代表的合作关系的规模几乎相同,发文量较少。纵观全图,也并无十分突出的合作连线。这说明建设项目数字孪生虽已引起国际学者的关注，从事该领域技术研究的科研人员也初具规模，但能够领导领域前沿研究的学者较少，各个国家、各个地区的局部研究领域之间的互通合作也亟待加强，其研究热度、深度、广度均有一定的发展空间。

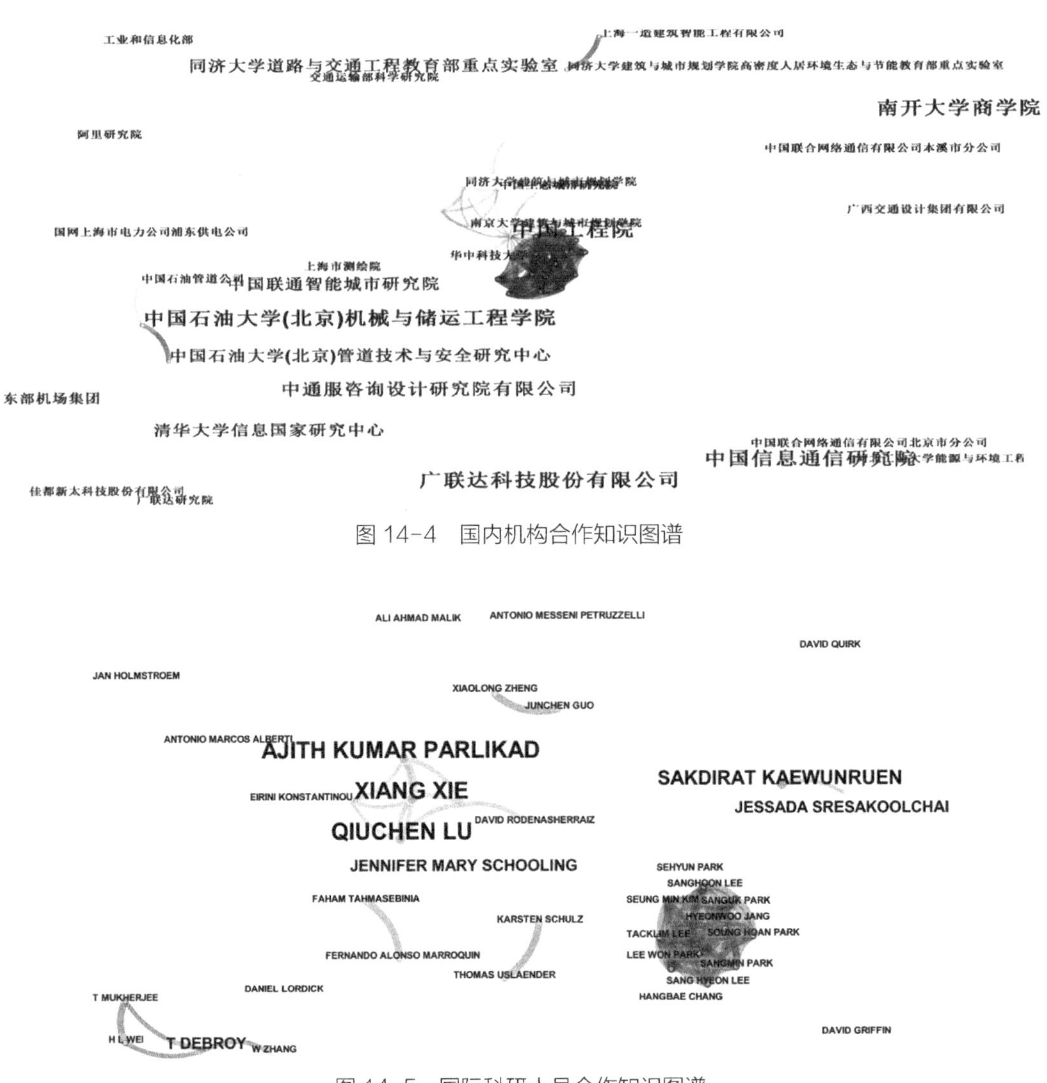

图 14-4　国内机构合作知识图谱

图 14-5　国际科研人员合作知识图谱

（2）国内科研人员合作情况

图 14-6 反映了在建设项目数字孪生技术领域中国内科研人员的合作概况。运用 CiteSpace 对数字孪生研究团队进行识别发现，对于建设项目数字孪生的研究中国学界已

形成几大研究团队，各个团队立足于其专业优势和团队特色，对建设项目数字孪生的不同方面进行了深入挖掘，使得研究更加全面丰富。但每个团队的专业局限性较强，研究方向不同，团队之间的合作关系还比较薄弱。以北京航空航天大学陶飞教授为首的团队不断探究数字孪生技术领域，该团队中还有刘蔚然、张萌、戚庆林等学者。陶飞教授不仅与同机构的学者合作，还联合东南大学、北京理工大学、西安交通大学、中国空间技术研究院等机构的众多学者，并在国际期刊发表文章，为国内数字孪生领域研究做出了重大贡献。

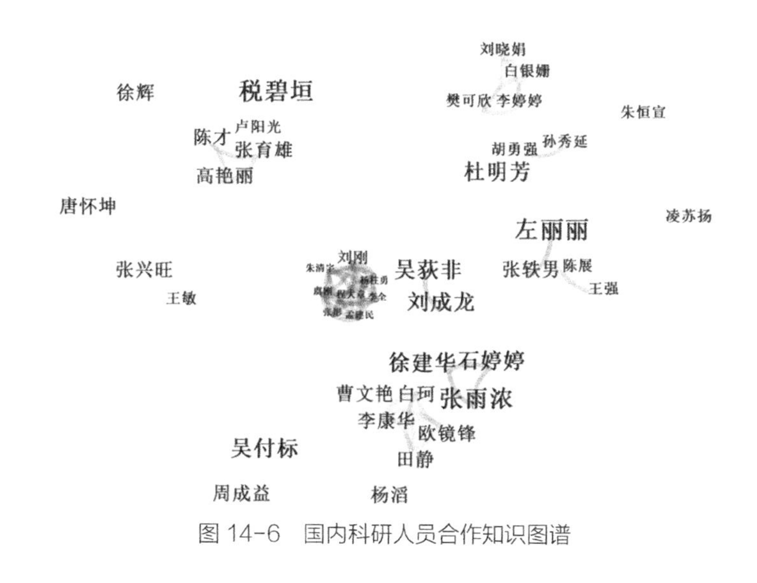

图 14-6 国内科研人员合作知识图谱

来自中国信息通信研究院的高艳丽、陈才和张育雄三位学者对数字孪生在城市建设方面的应用进行了研究，探索了作为智慧城市建设主流模式的数字孪生城市概念。来自中国石油大学的左丽丽、张轶男、董绍华主要研究了数字孪生在智慧管道上的应用，通过建设综合管理系统，该系统能够覆盖油气管道全生命周期，探究了电子管道、数字管道、智能管道在如今数字化时代的发展。

14.3 国际与国内研究热点对比分析

14.3.1 研究热点分析

在 CiteSpace 中设置节点类型为 keywords，国内与国际建设项目数字孪生研究文献时间切片范围均为 2017~2021 年，网络剪裁方式为 Pruning Sliced Networks，将 Web of Science 核心合集数据库以及中国知网数据库中的文献数据导入，合并删减同义词和近义词，最终得到国内外建设项目数字孪生文献研究的关键词频次及中心度列表（表 14-1、表 14-2）、关键词共现时区图（图 14-7、图 14-8）以及关键词聚类图谱（图 14-9、图 14-10）。

国际研究文献热点词汇列表（前 10 个） 表 14–1

频次（次）	中心度	年份（年）	热点词
45	0.21	2018	digital twin
15	0.08	2019	bim
15	0.07	2018	system
13	0.21	2017	model
11	0.05	2018	internet
9	0.22	2019	design
7	0.17	2019	building
6	0.23	2018	augmented reality
6	0.02	2018	performance
6	0.04	2019	framework

国内研究文献热点词汇列表（前 10 个） 表 14–2

频次（次）	中心度	年份（年）	热点词
164	0.3	2017	数字孪生
32	0.12	2019	智慧城市
32	0.43	2018	bim
20	0.1	2019	数字化转型
14	0.16	2017	智慧管网
13	0.05	2019	cim
12	0.02	2019	人工智能
11	0.24	2017	大数据
11	0.05	2019	物联网
8	0.37	2018	云计算

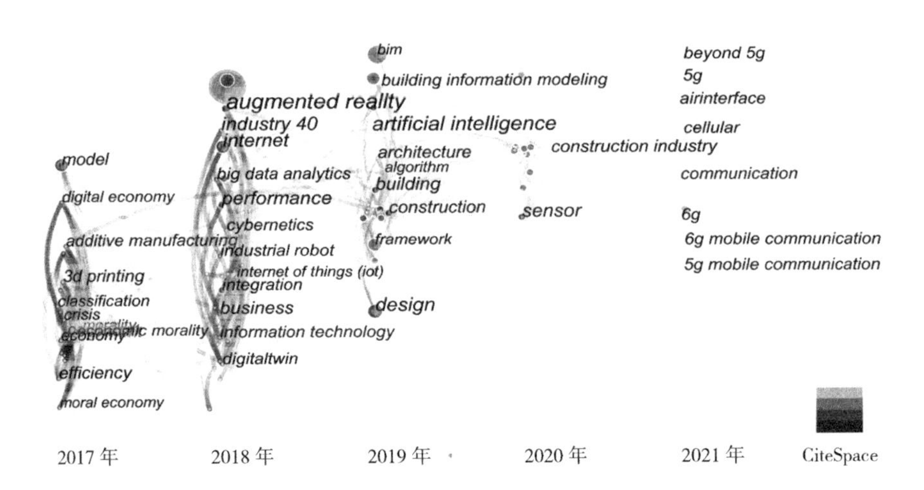

图 14–7 国际研究关键词共现时区图

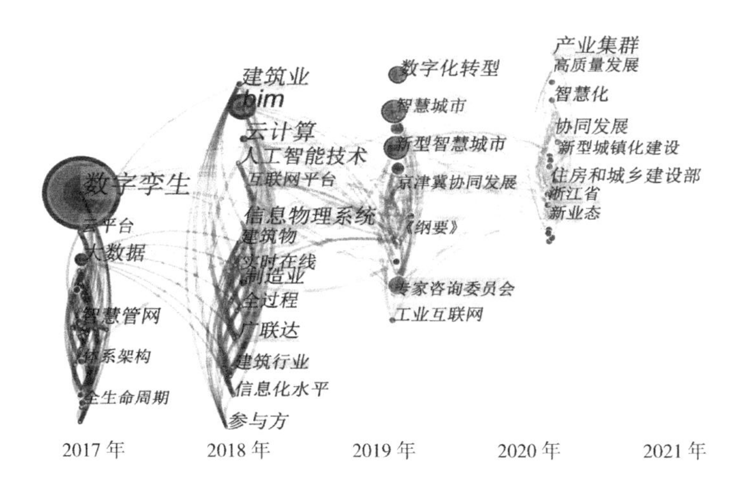

图 14-8　国内研究关键词共现时区图

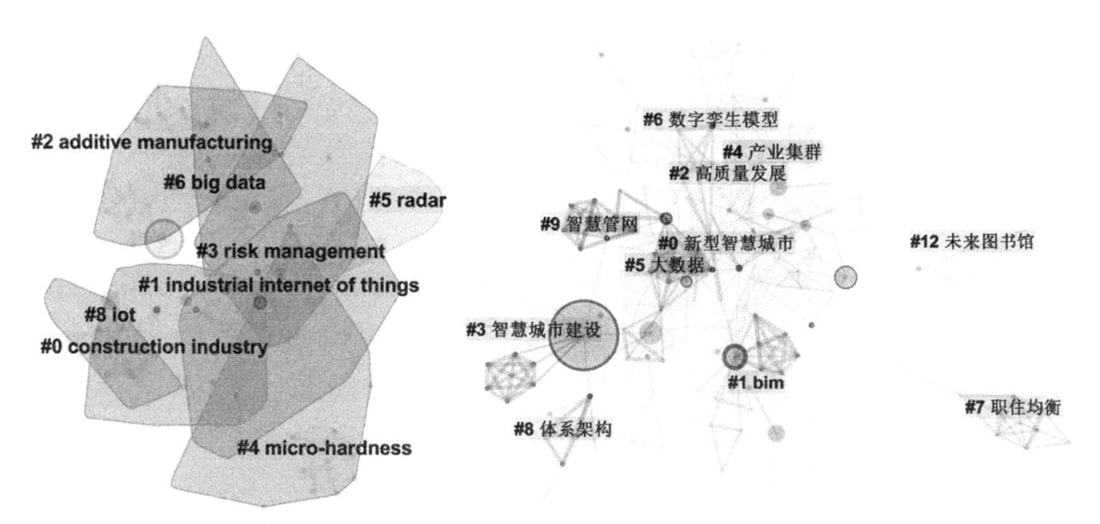

图 14-9　国际研究文献关键词聚类图谱　　　图 14-10　国内研究文献关键词聚类图谱

国内建设项目数字孪生研究关键词共现图谱中显示的节点数量 N=200 个，关键词之间的连线数 E=418，网络密度为 0.021；国际建设项目数字孪生研究关键词共现图谱中显示的节点数量 N=164 个，关键词之间的连线数 E=431，网络密度为 0.0322。提取关键词中的名词性术语，对关键词聚类进行命名得到主题聚类，其中国际建设项目数字孪生研究包括 8 个聚类，国内包括 11 个聚类，如图 14-6、图 14-7 所示。

14.3.2　研究热点演进分析

为了从时间维度上观察国内外建设项目数字孪生领域研究的演进情况，本节采用 CiteSpace 绘制关键词共现时区图，可以了解建设项目数字孪生研究随时间推移的演进趋势（图 14-7、图 14-8）。在关键词共现时区图中，每个节点代表一个关键词，节点出现的横轴位置代表关键词第一次出现的时间，节点与字体的大小显示关键词出现频次的高低，由关键词共现时区图可以了解该领域热点演变情况。

1. 国际研究热点演进分析

从图 14-7 可以看出，国际建设项目数字孪生研究在 2017 年开始起步，但主要聚焦于模型构建，且集中在 3D 打印、经济效率等领域。此后，数字孪生的研究方向逐渐转向智能制造领域。2018 年起，关键词明显增多，新增的关键词主要有 industry4.0、augmented reality、big data analytics、internet of thins 等，表明建设项目数字孪生研究逐渐与大数据、AR 技术、物联网相结合，并与工业 4.0 战略体系开始融合。

2019 年，较为显著的新增关键词是 artificial intelligence、bim、design 和 framework。这表明人工智能技术、BIM 技术的进步为建设项目数字孪生的发展提供了空间，数字孪生在理论模型、设计仿真方法等方面的研究开始引起学者的关注。数字孪生开始在建设项目设计上得到运用，同时建设项目数字孪生理论开始形成框架，逐步向更加成熟的理论迈进。2020 年新增的关键词较为分散，没有集中趋势。2021 年，出现了 5g、6g 等关键词，表明建设项目数字孪生的未来研究趋势很可能与移动通信技术密切相关。

2. 国内研究热点演进分析

由图 14-7 可以看出，国内建设项目数字孪生研究同样在 2017 年开始起步，代表关键词是数字孪生、大数据；2018 年是建设项目数字孪生的关键年，论文发表数量开始增加，很多高频关键词都在这一年被首次提出，如人工智能技术、云计算、bim、互联网平台等，这表明我国“互联网 +”的战略渗透到各个方面，也进入建设项目数字孪生领域中。2019 年论文发表数量如雨后春笋般，研究热点也逐渐扩展开，出现了数字化转型和智慧城市等关键词，大量学者已经开始关注城市建设领域，建设项目数字孪生开始与智慧城市建设联系起来，城市建设逐渐走向新阶段。2020 年出现高质量发展、协同发展、产业集群等关键词，表明建设项目数字孪生开始与一些宏观战略相结合，协助加速我国建设发展。预计建设项目数字孪生领域的关注度会持续上升，将在 2021 年达到新高。

14.3.3 研究热点相同点分析

通过热点词分析和聚类分析可以看出，国内与国际建设项目数字孪生研究存在“BIM”“大数据”“物联网”这几个共同点。

（1）BIM。热点词包括建筑信息化、三维模型、cim（城市信息模型）、bim 技术、bim 应用。建筑信息模型作为连接建筑模型实体与数字化虚体之间的技术纽带，有助于建筑业的数字化转型。我国城市信息化建设不断发展，数字孪生城市作为新型智慧城市被提出，而 BIM 技术是构建数字化模型的基础，因此 BIM 技术在建设项目数字孪生方面的应用是必然趋势，对建设项目数字孪生的发展也会产生不可预估的影响。BIM 技术与数字孪生在建筑领域的区别和联系在于，BIM 技术的应用重点专注于建筑本体，通过创建三维可视化的协作设计和施工过程尽快交付一个高质量的建筑；而数字孪生建筑则是在 BIM 竣工模型基础上，融合现场硬件的智能感知与互联，最终目的在于给业主提供

便捷的建筑运维服务应用和精准管理服务。因此BIM技术的应用可为孪生数字建筑提供关键的模型和数据输入，而数字孪生建筑的应用和推广可为BIM技术的深度应用指明方向，通过运维阶段的信息收集和分析反馈设计和建造阶段的问题，优化以后的设计和施工方案。

国内相关研究中，伍朝辉等（2019）介绍了建筑信息建模、数字孪生、人工智能等技术在智慧交通中的应用；刘创等（2019）提出了数字孪生工地的管理目标及解决思路，定制研发“透明雄安”智慧建造管理平台，以智慧建造为核心进行管理实践；谢琳琳等（2020）基于我国装配式建筑迅速发展的背景，在动态多重不确定因素干扰的环境下，构建基于BIM和数字孪生技术的项目调度智能管理平台。

（2）大数据。数字孪生由三部分组成，其中数据是不可或缺的一部分。为了从海量数据中提取价值，大数据使用了不同于传统工具的高级工具和算法。虽然大数据与数字孪生都涉及数据，但在数据方面，大数据比数字孪生更加专业和高效。因此，大数据可以服务于数字孪生。信息化在建设项目方面的运用还不够成熟，其主要原因之一是数据本身难以进行实时同步收集，且缺乏能够有效统一数据的平台载体。Qi et al.（2018）对制造业中的大数据和数字孪生的概念以及它们在产品设计、生产计划制造和预测性维护中的应用进行了回顾。在此基础上，还从通用和数据的角度比较了大数据与数字孪生之间的异同。大数据和数字孪生可以互补，应该集成它们以促进智能制造。

建筑业如今正在从传统的计算机辅助设计（Computer Aided Design，CAD）阶段进入到运用BIM的阶段，以达到对建设项目全生命周期的设计和管理，这也意味着大量数字化信息的产生。据广联达科技股份有限公司预估，平均一个建筑生命周期大约产生10T级别的数据。BIM模式的大数据应用将图纸、模型和计算结果等都进行了整合，使建筑业产生的海量数据得到有效分析和利用形成可能。

（3）物联网。是指将利用传感技术实时获取物体的信息，并通过网络将信息准确地传递出去，最后利用云计算、模糊识别等智能计算技术，对海量数据信息进行分析处理，从而对物体实施智能化控制。物联网是包含互联网、自动化、传感器及嵌入式系统等多个领域的综合性技术。因此，对嵌入式设备（例如传感器、执行器和智能手机）的需求不断增加，为物联网的新时代带来巨大的业务潜力，在该时代中，所有设备都能够互连、通过网络相互通信。物联网在许多不同领域中得到应用，例如家庭自动化、工业自动化、医疗辅助、移动医疗、老人辅助、智能能源管理和智能电网、汽车、交通管理等。

城市人口密度的快速增长要求提供服务和基础设施，以满足城市居民的需求。物联网技术在智能建筑中的应用主要体现在监控管理、智能安防、节能减排及智能家居等方面。近年来，国内外陆续开展了物联网在供热、供气和供水等方面的应用研究，并在此基础上将物联网与地理信息系统（Geographic Information System，GIS）相结合，提出基于物联网和GIS的基础设施管理系统，创建了一个结合物联网的四层架构系统，系统实现从数据生成开始到收集、聚合、过滤、分类、预处理、计算和决策的各个步骤，实时处理物联网数据，以建立智能城市。该系统由各种类型的传感器部署组成，包括智能家居传感器、车载网络、天气和水传感器、智能停车传感器和监视对象，用于大数据分析的智能城市发展和城市规划。Andrea et al.（2014）概述了城市物联网的系统架构与智能城市愿景相关的服务，这些服务可以通过部署城市物联网来实现，并以 Padova 智能城市项目举例说明了城市物联网可能的实现方式，提供了可以通过这种结构收集数据类型的示例。

14.3.4 研究热点差异点分析

1. 国际研究热点

（1）风险管理方面。Kaewunruen et al.（2018）以中国浙江省中城村大桥为例，建立了“数字孪生 + 桥梁风险检查模型”的一体化模型，降低了极端天气条件下桥梁建设的风险和不确定性，为所有利益相关者建立了效率更高的信息平台，突出了数字孪生在桥梁模型建立、信息收集和共享、数据处理、检查和维护计划中的应用；除了用于建筑自身的风险管理，数字孪生在维护工人安全、降低施工风险上也有运用。Hou et al.（2020）提出，在数字孪生概念的指导下，先进的传感和可视化技术的出现为改善工作场所的建筑健康和安全提供了可能性。该研究表明数字孪生可有效提高建筑工人的安全性，不过建筑行业中尚未充分利用和简化这些创新；在设备检查维护方面，数字孪生也能降低因设备故障造成的风险。Chen et al.（2018）使用数字孪生来构造消防安全设备元素，以便检查员可以快速获取所需的信息。通过组织已编译的信息，生成一个用于设备检查和维护的云数据库。该数据库与增强现实（Augmented Reality，AR）技术相结合，以移动设备进行检查和维护，从而克服了纸质文件对这些任务的限制。演示和验证结果表明，信息和现实对象通过 AR 的组合有效地促进了即时视觉和便捷方式下的信息呈现，所提出的 BIM AR FSE 系统提供了对消防安全设备信息的高度全面、移动和有效的访问。

（2）AR 技术方面。Meza et al.（2014）提出，建筑信息模型（BIM）已大大改善了设计信息的显示方式，用于集成项目开发的初始阶段。但是，在建筑工地上，设计仍主要以基于线条的纸质图纸或便携式显示器上的投影表示。而增强现实技术则可以集成信息并将其放置在时间、地点和环境中，为项目建设带来便利。Zhou et al.（2017）讨论了在隧道施工过程中使用增强现实技术快速检查路段位移的可行性。该技术将使现场质量检查人员可以根据质量标准建立虚拟质量控制基准模型，并将该模型叠加到 AR 中的实际分段位移上。因此，可以通过测量基线模型和实际设施视图之间的差异来自动评估结构安全性。另外，该技术可以潜在地用于探索如何增强隧道的稳定性，以避免重大事故。进行案例研究，评估使用原型 AR 系统相比常规方法进行检查的好处后，结果表明，所有检查和分析都可以在现场实时且以极低的成本进行。

2. 国内研究热点

（1）智慧城市方面。热点词包括智慧城市建设、数字孪生城市、新型智慧城市。智慧城市这一概念最早出现于 2008 年，在我国，“数字孪生城市”的概念最早是由中国信

息通信研究院的研究人员提出，相关的概念和要求在2018年被写入《河北雄安新区规划纲要》。周瑜等（2018）对建设“数字孪生城市”的逻辑与创新展开论述，指出数字孪生城市与现有智慧城市实践在城市认知上有着根本区别。杨春志等（2019）重点分析了数字孪生城市作为物理世界的数据闭环赋能系统的内涵和四个方面特征，以系统论和生态系统理论为基础，提出数字孪生城市构建方式，重点研究了三大支柱和三个方面的建设框架。徐辉（2020）概括了国内外智慧城市发展动态，并以雄安新区为例，解读数字孪生的智慧城市理念，提出科学推进智慧城市若干建议。高艳丽等（2020）从产业、资本、运用场景等方面探究了智慧城市建设主流模式。

从数字城市到智慧城市，再到数字孪生城市，城市的发展过程不断进步。李德仁院士（2020）对数字城市、智慧城市以及数字孪生城市之间的关系进行了高度总结。他认为，数字孪生城市是数字城市的目标，也是智慧城市建设的新高度，数字孪生赋予城市实现智慧化的重要设施和基础能力，将引领智慧城市进入新的发展阶段。截至2020年4月初，住房和城乡建设部公布的智慧城市试点数量已经达到290个；再加上相关部门确定的智慧城市试点数量，我国智慧城市试点数量累计近800个，我国正成为全球最大的智慧城市建设实施国。

（2）云计算方面。基于云计算的BIM技术应用研究已成为近两年建设项目研究领域中又一个新的研究热点。借助云计算有助于将不同阶段的建筑进程之间联系起来，通过工作流程的整合并在项目范围内进行协调，可使建设项目更加完整，提高项目建设过程各阶段的工作效率，让建筑得到有效利用，促进绿色环保、环境友好型建筑的发展，与环境和谐共存。

BIM应用的推广受到计算能力及应用范围有限、应用成本较高等问题的限制。而云计算的运用能够帮助解决这些传统BIM应用模式的问题。首先，云计算能降低BIM技术应用的基础硬件成本。不同于制造业，建设项目有建设规模较大、建设过程复杂等特点，因此对BIM系统的基础硬件计算、存储、协同信息处理和共享等能力有很高要求，这便增加了基础硬件投入成本，阻碍BIM技术的推广应用。云计算能提升普通计算机或服务器的计算能力，降低硬件成本。其次，云计算让BIM的应用更加便捷。在BIM云模式下，用户无须在本地安装BIM系统，而是可以通过浏览器访问云端。云BIM架构是一个分布式模型，项目建设过程中各类人员处在一个统一的平台中，所有的资源和模型均在云中，能够实现跨区域、跨单位的工作协同和信息共享，简化BIM的应用过程。

目前来看，云计算在其他行业的应用程度相对较高，但在建设项目上的应用还处于初级阶段，理论性和应用性文献都相对较少。当前基于云计算的BIM技术应用主要停留在BIM模型的浏览演示方面，但从目前建筑业发展趋势来看，基于云计算的BIM技术应用将是未来BIM技术应用的主要形式（毕振波等，2013）。

（3）高质量发展方面。热点词包括数字化转型、职住均衡、产业集群等。数字化转型是国家和地方政府促进高质量发展的重要战略部署之一。2019年工业互联网全球峰会上，习近平总书记所致的贺信中指出，中国高度重视工业互联网创新发展，愿同国际社会一道，持续提升工业互联网创新能力，推动工业化与信息化在更广范围、更深程度、更高水平上实现融合发展。2020 年 6 月 30 日，习近平总书记在中央全面深化改革委员会第十四次会议上强调,加快推进新一代信息技术和制造业融合发展。加快工业经济数字化、网络化、智能化转型，是高质量发展的必由之路（张格等，2020）。在新冠肺炎后疫情时代，我国将加速实现以工业互联网为主题，做好企业数字化转型和数字经济建设的工作，通过数字化技术助力实现数字经济的腾飞。

赵敏（2020）指出，数字化在建筑领域具有巨大潜力和许多切入点，在建筑业数字化过程中一定要抓好两种“新型生产要素”数据，实现数字孪生，达成思维、战略、技术、能力、组织的五个重构，加速数字化转型，形成新技术、新模式、新业态，助推建筑产业转型升级。要从自动化转变为数字孪生。数字孪生是工业互联网建设中的重点之一，数字化转型的最佳路径也离不开数字孪生。在目前的数字化转型中，很多企业只是进行了简单建模，并没有真正运用数字孪生，数字孪生在建设项目上的应用仍有很大的探索空间。数字孪生不只是简单的 3D 建模，而是通过数据这个桥梁将物理世界和虚拟空间实时联系，注重交互，让数据进行叠加和动态更新。

（4）职住均衡方面。职住平衡是城市规划领域的一个术语，是指在某一给定的地域范围内，居民中劳动者和就业岗位的数量大致相等，大部分居民可以就近工作；通勤交通可采用非机动车方式；即使使用机动车，出行距离和时间也比较短，限定在合理的范围内，从而减少交通拥堵和空气污染，提高人们的生活质量。在城市规划时可以运用数字孪生，在虚拟城市里进行规划。在实施一些决策之前，可先在虚拟城市模拟运行，通过负反馈机制，根据收到的模拟结果实施或者修正，发挥数字孪生的辅助决策作用，实现职住均衡，以达到高质量发展。例如，2018 年的《河北雄安新区规划纲要》提出，雄安新区是数字城市与现实城市同步规划、同步建设的城市，两座城市将开展互动，打造数字孪生城市和智能城市。雄安新区将成为一座“聪明城市”，城市管理具有智能化特征。

14.4 建设项目数字孪生研究前沿

14.4.1 国际研究方面

1. 高被引文献分析

为研究建设项目数字孪生高被引文献发展演进的过程，参数设置如下：节点类型选择被引文献，其他参数不变，得到如图 14–11 所示的建设项目数字孪生文献共被引时间线图谱。该图谱的节点数 N=186 个，连线数 E=502。图中每个节点代表一篇文献，节点的大小表示该文献的被引次数多少。节点间的连线表示文献的共被引关系，连线越粗，代表文献间的共被引次数越高。

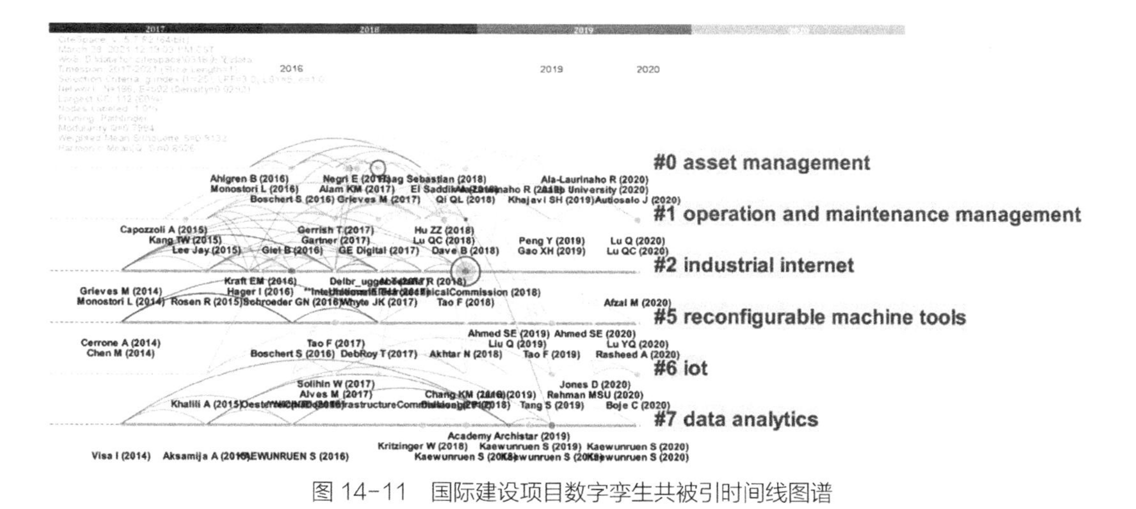

图 14-11　国际建设项目数字孪生共被引时间线图谱

从图 14-11 可以看出，共被引时间线图谱中最大的节点是 Tao F 等在 2018 年发表的一篇文献，共被引频次达 18 次，总结如表 14-3 所示。根据图谱，对文献进行解读，发现国际建设项目数字孪生文献的研究内容主要集中在以下四个方面：

国际建设项目数字孪生文献共被引分析表　　表 14-3

编号	被引频次（次）	年份（年）	作者	文章标题
01	18	2018	Tao F	Digital twin-driven product design，manufacturing and service with big data
02	13	2017	Grieves M	Digital twin：Mitigating unpredictable，undesirable emergent behavior in complex systems
03	7	2017	Negri E	A review of the roles of digital twin in CPS-based production systems
04	7	2017	Alam KM	A digital twin architecture reference model for the cloud-based cyber-physical systems
05	6	2019	Tao F	Digital twin in Industry：State-of-the-Art
06	5	2020	Boje C	Towards a semantic construction digital twin：directions for future research
07	5	2018	Qi QL	Digital twin and big data towards smart manufacturing and industry 4.0：360degree comparison
08	5	2019	Khajavi SH	Digital twin：vision，benefits，boundaries，and creation for buildings
09	5	2017	Schleich B	Shaping the digital twin for design and production engineering
10	5	2019	Sakdirat K	A digital-twin evaluation of net zero energy building for existing buildings

（1）产品生命周期管理。代表文献有文献 01、02、08、09。文献 01 重点研究了如何生成和使用融合的网络物理数据来服务产品生命周期，提出了一种由数字孪生驱动的产品设计、制造和服务的新方法：数字双驱动产品设计、制造和服务的详细应用方法和框架，并给出了三种情况分别说明数字孪生在产品的三个阶段中的未来应用（Tao et al.，2018）。文献 02 则研究了数字孪生用于减轻复杂系统生命周期中不可预测的不良行为，讨论了

数字孪生与系统工程的联系，以及如何解决导致“正常事故”的人机交互，同时解决了数字孪生的障碍和机遇，例如系统复制和前端运行（Grieves et al.，2017）。文献08研究了数字孪生的扩展，包括建筑生命周期管理，并探讨这种实现的优点和缺点，进行了四轮实验，收集并分析了超过25000个传感器读取实例，将其用于创建和测试办公楼立面元素的有限数字孪生。执行此操作的目的是指出实现方法，突出显示从数字孪生系统中获得的好处，并发现为此目的而存在的当前物联网系统的一些技术缺陷（Khajavi et al.，2019）。文献09则提出了一个基于“皮肤模型形状”概念的综合参考模型，该模型可作为设计和制造中物理产品的数字孪生，解决了模型概念化，表示和实现产品生命周期中的应用程序（Schleich et al.，2019）。

（2）工业4.0。代表文献有03、05。文献03分析了科学文献中数字孪生概念的定义，将其从航空领域的最初概念化追溯到制造领域的最新解释，尤其是在工业4.0和智能制造研究中，还提出了由欧洲H2020项目MAYA阐述的工业4.0数字孪生的定义，作为对数字孪生概念研究讨论的贡献（Negri et al.，2017）。文献05彻底回顾了数字孪生研究的最新技术，涉及数字孪生的关键组成部分，当前发展以及工业上的主要应用，同时概述了当前的挑战以及未来工作的一些可能方向。工业4.0的科技意义就在于利用信息网络技术促进生产力的变革，提高资源生产率和价值增益，实现工业生产的数字化、智慧化、互联化，而这正是数字孪生技术所追求的应用目标（Tao et al.，2019）。

（3）数据管理。代表文献有04、06、07。文献04基于云的网络物理系统，提出了一个数字孪生体系结构参考模型C2PS，分析性地描述了C2PS的关键属性，有助于识别此范式中不同程度的基本和混合计算 - 交互模式（Alam et al.，2017）。文献06回顾了BIM在施工阶段的多方面应用，并重点介绍了其局限性和要求，给出了数字孪生的定义，同时详细说明了未来的研究领域（Boje et al.，2020）。文献07对制造业中的大数据和数字孪生进行了回顾，包括概念以及在产品设计、生产计划、制造和预测性维护中的应用；从通用和数据的角度比较了大数据和数字孪生之间的异同，指出大数据和数字孪生可以互补，应该集成它们以促进智能制造（Qi et al.，2018）。

（4）资源节约和成本控制。代表文献有10。文献10提出了净零能耗建筑（Net Zero Energy Building）的概念，使用BIM进行评估和改进。然后，运用数字孪生模型可视化每个选项，并准确估算相关成本和技术问题。该文献还为净零能耗建筑在现有建筑中的应用提供了一个未来模型，该模型旨在通过确定建筑物的最终利益，尤其是在能源消耗效率方面，将可再生能源技术应用于建筑物。结果证明，数字孪生适用于净零能耗建筑上使用的所有可再生技术（Sakdirat et al.，2019）。

2. 高被引文献聚类分析

在科学计量学领域，统一将科学引文网络中近期发表且时常被引用的文献集合称为研究前沿，并认为研究前沿建立在最新的科研工作基础之上。此外，研究中诸如潜在知识、新兴趋势及新研究领域等概念也可归入研究前沿。综上所述，研究前沿代表特定科研领

域时下最先进、最具创新、最具研究潜力的科研主题。被引文献反映的是一个领域的研究基础，在图谱中表示为节点信息；施引文献则能反映一个领域的研究前沿，通过聚类可以显示施引信息。

为研究建设项目数字孪生的研究前沿，将数据导入到 CiteSpace 进行处理，得到如图 14–12 所示的建设项目数字孪生共被引图谱。表 14–4 中的聚类标签是 CiteSpace 从施引文献的标题中利用 Log–likelihood（LLR 算法）提取而来，该标签可以代表整个聚类，因此可以将其看作建设项目数字孪生领域的研究前沿。参数设置如下：节点类型选择 Cited Reference，其余参数不变。得到如图 14–12 所示的建设项目数字孪生文献共被引聚类图谱，节点数 N=186 个，连线数 E=502，Q 值 = 0.7994，S 值 = 0.9132，其中 Silhouette（S

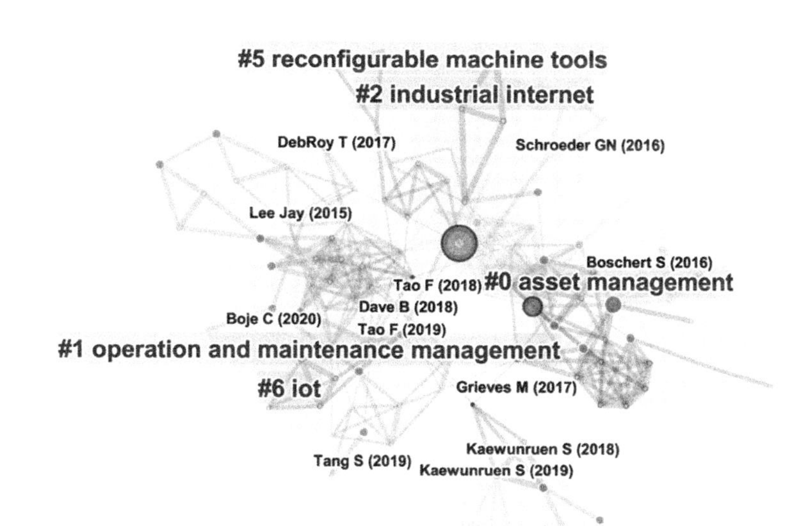

图 14–12 建设项目数字孪生文献共被引聚类图谱

文献共被引图谱六大聚类表 表 14–4

聚类编号	聚类名称	标签
0	Asset management	Internet；enterprise；stakeholders；building；business
1	Operation and maintenance management	Interoperability；network；safety detection；
2	Industrial internet	Manufacturing；cloud；virtualization；resource；multi–agent Internet；artificial intelligence
5	Reconfigurable machine tools	Reconfigurable manufacturing system；building blocks；design of reconfigurable machine tools
6	IOT	Industry；system；construction；cyber–physical；management；buildings；openbim
7	Data analytics	Infrastructure；railway；management；system；energy

值）表示聚类平均轮廓值，一般认为 $S>0.5$ 聚类就是合理的，$S>0.7$ 意味着聚类是令人信服的。表中的 S 值均接近 1，因此聚类是合理的。文献共被引网络被划分为六个聚类，如表 14–4 所示。

从图 14–12 可以看出，文献共被引聚类共计 6 个，其对应的主题聚类名词分别为 Asset management（资产管理）、Operation and maintenance management（运维管理）、Industrial Internet（工业互联网）、Reconfigurable machine tools（可重构机床）、IOT（物联网）、Data analytics（数据分析）。

分析这些聚类不难看出，互联网仍然是数字孪生的重要部分，比如云计算、数据分析、物联网等词重复出现在多个聚类及标签当中。

结合建设项目数字孪生的研究前沿，在国际方面，该领域的未来研究趋势主要有：数字孪生用于建设项目管理方面，主要包括运营维护管理、生命周期管理、风险管理、资产管理。目前虽然有许多学者在研究各方面的管理，但是对于数字孪生用于建设项目管理的实际应用尚未进行深入分析，只停留在概念和探讨可能性阶段。特别是在需要落到实处的建设项目中，如何将数字孪生概念充分运用到现实，对建设项目的管理至关重要。

14.4.2 国内研究方面

CNKI 中数据运行 CiteSpace 时的设置为：Node Type 为 Author，时间设置为 2017~2021 年，网络剪裁方法为 Pruning Sliced Networks，将中国知网导出的数据导入 CiteSpace，得出国内建设项目数字孪生研究作者聚类图谱（图 14–13），结合关键文献查找功能找出国内建设项目数字孪生领域关键文献（表 14–5）。这些文献的研究内容主要集中在以下三个方面：

（1）智慧管网。代表文献有文献 01、04、06。文献 01 从管理创新和技术革新两个方面介绍了中国石油管道企业在中俄东线天然气管道建设项目系统打造的管体、设备及控

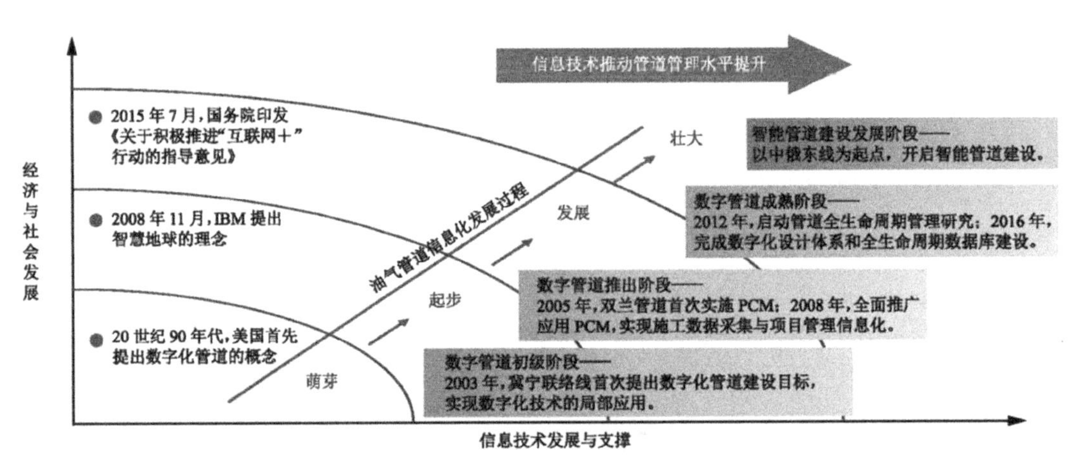

图 14–13　中国油气管道信息化发展历程图

国内建设项目数字孪生领域关键文献表　　表 14-5

编号	年份（年）	作者	文章标题
01	2020	姜昌亮	中俄东线天然气管道工程管理与技术创新
02	2018	周瑜；刘春成	雄安新区建设数字孪生城市的逻辑与创新
03	2019	伍朝辉；武晓博；王亮	交通强国背景下智慧交通发展趋势展望
04	2019	聂中文；黄晶；于永志；王永吉；单超	智慧管网建设进展及存在问题
05	2019	高艳丽；陈才；张育雄	城市建设管理：项目进度可视化管控
06	2020	吴长春；左丽丽	关于中国智慧管道发展的认识与思考
07	2020	徐辉	基于“数字孪生”的智慧城市发展建设思路
08	2019	刘创；周千帆；许立山；殷允辉；苏前广	“智慧、透明、绿色”的数字孪生工地关键技术研究及应用
09	2020	袁烽；朱蔚然	数字建筑学的转向——数字孪生与人机协作
10	2020	许璟琳；余芳强；高尚；宋天任	建造运维一体化 BIM 应用方法研究——以上海市东方医院改扩建工程为例

制系统数字孪生体，这些数字孪生体与该管道工程建设项目同步实施。在统一的数据标准下开展可行性研究、设计、采购、施工等阶段数据采集，完成数字孪生体搭建，并随着运营期动态数据的不断更新丰富，跟随管道全生命周期同生共长，实现管道的全数字化移交（姜昌亮，2020）。

文献 04 提出智慧管网的目标是建立管道数字孪生体，基于工业互联网平台，并通过物联网把管道数字孪生体与物理实体真正结合起来。还以中国石油天然气集团有限公司智慧管网的建设为例，介绍了中俄东线和中缅油气管道示范工程，提出了智慧管网建设仍需解决数据标准不统一、数字化移交工作存在障碍等问题。明确了智慧管网建设的具体目标为“数据全面统一、感知交互可视、系统融合互连、供应精准匹配、运行智能高效、预测预警可控”（聂中文等，2019）。

文献 06 剖析了油气管道行业智慧管道的内涵与外延，梳理了智慧管道技术发展的历史脉络，揭示了数字孪生技术的实质与应用现状。认为在智慧管道建设过程中，应根据需求驱动、实事求是的原则对待数字孪生体，应着眼于企业实际生产经营需求，扎实进行油气管道数字孪生体的内容建设。建议中国智慧管道建设宜坚持需求驱动、问题导向、突出重点、体现特色、开放融合、数据共享、滚动发展、持续改进（吴长春等，2020）。

（2）城市建设。代表文献有文献 02、03、05、07。文献 02 以雄安新区的城市建设规划为例，介绍了“数字孪生城市”概念，指出了数字孪生城市与现有智慧城市实践在城市认知、技术方案和城市治理理念上有着根本区别，数字孪生城市并不是“智慧城市”的 N.0 版本（图 14-14），并论述了其技术背景、构建逻辑和概念框架，提出数字孪生城市以城市复杂适应系统理论为认知基础，以数字孪生技术为实现手段，通过构建实体城

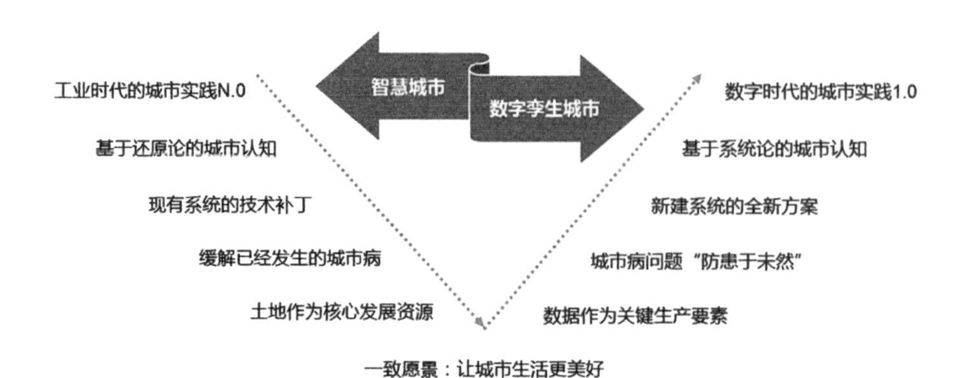

图 14-14　数字孪生城市与智慧城市的区别

市与数字城市相互映射、协同交互的复杂系统，能够将城市系统的“隐秩序”显性化，更好地尊重和顺应城市发展的自组织规律（周瑜等，2018）。

文献 03 介绍了交通强国背景下智慧交通的技术、业务、效果特征，以及智慧交通的关键技术及发展趋势，展望我国未来智慧交通的发展情景。以在数字孪生场景中进行运行仿真再现示例，通过无人机采集真实车辆运行场景，识别车辆运行轨迹，利用数字孪生将我国人车混流的交通运行实际在信息空间中进行如实再现，探索形成符合我国交通实际的混合交通流仿真模型（伍朝辉等，2019）。

文献 05 介绍了城市建设项目不同阶段数字孪生的作用。设计阶段，利用数字孪生技术构建还原设计方案周边环境，在可视化的环境中交互设计，充分考虑设计方案和已有环境的相互影响，在虚拟设计过程中提前暴露施工阶段的缺陷，方便设计人员及时优化，对施工量提供辅助参考；施工阶段，可以利用数字孪生将施工方案和计划进行模拟，分析进度计划是否合理，全面管控施工过程；运营维护阶段，设计、施工数据导入数字孪生城市，可实时远程调控和远程维护。在建筑内外部空间部署各类监控设备，采集建筑数据并进行智能分析，对可能出现的建筑寿命、设备健康等问题进行预测预警（高艳丽等，2019）。

文献 07 介绍了目前国内外智慧城市发展动态及展望，提出了智慧城市存在的重硬件投入、轻治理现象；缺乏统一的“数据底板”，重复投资现象；相关配套政策的支持较为欠缺等问题。对我国雄安新区“数字孪生城市”进行解读，提出了数字孪生在城市建设方面对城市空间价值增值、推进城市精细化治理、智能规划决策三个方面的作用（徐辉，2020）。

（3）数字孪生建筑。代表文献有 08、09、10。文献 08 以雄安市民服务中心项目为例，介绍了施工过程中的数字孪生：搭建“透明雄安”智慧建造管理平台，采用全面感知、工作互联、信息协同、决策分析、风险预控的新型管理手段，对工程进度、质量、安全等生产过程及商务、技术等管理进行服务，改变了传统工地管理层级多、信息传递困难、决策制定周期长的弊端，推动工地生产的智慧化、透明化、绿色化（刘创等，2019）。

文献 09 提出数字建筑学的发展经历了三次转向，指出当下的第三次转向必将走向数字孪生与人机协作的新数字建筑学，并讲述几个数字孪生与人机协作思维下的建造实践，力图体现正在发生的数字建筑学转向（袁烽等，2020）。文献 10 以上海市东方医院改扩建工程为例，构建了数据孪生东方医院新大楼，提出了建造运维一体化 BIM 应用方法（许璟琳等，2020）。该文献提出的建造运维一体化 BIM 应用方法提高了建设项目的沟通协调效率，降低二次装修成本，提升了施工质量。通过对运维大数据的处理，打通了数据集成、存储、分析、可视化的流程，充分发挥大数据技术在建筑管理决策支持和数据挖掘上的价值。

14.5　本章小结

本章从 Web of Science 核心合集库和中国知网检索建设项目数字孪生领域的文献，通过对国内外文献进行系统梳理和分析，运用基于 CiteSpace 的文献计量与可视化方法，对建设项目数字孪生的研究合作、研究热点、研究演进趋势以及研究前沿等方面进行了可视化分析，绘制关键词聚类图谱、共被引文献聚类图谱、机构、国家及科研人员合作知识图谱，得出以下结论：

（1）研究合作关系方面。建设项目数字孪生的研究已经形成一定数量的研究团队，各国家及机构之间有合作的趋势。以美国、德国、中国、英国为代表的少数国家已经对建设项目数字孪生技术领域展开相应研究，英国、德国两国在国家合作网络中的中心度较高，与他国的合作较为紧密。同一地区或相近地区的各研究机构有局部范围的初步合作，但总体上还是相对独立的，发文量还未达到一定规模。各大研究机构之间跨领域、跨地区的合作交叉程度有待进一步提高。这一现状对于建设项目数字孪生理论和方法研究的推进，以及对数字孪生在建设项目上应用的实践落地均不利，亟待加强。

（2）研究热点方面。根据国际与国内建设项目数字孪生研究关键词共现聚类图谱可知：一是国内与国际建设项目数字孪生共同的研究热点有 BIM、大数据及物联网，这三者与数字孪生的结合是数字孪生研究中密不可分的部分。二是国内研究更加关注数字孪生在智慧城市、云计算及高质量发展上的应用。尤其是在智慧城市方面研究相对较多，这与我国“智能 +”的重要战略以及政府出台的相关政策有紧密联系。三是国际研究多从建筑全生命周期管理、工业 4.0、资源节约和成本控制方面进行建设项目数字孪生研究，更注重建筑本身；与国际研究相比，国内研究主要从城市建设、管网建设等较为宏观的方面入手。

（3）研究前沿方面。在建设项目数字孪生领域关键文献发表时间上，国内研究与国际研究几乎同时开始，如今国内外建设项目数字孪生研究都处于快速发展阶段。在研究内容上，国际上更多地探索了数字孪生在建设项目管理方面的运用，针对建筑全生命周期管理以及运维管理分析相对丰富。总体来看，一方面建设项目数字孪生研究还处于初级阶段，随着新一轮工业革命的崛起和我国“智能 +”重要战略的发展，其基础理论和实际应用将得到进一步拓展。另一方面，数字孪生与工业互联网密不可分，同时也是工业互联网核心（数据、模型和服务）的绝佳载体。正如文献共被引图谱聚类表所示，建设项目数字孪生的研究趋势几乎都在工业互联网或工业 4.0 的研究范畴中。今后，建设项目数字孪生的发展趋势以及研究热点，与工业互联网的演进路程密切交织。

本章参考文献

[1] Alam K M，Saddik A E. C2PS：A digital twin architecture reference model for the cloud-based cyber-physical systems [J]. IEEE Access，2017，5：2050-2062.

[2] Boje C，Guerriero A，Kubicki S，et al. Towards a semantic construction digital twin：Directions for future research [J]. Automation in Construction，2020，114：103179.

[3] Chen Y J，Lai Y S，Feng C W. The development of BIM-based augmented reality system for fire safety equipment inspection [C]. Creative Construction Conference，2018.

[4] Grieves M，Vickers J. Digital twin：mitigating unpredictable，undesirable emergent behavior in complex systems [M]. Heidelberg，Germany：Springer International Publishing，2017.

[5] Hou L，Wu S，Zhang G K，et al. Literature review of digital twins applications in construction workforce safety [J]. Applied Sciences，2020，11（1）：339.

[6] Hu LW，Ngoc-Tu N，Tao W J，et al. Modeling of cloud-based digital twins for smart manufacturing with MT connect [J]. Procedia Manufacturing，2018（26）：1193-1203.

[7] Kaewunruen S，Rungskunroch P，Welsh J. A digital-twin evaluation of net zero energy building for existing buildings [J]. Sustainability，2018，11（1）：159.

[8] Khajavi S H，Motlagh N H，Jaribion A，et al. Digital twin：vision，benefits，boundaries，and creation for buildings [J]. IEEE Access，2019，7（9）：147406 - 147419.

[9] Meza S，Turk Z，Dolenc M. Component based engineering of a mobile BIM-based augmented reality system [J]. Automation in Construction，2014，42（2）：1-12.

[10] Qi QL，Tao F. Digital twin and big data towards smart manufacturing and industry 4.0：360 degree comparison [J]. IEEE Access，2018，6（15）：3585-3593.

[11] Qi QL，Tao F，Zuo Y. Digital twin service towards smart manufacturing [J]. Procdia CIRP，2018（72）：237-242.

[12] Ríos，J C Hernández，Oliva M，et al. Product avatar as digital counterpart of a physical individual product：literature review and implications in an aircraft [C]. 22nd ISPE Inc. International Conference on Concurrent Engineering（CE2015）. 2015.

[13] Schleich B，Anwer N，Mathieu L，et al. Shaping the digital twin for design and production engineering [J]. CIRP Annals – Manufacturing Technology，2017，66（1）：141-144.

[14] Tao F，Qi Q. Make more digital twins [J]. Nature，2019，573（7775）：490–491.

[15] Tao F，Cheng J F，Qi Q L，et al.Digital twin-driven product design，manufacturing and service with big data [J]. International Journal of Advanced Manufacturing Technology，2018，94（9–12）：3563–3576.

[16] Vathoopan M，Johny M，Zoitl A，et al. Modular fault ascription and corrective maintenance using a digital twin [J]. IFAC-PapersOnLine，2018，51（11）：1041–1046.

[17] Warwick G.G E advances analytical maintenance with digital twins [J]. Aviation Week & Space Technology，2015（32）：10–19.

[18] Zanella A，Bui N，Castellani A，et al. Internet of things for smart cities [J]. IEEE Internet of Things Journal，2014，1（1）：22–32.

[19] Zhou Y，Luo H，Yang Y. Implementation of augmented reality for segment displacement inspection during tunneling construction [J]. Automation in Construction，2017，82（oct.）：112–121.

[20] 毕振波，王慧琴，潘文彦，等 . 云计算模式下 BIM 的应用研究 [J]. 建筑技术，2013，44（10）：917–919.

[21] 高艳丽，陈才，张育雄 . 城市建设管理：项目进度可视化管控 [J]. 中国建设信息化，2019（21）：24–25.

[22] 姜昌亮 . 中俄东线天然气管道工程管理与技术创新 [J]. 油气储运，2020，39（2）：121–129.

[23] 李柏松，王学力，王巨洪 . 数字孪生体及其在智慧管网应用的可行性 [J]. 油气储运，2018，37（10）：1081–1087.

[24] 李德仁 . 数字孪生城市 智慧城市建设的新高度 [J]. 中国勘察设计，2020（10）：13–14.

[25] 刘创，周千帆，许立山 ."智慧、透明、绿色"的数字孪生工地关键技术研究及应用 [J]. 施工技术 . 2019（1）：4–8.

[26] 刘大同，郭凯，王本宽 . 数字孪生技术综述与展望 [J]. 仪器仪表学报，2018，39（11）：1–10.

[27] 罗岚，陈博能，程建兵，等 . 项目治理研究热点与前沿的可视化分析 [J]. 南昌大学学报（工科版），2019，41（4）：365–370，408.

[28] 苗田，张旭，熊辉，等 . 数字孪生技术在产品生命周期中的应用与展望 [J]. 计算机集成制造系统，2019，25（6）：1546–1558.

[29] 聂中文，黄晶，于永志，等 . 智慧管网建设进展及存在问题 [J]. 油气储运，2020，39（1）：16–24.

[30] 陶飞，程颖，程江峰，等 . 数字孪生车间信息物理融合理论与技术 [J]. 计算机集成制造系统 . 2017（8）：1603–1611.

[31] 陶飞，刘蔚然，刘检华 . 数字孪生及其应用探索 [J]. 计算机集成制造系统，2018（1）：1–18.

[32] 陶飞，刘蔚然，张萌，等 . 数字孪生五维模型及十大领域应用 [J]. 计算机集成制造系统，2019，（1）：1–18.

[33] 陶飞，戚庆林 . 面向服务的智能制造 [J]. 机械工程学报，2018，54（16）：11–23.

[34] 陶飞，张贺，戚庆林，等 . 数字孪生十问：分析与思考 [J]. 计算机集成制造系统，2020，26（1）：1–17.

[35] 陶飞，张萌，程江峰，等 . 数字孪生车间——一种未来车间运行新模式 [J]. 计算机集成制造系统 .

2017（1）：1-9.

[36] 吴长春，左丽丽．关于中国智慧管道发展的认识与思考 [J]. 油气储运，2020，39（4）：361-370.

[37] 伍朝辉，武晓博，王亮．交通强国背景下智慧交通发展趋势展望 [J]. 交通运输研究，2019，5（4）：26-36.

[38] 谢琳琳，陈雅娇．基于 BIM+ 数字孪生技术的装配式建筑项目调度智能化管理平台研究 [J]. 建筑经济，2020，41（9）：44-48.

[39] 徐辉．基于“数字孪生”的智慧城市发展建设思路 [J]. 人民论坛・学术前沿，2020（8）：94-99.

[40] 许璟琳，余芳强，高尚，等．建造运维一体化 BIM 应用方法研究——以上海市东方医院改扩建工程为例 [J]. 土木建筑工程信息技术，2020，12（4）：124-128.

[41] 杨春志，韦颜秋．基于立体感知的数字孪生城市发展：内涵与架构 [J]. 建设科技 .2019（12）：61-66.

[42] 袁烽，朱蔚然．数字建筑学的转向—数字孪生与人机协作 [J]. 当代建筑，2020（2）：27-32.

[43] 张格，孙军，张哲宇，等．“新基建”助力自主创新，赋能工业互联网健康高速发展 [J]. 中国信息安全，2020（5）：51-54.

[44] 赵敏．新基建视野下的企业数字化转型之路 [J]. 中国建设信息化，2020（10）：10-14.

[45] 周有城，武春龙，孙建广，等．面向智能产品的数字孪生体功能模型构建方法 [J]. 计算机集成制造系统 . 2019（6）：1392-1404.

[46] 周瑜，刘春成．雄安新区建设数字孪生城市的逻辑与创新 [J]. 城市发展研究 . 2018（10）：60-67.

[47] 庄存波，刘检华，熊辉，等．产品数字孪生体的内涵、体系结构及其发展趋势 [J]. 计算机集成制造系统 . 2017（4）：753-768.

第15章 建设项目区块链研究热点及前沿

本章将以建设项目为对象，引入区块链的概念，并采用科学计量软件 CiteSpace 对权威中文数据库 CNKI 和权威外文数据库 Web of Science 上收录建设项目区块链文献筛选并进行可视化分析，制作展示建设项目区块链领域中包含研究热点、研究基础以及研究前沿的知识图谱，并对这些图谱进行解读，探究国内外建设项目区块链领域的研究热点、研究前沿和未来的发展脉络，为研究者进一步研究建设项目区块链厘清思路和当前研究状态。

15.1 建设项目区块链的内涵界定及现状

15.1.1 区块链的内涵

区块链技术是近年来被广泛讨论的一种技术。它被广泛讨论为继互联网之后改变世界的第二次浪潮。区块链技术起源于比特币创始人 Satoshi Nakamoto，他创建了比特币加密货币（Daramola，2020）。但现在全世界看到的不仅是加密货币在改变全球商业和金融方面的力量，许多其他行业的专家也在努力探索和开发比特币技术背后的基础技术，所谓的区块链技术背后的巨大潜力。正如 Alcazar 所认为的，“区块链作为一种技术不断发展，产生了新的类型和潜在的用途”（Dhar，2021），区块链技术正在建筑业取得进展。

区块链是一种数字信息（如记录、事件或交易）的电子账本，出于数字安全目的需要散列，并由参与者通过分散网络使用一组共识协议进行认证和维护。区块链之所以被命名为区块链，是因为在预定的时间间隔内，每一笔交易的信息都会被记录为一个“区块”，添加到“链”中形成“区块链”的廉洁账本。区块链最初是比特币加密货币的分散式交易和数据管理技术，现在是许多加密货币的重要平台。然而，区块链技术的应用并不局限于加密货币。当将区块链从加密货币的天然家园转移到进行某种形式交易的各种环境时，它可能会成为某种问题的解决方案。

区块链技术具有一些重要的特性（Erkan，2020），使其成为当前最具潜力的技术，可以彻底改变许多行业和用例，包括建筑业：

（1）去中心化。作为区块链技术的主要特征，这使得去中心化不同于现在使用的传统集中式数据库系统或服务器。去中心化只是意味着不需要中间人或中央机构，例如银行转账或律师确认合同条件。区块链上的每个参与者或选定的参与者都有权验证其交易伙伴的记录，并可以直接访问整个数据库及其完整的历史记录，而无须中介机构的帮助。基本上，区块链通过消除信任管理中间人角色的需要，消除了对集中授权的要求，换句话说，没有单一的数据库、公司或一方可以单独控制数据或信息。

（2）自主性。区块链技术的另一个特点是自主性。自治意味着区块链应用程序启动并运行后，契约及其发起代理无须进一步联系。自动化包括部署算法和规则，这些算法和规则可以自动触发智能合约的自我执行、自我验证和自我约束。因此，区块链账本的数字本质是信息或货币交易与计算逻辑相联系，本质上是编程规则，以自动触发节点之间的交易，而无须人工交互或信任提供者。

（3）点对点关系。区块链的另一个主要特征是其点对点系统的概念，它鼓励在没有可信任第三方或中央机构中介的情况下，从一个钱包到另一个钱包的信息或货币交易的操作。

（4）不变记录。由于区块链技术是一个分散的网络，区块链实体中的每个参与者或节点共享并拥有相同的信息或交易记录。这与传统的网络或集中方有些不同，后者只有中央服务器或受信任的第三方机构才拥有信息。而当中心位置遭到黑客攻击和劫持时，容易导致重要信息和货币交易记录丢失。然而，区块链在分类账系统上保持着一个不变的交易记录，使得它在事件发生后不可能被伪造，因为信息不是保存在一个地方，而是在网络中的每个人之间加密和分割。

（5）时间戳。区块链的信息或交易记录都有时间戳，这将提供历史和时间的实现，特别是在区块链技术 2.0、智能合约方面，目前在多个部门广泛发展。区块链可以用来对任何事物进行时间戳，并在给定时刻提供数字化资产的存在证明。

15.1.2 区块链相关概念辨析

分布式存储、密码学、博弈论和网络协议是区块链最重要的技术领域，如表 15-1 所示，区块链的基本架构可以表现为数据位置层、网络层、共识层、激励层、合约层和应用层。数据层主要由底层数据块链的结构以及相关的加密数据和时间戳组成，这是区块链模型

区块链基础框架模型　　表 15-1

应用层	1.0 可编程货币	2.0 可编程金融	3.0 可编程社会
合约层	脚本代码	算法机制	智能合约
激励层	发行机制	分配机制	
共识层	PoW	PoS	DPoS
网络层	P2P 网络	传播机制	验证机制
数据层	数据区块	哈希算法	链式结构
	时间戳	非对称加密	Merkle 树

最基本的结构；网络层是分散存储的结构基础，形成了P2P网络机制、数据发布和数据验证机制；在一致性层封装了网络节点间不同的一致性机制算法，保证了分布式网络的正常运行；激励层主要介绍分配和分配机制，是指经济因素主要发生在公共链中，不必在实际应用场景中体现；合约层包含各种类型的自动化脚本、算法和智能合约，是区块链连接其他应用场景的重要接口；应用层结合了不同的业务场景，并将区块链应用到实践中（Faris，2020）。

15.1.3　建设项目区块链的内涵

建设项目系统的结构相对封闭，并且时刻受设备、环境、管理和结构等因素影响，一旦建设项目系统遭到威胁或攻击，整个系统轻则不能正常运营，重则整个系统瘫痪，后果非常严重。通过文献分析建设项目区块链，得知不同领域的定义不尽相同，目前也没有统一的定义。因此，结合建设项目特点和区块链内涵，将建设项目区块链定义为：建设项目区块链是一种基于计算机数据库，各方广泛参与的去中心化、采用分布式记账的开放式建设项目管理模式。该定义具体包括：

（1）建设项目区块链是系统的一种管理模式。

（2）建设项目遭遇干扰性事件是建设项目区块链管理被唤醒的必要条件。

（3）区块链的唤醒给建设项目系统带来正面影响。

15.1.4　建设项目区块链技术研究现状

近年来，我国针对建筑业改革明确提出的工作重点是加快促进建筑产业现代化，研究我国的前瞻性部署，不难发现区块链及其集成应用蕴含巨大潜力。区块链在建筑行业的应用通过提高时间和成本效益以及提高数据质量等一系列工作，为建筑行业带来巨大优势。然而截至目前，我国学者针对建设项目区块链技术融合的研究较少，在中国知网中搜索相关文献也仅有206篇，且起步年份较晚，本研究针对区块链技术在建筑业的结合应用进行探究，以期为后续研究提供参考。

1. 国外研究现状

Nakamot根据时间的先后顺序对已记载的电子交易证明区块链是通过点对点的方式进行区块的生成。Luu等基于以太坊的智能合约的安全性，根据区块链的技术平台的独立性，为智能合约提供了实用的形式，研究了像加密货币一样的开放分布式网络中运行方式。Crosby等对区块链的交易信息进行研究，提出区块链技术具有革新应用和重新定义数字经济的潜力。Huckle等探讨了物联网和区块链技术如何使共享经济应用受益，该研究的重点是理解如何利用区块链来创建分散的、共享的经济应用程序，使人们能够安全地将他们的东西货币化，从而创造更多的财富，还给出了在物联网体系结构中使用区块链技术的分布式应用程序的示例。Weber等提出了信息不对称所导致的链上各主体不信任的现象，并提供了相关的解决措施。

2. 国内研究现状

根据工业和信息化部信息中心发布的《2018年中国区块链产业白皮书》，中国区块链产业链已经形成，无论是上游硬件制造、平台服务，还是产业链的核心环节都已经形成。从下游的安全服务或产业技术应用服务，以及产业投融资、媒体、人才服务等保障，区块链公司基本覆盖了各个领域（花敏，2020）。

袁勇和王飞跃（2020）为了避免数据被篡改或伪造等情况，根据区块链是由承载数据的区块链条进行衔接的这一特性，提出了区块链技术可借助脚本代码进行管理和控制。蒋海（2016）提出区块链是建立信任关系的新技术，是创造信任的新机器。朱建明和付永贵（2017）通过在区块链的特点、局限性基础上，研究并提出了基于区块链的B2B+B2C供应链各交易主体交易结构简图及动态多中心协同认证模型。于丽娜等（2017）针对区块链架构中的信息流和资金流，为基于区块链的农产品供应链相关研究提供有益的启发与借鉴。张夏恒（2018）引入区块链的新型管理方法，以期能够解决供应链需求与能力现状不匹配的问题，当前的供应链管理模式被该方法优化了。

上述区块链研究都一定程度上促进了建设项目区块链研究水平，国外学者对于建设项目与区块链技术相结合的探究大多基于理论方面，国内学者主要进行了区块链在各领域的讨论总结，缺乏对建设项目整体过程的研究。如何引入区块链技术这一新兴信息管理技术进一步提升其建设项目管理效率是一个新的研究方向。针对区块链这一新兴信息管理技术，将其有效地应用到建设项目当中，协同各参与方的质量管理问题，是值得深入研究的。

15.2 研究基础的图谱分析

15.2.1 研究主体分析

1. 作者共现分析

为了了解作者间的合作关系及权威性作者的相关文献，需要在CiteSpace中运行出作者的共现知识图谱，在CiteSpace中将节点类型选择为作者（Author），将Top N设置为50，运行软件，经过反复调试得到作者共现知识图谱，如图15-1所示。图中共形成408个节点，527条连线，图谱密度为0.0063。从研究文献的作者及其合作情况来看（表15-2），作者发文量最多的是6篇，2016~2021年国内建设项目区块链领域发文最多的是胡殿凯、申玉民、王金龙、刘星宇，共发文6篇。其次是卜继斌、严小丽，共发文3篇，然后是马欣欣等人，发文2篇。从图15-1中可以看出，最大的合作学术共同体由11人组成，共有1个；另有4人合作团队共2个；3人合作团队共4个；2人合作团队共5个。

2. 分布期刊分析

本次研究文献共发表在415种期刊上，载文量最大的期刊为建筑经济，共6篇，其余期刊载文量由高到低依次为住宅产业、工程建设与设计、河北建筑工程学院学报、广

东土木与建筑等。利用 Excel 图表功能，统计得出研究文献所刊发期刊中排名前十的期刊及所刊登的建设项目区块链相关研究文献的篇数，详见表 15-3、图 15-2。

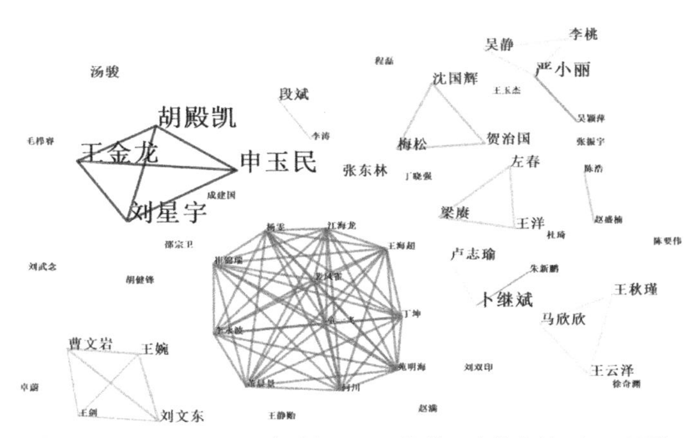

图 15-1　2016~2021 年建设项目区块链研究作者共现知识图谱

2016~2021 年建设项目区块链研究作者发文量统计表（频次≥ 3 次）　　表 15-2

序号	频次（次）	作者	年份（年）
1	6	胡殿凯	2016
2	6	申玉民	2016
3	6	王金龙	2016
4	6	刘星宇	2016
5	3	卜继斌	2020
6	3	严小丽	2020
7	2	马欣欣	2020
8	2	贺治国	2019
9	2	王秋瑾	2020
10	2	王洋	2017

研究文献所刊发期刊前十及所刊登的本次研究文献的数量　　表 15-3

序号	期刊名	刊登的研究文献数（篇）
1	建筑经济	6
2	住宅产业	2
3	工程建设与设计	2
4	河北建筑工程学院学报	2
6	广东土木与建筑	2
7	建筑实践	2
8	施工技术	2
9	消防科学与技术	1
10	计算机应用	1

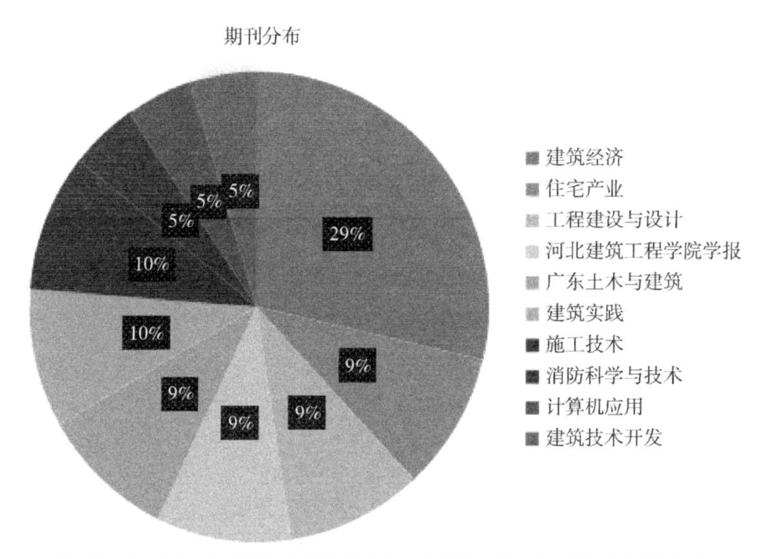

图 15-2　研究文献所刊发期刊前十及所刊登的本次研究文献的数量

3. 研究机构合作分析

统计分析发现，发文在 2 篇及以上的机构一共有 15 家，发文在 3 篇及以上的机构一共有 4 家；发文最多的是青岛理工大学信息与控制工程学院和铭数科技（青岛）有限公司联合发文，一共发文 6 篇，其次是吉林建筑大学经济与管理学院、广州珠江建设发展有限公司，分别发文 3 篇，然后是上海工程技术大学管理学院、浙江大学、中国交通建设股份有限公司等，发文量均为 2 篇，详见表 15-4。从机构性质来看，发文主要集中在相关建设公司和高校。

在 CiteSpace 中将节点类型（Node Types）设置为机构（Insititution），Top N 设置为 50，运行软件，得到建设项目区块链研究发文机构共现图谱，如图 15-3 所示。图中共形成 221 个节点，95 条连线，图谱密度仅为 0.0039，这说明发文机构之间的合作比较离散，大多都是单独发文，有 5 组机构是以两两合作的形式发文，包括发文量较多的青岛理工大学信息与控制工程学院、铭数科技（青岛）有限公司；还有一组是 5 个机构联合发文，包括中南大学商学院、中国工程院、《社会科学家》杂志社等。

2016~2021 年建设项目区块链研究机构发文量统计表（频次 >2 次）　　表 15-4

序号	频次（次）	机构
1	6	青岛理工大学信息与控制工程学院
2	6	铭数科技（青岛）有限公司
3	3	吉林建筑大学经济与管理学院
4	3	广州珠江建设发展有限公司
5	2	上海工程技术大学管理学院
6	2	浙江大学

续表

序号	频次（次）	机构
7	2	中国交通建设股份有限公司
8	2	中国新兴建设开发有限责任公司
9	2	中国电力工程顾问集团华北电力设计院有限公司
10	2	水利部信息中心
11	2	浙江科佳工程咨询有限公司
12	2	上海海事大学海洋科学与工程学院
13	2	湘潭大学信息工程学院
14	2	秦皇岛广建工程项目管理有限公司
15	2	南通市公共资源交易中心

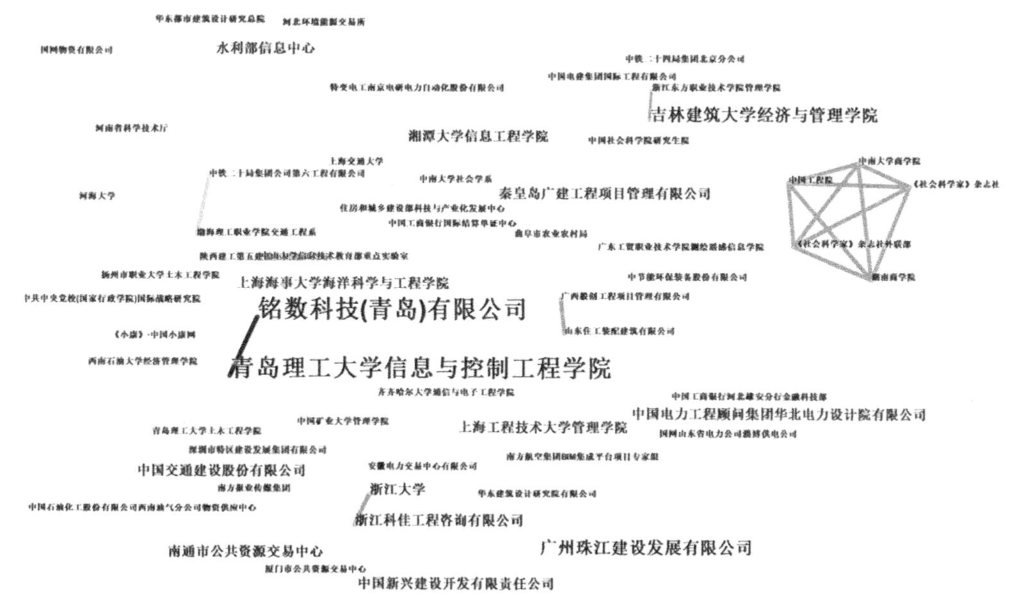

图 15-3　2016~2021 年建设项目区块链研究发文机构共现图谱

15.2.2　文献时间分布及增加量分析

2016~2020 年，国内建设项目区块链领域研究文献的发文数量逐年增加，预计 2021 年该领域的文章会继续大量增长。其原因在于 2016 年 2 月，中国人民银行行长周小川在谈到央行数字货币相关问题时提及“区块链技术是一项可选的技术”，从而引发了金融界对区块链技术的讨论。2016 年 12 月，在《国务院关于印发“十三五”国家信息化规划的通知》中，区块链被写入“十三五”国家信息化规划，列为重点加强的战略性前沿技术，推动了学界和产业界的重视，详见表 15-5、图 15-4。

2016~2021 年建设项目区块链研究文献历年发文量（CNKI） 表 15-5

年份（年）	文献数量（篇）	文献累计数量（篇）	构成比
2016	4	4	2.21%
2017	6	10	3.31%
2018	17	27	9.39%
2019	52	79	28.73%
2020	102	181	56.35%

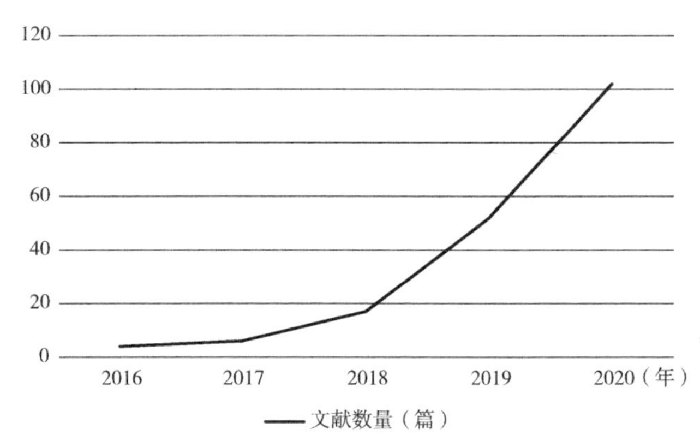

图 15-4 2016~2021 年建设项目区块链研究文献历年发文量（CNKI）

2016~2020 年，国外建设项目区块链领域研究文献的发文数量在 2019 年、2020 年呈现爆发性增长，增幅约 200 篇，预计 2021 年该领域的文章仍会按照这个速度继续增加，原因在于 2018 年 10 月，美国国家科学技术委员会（National Science and Technology Council，NSTC）发布的《先进制造中的美国领导战略》中提到，需要开展新的研究工作，以制定或更新标准、指南，以便在制造系统中实施新的网络安全技术，包括用于识别和处理威胁事件的人工智能、用于敏捷制造领域信息安全的区块链等，详见表 15-6、图 15-5。

2016~2021 年建设项目区块链研究文献历年发文量（Web of Science） 表 15-6

年份（年）	文献数量（篇）	文献累计数量（篇）	构成比
2016	3	3	0.45%
2017	6	9	0.90%
2018	37	46	5.57%
2019	201	247	30.27%
2020	417	664	62.80%

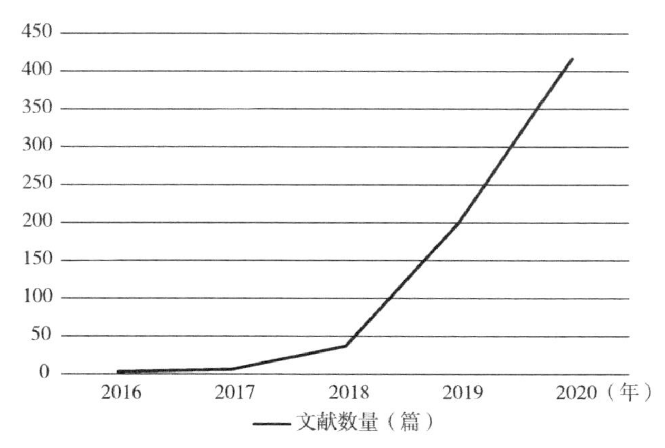

图 15-5 2016~2021 年建设项目区块链研究文献历年发文量（Web of Science）

15.2.3 关键词分析

1. 关键词共现知识图谱

关键词代表论文的核心，是对论文内容的高度凝练和概括，CiteSpace 的关键词网络图谱可以清晰地展现当前领域的研究特点。本次研究热点的关键词共现知识图谱的生成步骤如下：分析时间为 2016~2021 年，时间切片为 1 年，选择节点类型（NodeTypes）为关键词（Keyword），并将 Top N 设置为 50（即每个时间片内，选择每一年出现频次最高的前 50 个关键词）。

全部设置好后运行软件，得到关键词共现知识图谱。为了更系统、重点地突出关键词，本研究尽量把意义相近的关键词做了整合、归类处理，再次运行得到关键词共现知识图谱，如图 15-6 所示。

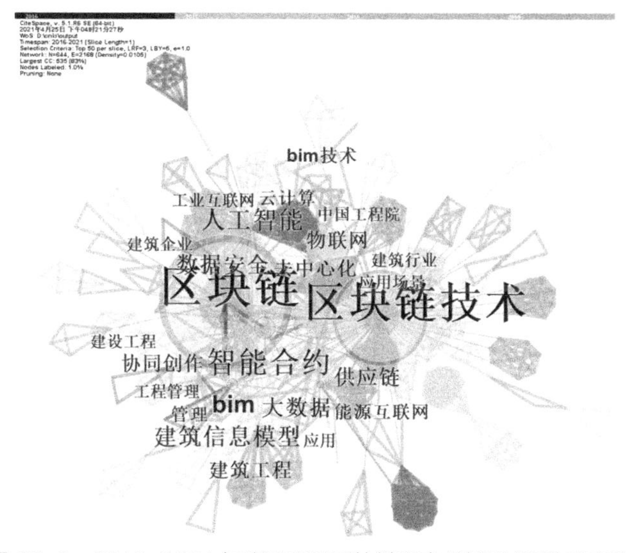

图 15-6 2016~2021 年建设项目区块链研究关键词共现知识图谱

图 15-6 中共出现 644 个节点，2168 条连线，每一个节点代表一个关键词，节点的大小代表关键词出现的频次，节点越大说明关键词出现频次越高，相反，节点越小说明关键词出现频次越少；之间的连线表示关键词之间的联系强度 W。其中区块链、区块链技术、智能合约、人工智能、BIM、建筑信息模型、数据安全、大数据、供应链等是中心性较高的关键词，通常这样的节点中心性不小于 0.1，具有参考意义。

为了更准确地查看较大节点关键词的频次，统计出高频次（频次 >7 次）关键词列表，如表 15-7 所示。

2016~2021 年建设项目区块链研究高频次关键词列表　　表 15-7

序号	频次（次）	关键词
1	114	区块链
2	81	区块链技术
3	19	智能合约
4	11	人工智能
5	10	BIM
6	9	建筑信息模型
7	8	数据安全
8	8	大数据
9	7	供应链

除了频次这个指标，还需要关注中心性这个指标。点的中心性是网络中节点在整体网络中所起连接作用大小的一个度量，中心性越大的节点其连接作用越强。CiteSpace 通常用中心性这个指标来发现和衡量文献的重要性，因为节点中心性反映的是这个节点在其他两个节点中的"连接""沟通""媒介"的作用，如果没有这个媒介，那其他两个节点就无法交流，而节点的中心性越高，说明它的媒介作用越强。一般认为，中介中心性大于 0.1 的节点在网络结构中位置就比较重要，在知识结构演变中扮演着特定的角色。由此看来，节点的中心性也体现了它对关键词网络的连接力，在一定程度上同样能反映出该领域的研究热点。本研究统计出高中心性（中心性大于 0.1）关键词列表，如表 15-8 所示。

2016~2021 年建设项目区块链研究高中心性关键词列表　　表 15-8

序号	中心性	关键词
1	0.96	区块链技术
2	0.34	区块链
3	0.16	人工智能
4	0.1	智能合约
5	0.1	BIM

为了更准确地找出并确定2016~2021年建设项目区块链领域的研究热点，本研究采用高频关键词和高中心性关键词两者共同确定该时间段内建设项目区块链研究的热点问题。结合前述图表可以得知，节点最大的，即频次最高的关键词是区块链，其余依次为区块链技术、智能合约、人工智能、BIM、建筑信息模型、数据安全、大数据、供应链；中心性最高的关键词为区块链技术，其余依次为区块链、人工智能、智能合约、BIM等。

2. 关键词时区图

关键词时区图是按照时间维度将关键词分区，关键词所在时区代表它首次出现的时间，之后若再出现则在最开始的时区内叠加。关键词时区图可以清晰地展现随着时间的推移，研究内容的演变、进化过程，可以更直观地表达所研究领域的知识结构与演进规律。关键词之间的连线代表着研究内容间的传递和连接。

由图15-7、表15-9可以清晰地看出，这6年来建设项目区块链研究热点的演变过程。

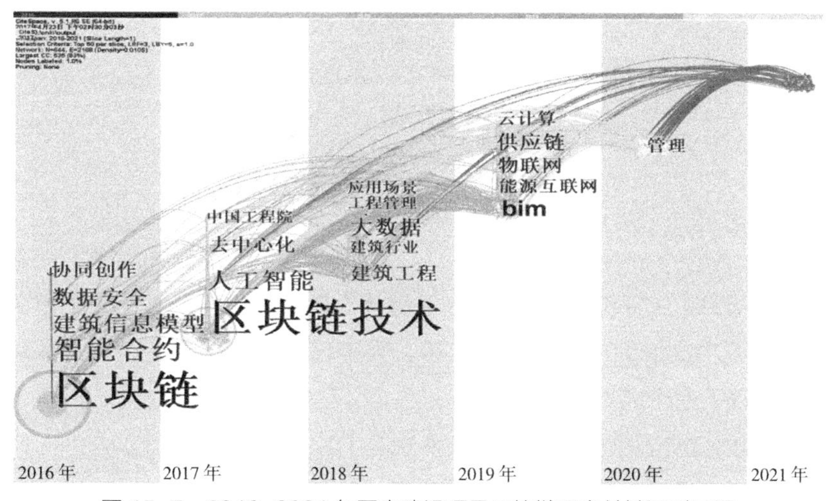

图15-7　2016~2021年国内建设项目区块链研究关键词时区图

2016~2021年建设项目区块链研究热点的演变过程　　表15-9

2016年	2017年	2018年	2019年	2020年	2021年
区块链	区块链技术	大数据	BIM	管理	开放平台
智能合约	人工智能	建筑工程	供应链	智能制造	新型城镇化建设
建筑信息模型	去中心化	建筑行业	物联网	电力市场	
数据安全	中国工程院	应用场景	能源互联网		
协同创作		工程管理	BIM技术		

3. 关键聚类图谱

通过对关键词共现图谱进行聚类分析，可以得出关键词聚类知识图谱，如图15-8所示。关键词聚类分析共得到7个聚类群。聚类群#0为区块链技术，聚类群#1为区块链，

聚类群 #2 为交易会，聚类群 #3 为工业互联网，聚类群 #4 为联盟链，聚类群 #5 为去中心化，聚类群 #6 为 BIM，聚类群 #7 为建设工程。

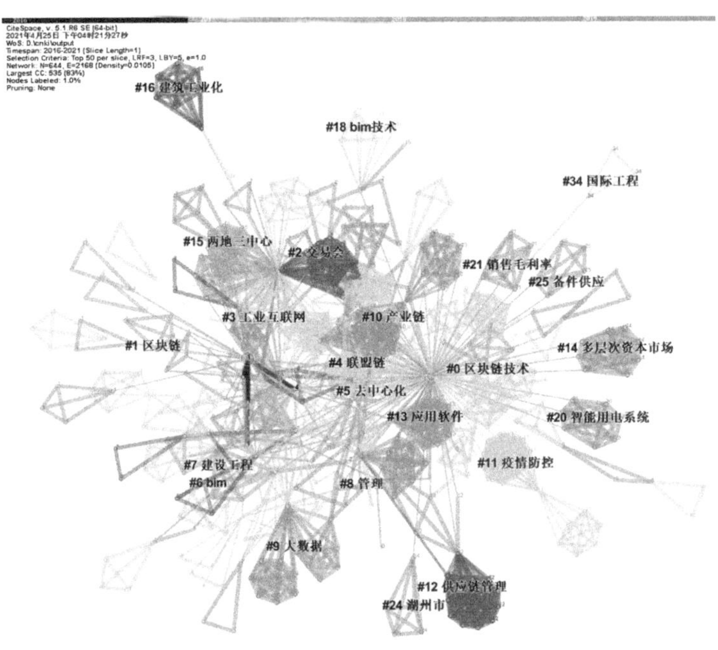

图 15-8　2016~2021 年建设项目区块链研究关键词聚类知识图谱

以上七个聚类群是 CiteSpace 软件根据关键词高频次和高中心性给出的以关键词为名的聚类名称，结合本次研究内容进一步具体分类整理，得到国内建设项目区块链文献的热点主要集中在以下七个大类：

（1）区块链技术的应用情况。

（2）区块链概念发展与推广情况。

（3）大数据的发展情况。

（4）工业互联网的开展情况。

（5）联盟链的应用情况。

（6）去中心化技术的实施情况。

（7）BIM 的应用情况。

15.2.4　共被引用文献期刊分析

1. 共被引文献分析

设置 NodeTypes 为共被引文献（Reference），Selection Criteria 选择 Top N，Pruning 设置为 Pruning Sliced Networks，Visualization 设置为 Cluster View-Static 和 Show Merged Network，运行软件及调整图谱，得到图 15-9。

被引频次较高的文献通常是某领域影响力较强和具有代表性的文献。从图 15-9 可以

看出，图谱只显示了作者的姓名和文章的发表年份，却没有显示共被引文献的全称，根据后台相关信息可以检索获得完整的被引文献。运行后台得到的30篇高频次被引文献，是建设项目区块链领域的经典文章，展示了建设项目区块链研究的基础，这些文章在一定程度上构成了建设项目区块链研究的知识基础。

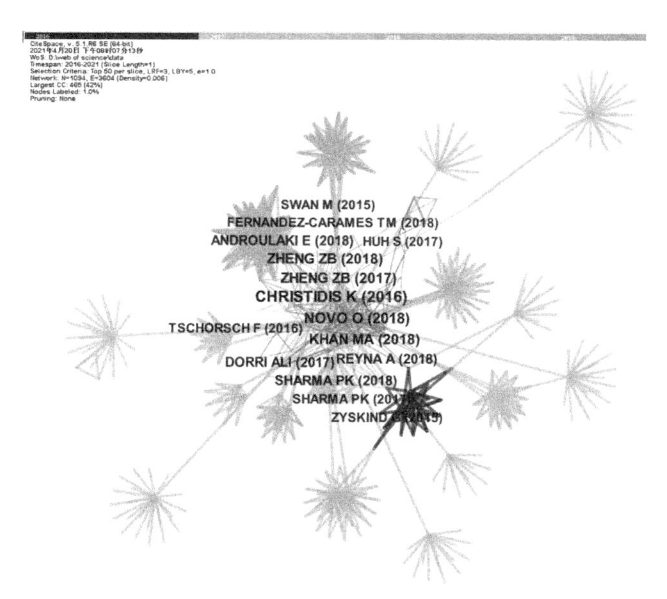

图 15-9 2016~2021年建设项目区块链研究的共被引文献知识图谱

Guan ZT 等于2018年在《IEEE Communications Magazine》期刊上发表了“Privacy-preserving and efficient aggregation based on blockchain for power grid communications in smart communities”，被引频次达到99次，位居第一位。该文提出一个隐私保护和有效的数据聚合方案，将用户分成不同的组，每个组都有一个私有块链来记录其成员的数据。为了保护组内的内部隐私，使用假名来隐藏用户身份，每个用户可以创建多个假名，并将自己的数据与不同的假名关联起来。另外，采用Bloom滤波器进行快速认证。分析表明，该方案能够满足安全性要求，取得了比其他流行方法更好的性能，防止出现实时数据泄漏用户私人信息的情况。对手可以通过分析用户的电力消耗概况来跟踪应用程序使用模式。

Morkunas VJ 等于2019年在《Business Horizons》上发表了“How blockchain technologies impact your business model”，被引频次69次，位居第二位。该文围绕非金融服务公司以及区块链技术如何影响组织、它们的商业模式以及它们如何创造和交付价值。此外，还提供了针对总经理和高管的区块链技术入门以及区块链的解释，包括区块链交易的工作原理和术语的澄清，并概述了不同类型的区块链技术，还讨论了不同类型的区块链如何影响商业模式。在Osterwalder和Pigneur建立的成熟商业模式框架的基础上，概述了区块链技术可以对商业模式的每个元素产生的影响，以及开发区块链技术的公司示例。

Biswas S 等于2019年在《IEEE Internet of Things Journal》期刊上发表了“A scalable blockchain framework for secure transactions in IoT”，被引频次 35 次，位居第三位。该文提出通过使用本地对等网络来弥补差距，以解决因数量庞大而当前区块链解决方案无法处理的速度生成交易的问题以及由于资源限制在物联网设备上实现 BC 对等点的问题。实现了一个可伸缩的本地分类账来限制进入全局业务连续性事务的数量，而不影响本地和全局级别事务的对等验证。该方案还间接提高了所有节点的事务处理率。

Parn EA 等于 2019 年在《Engineering Construction and Architectural Management》上发表了“Cyber threats confronting the digital built environment Common data environment vulnerabilities and blockchain deterrence”，被引频次 16 次，位居第四位。总结了数字化建筑、工程、施工和运营中的感知威胁、威慑应用和未来发展进行全面审查（AECO）部门的未来研究方向，并建议利用创新的区块链技术作为数字建筑环境脆弱性的潜在风险缓解措施。提供了简明而清晰的参考指南，将在智力上挑战 AECO 调查领域的从业者和研究人员，并为他们提供更好的信息。

Sun ML 等于 2020 年在《Computer Communications》期刊上发表了“Research on the application of blockchain big data platforming the construction of new smart city for low car bone mission and green environment”，被引频次 14 次，位居第五位。该文利用区块链技术构建了一个分散分布式的点对点信任服务系统，并与现有的 PKI/CA 安全体系相结合，建立了支持多 CA 共存的信任模型。同时设计了区块链智慧城市信息资源共享与交换模型的结构组成和功能数据流。以合肥市智慧城市的发展作为实证分析，将区块链与大数据技术相结合，在此基础上构建了 TOPSIS 法智能城市发展水平评价模型。从 2012 年到 2017 年进行纵向比较，智慧城市规模正以年均 30% 以上的速度增长，节约了 20% 的城市资源配置，成为新的支柱产业。

通过对 30 篇高被引文献深度分析，可以发现基础内容主要集中在以下几个方面：智慧城市、数字化建筑、安全管理、用户隐私、高效施工管理等方面。

2. 共被引期刊分析

设置节点类型为共被引期刊（Cited Journal），利用软件中 Pruning Sliced Networks，设置阈值为 10，将自动生成的原始图谱切换成 Time Zone View 视图，经过图谱调整，生成最终的建设项目区块链研究共被引期刊知识图谱，见图 15-10。从图 15-10 中可以看出节点最大的期刊是《IEEE Access》《IEEE Internet Things》《Future Gener Comp SY》《LECT Notes Comput SC》，说明这四种期刊的被引频次排名都居于前列，其在建设项目区块链研究方面的重要性和权威性不言而喻。

15.3 国际与国内研究对比分析

15.3.1 研究热点对比分析

在 CiteSpace 中设置节点类型为关键词（Keywords），建设项目区块链研究文献时间

切片范围为2016~2021年，国际为2016~2021年，设置Top N=50，将CNKI数据库以及Web of Science核心合集数据库中的文献数据导入，最终得到国内外建设项目区块链领域文献研究的关键词共现图谱，如图15-11、图15-12所示。国内建设项目区块链研究领域关键词共现图谱中显示的节点数量N=644个，其中节点大小表示关键词出现频率的高低，关键词之间的连线数E=327，网络密度为0.0016，表明聚类的结构合理且同质性较好。国际建设项目区块链研究领域关键词共现图谱中显示的节点数量N=271个，关键词之间的连线数E=135，网络密度为0.0037，表明聚类的结构合理且同质性较好。运用LLR（Log likelihood RatioTest）算法提取关键词中的名词性术语对关键词聚类进行命名得到主题聚类，如图15-11、图15-12所示，其中国内建设项目区块链领域研究包括23个聚类，国际包括10个聚类。

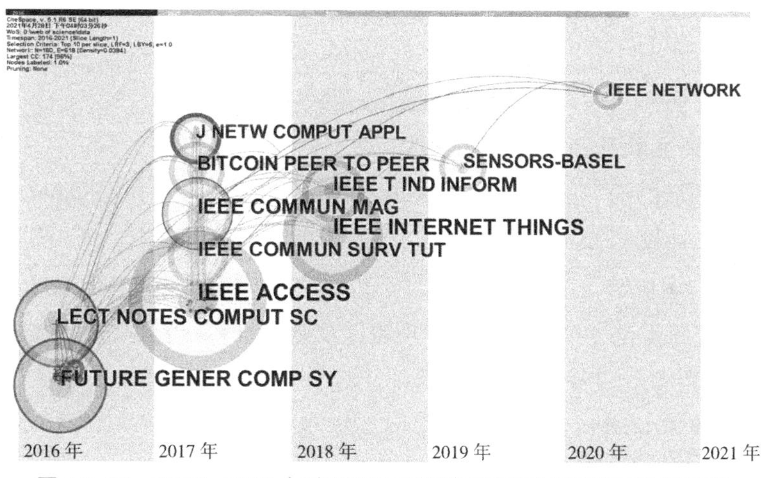

图15-10　2016~2021年建设项目区块链研究的共被引期刊知识图谱

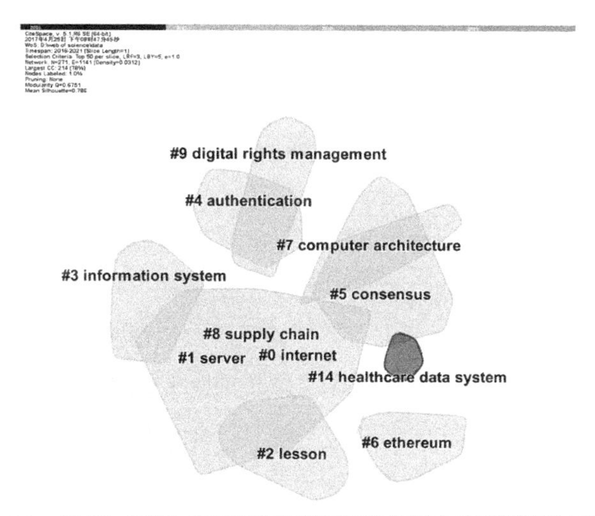

图15-11　2016~2021年国际建设项目区块链研究关键词聚类知识图谱

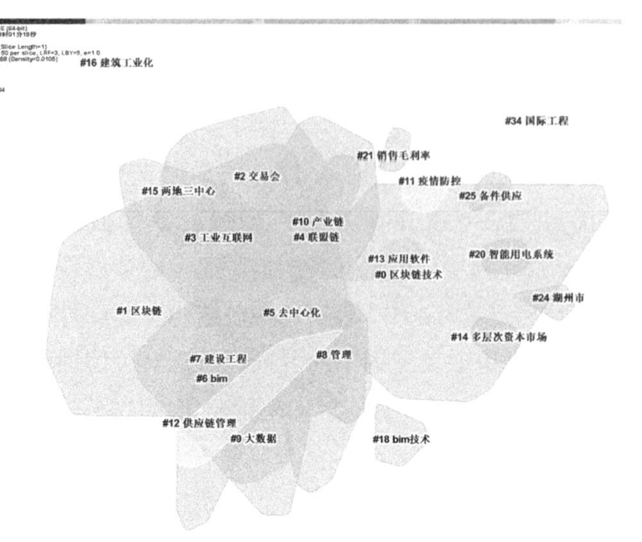

图 15-12　2016~2021 年国内建设项目区块链研究关键词聚类知识图谱

1. 研究热点聚类相同点分析

关于区块链领域的研究热点，依据 Web of Science 核心合集数据库和 CNKI 数据库关键词的知识图谱，通过图 15-11、图 15-12 中的聚类分析可以看出，国内与国际建设项目区块链研究存在“区块链”“智能合约”“信息共享”等相同的关键词，这反映了国内外区块链领域的研究重点都主要集中在建设项目区块链与计算机科学技术的结合应用。

2. 研究热点聚类差异分析

国际上对区块链领域的研究关注更多的是物联网、智能合约等信息共享、安全领域的应用方面，而国内在区块链领域的研究重点是建设项目区块链在“去中心化”“人工智能”等与人们生活息息相关的更加贴近实际应用的方面。

从图 15-11 中提取出 Blockchain（区块链）、Bitcoin（比特币）、Smart Contract（智能合约）、Internet of Thing（物联网）、Security（安全）、Cryptocurrency（加密货币）、Technology（科技）、Privacy（隐私）、Management（管理）等关键词，这些关键词反映了国外建设项目区块链领域与国内的三大研究热点差异。

（1）Smart contract（智能合约）

智能合约是区块链技术之上的脚本，通过减少或完全替换中介层，它们代表了一种自动化形式。因此，区块链智能合约系统减少了交易和执行成本以及处理时间。Philipp（2020）基于专家访谈和案例研究的方法，探讨了区块链智能合约如何促进协作物流结构的实施，以及如何保障中小企业融入可持续海洋供应链，其研究结果表明在跨国和多模式供应链环境中使用区块链智能合约的巨大潜力。有效跟踪货运对管理全球贸易和建筑材料物流活动至关重要。全球集装箱运输的数量加上信息的不透明性和过程的复杂性，有必要实施具有实时跟踪功能的强大技术解决方案。因此，Hasan（2020）提出了利用以

太坊区块链中智能合约的功能来管理发送方和接收方之间的交互。装运的物品包含在装有物联网传感器的智能容器中，该容器可用于跟踪和监视与温度、地理位置、密封破裂等相关的预定义运输条件。以太坊智能合约还可以用于管理运输条件、自动付款、使收货人合法化以及在违反预定义条件的情况下退款等事项。区块链智能合约系统的共同发展会为更多实际问题的解决提供助力。

（2）Internet of Thing（物联网）

物联网（IoT，Internet of Thing）是在互联网基础上延伸和扩展的网络，将各种信息传感设备与互联网结合起来而形成的一个巨大网络，从而实现在任何时间、任何地点，人、机、物的互联互通。由于物联网的指数级增长，为了确保物联网上的服务质量（QOS）成为网络边缘或云上的挑战，服务质量的动态性需要经常收集、更新和访问可靠的质量相关数据,而缺乏信任成为数据利用的主要障碍。建筑业及其供应链是研究的主要领域之一，在所有发展中国家中建筑业的增长都需要引起重视，因此，Awan（2021）考虑使用物联网技术的区块链，提出一个将传统建筑业领域提升为智能建筑业的模型，该模型能够为参与建筑业建筑材料供应链的所有利益相关者提供平等的机会，并且物联网设备已添加到智能模型中，从而减少人为干扰进行数据收集、记录和验证。随着物联网技术的不断发展和飞速演进，其与建设项目与区块链技术的结合会在更多场景下得到应用。

（3）Privacy（隐私问题）

随着智能终端的快速发展，利用人类智能解决复杂问题的人群感知技术已经引起了广泛的关注和利用。现有的大多数人群感应系统都依赖于受信任的第三方平台来完成感应任务并收集大规模数据。但是该平台无法确保对现实世界的完全信任，中心平台引起的安全和隐私问题不容忽视。因此很多学者对区块链技术领域的隐私保护问题进行深入研究。An 等（2020）提出了基于区块链两次验证和共识（TCNS）的去中心化隐私保护模型。在 TCNS 的原型中，An 提出了一种可以基于椭圆曲线算法进行验证的匿名策略，以保护用户身份隐私，进而提出一种双重共识机制，该机制确保可以跟踪数据并避免数据被冒充、篡改和拒绝。Gai 等（2020）针对记录在区块链上的交易信息带来的隐私问题，提出了面向联盟的区块链方法，从而达到既能解决隐私泄漏问题而又不限制交易功能的目的，该方法主要解决智能电网中能源交易用户的隐私问题，并根据可开采各种能源交易量来检测其与其他信息（例如地理位置和能源使用情况）之间关系的事实，筛选卖方的能源销售分布。随着互联网用户对隐私问题关注度的上升，区块链技术带来的隐私问题也会吸引更多学者的关注和研究。

从图 15-12 中提取出“区块链”“区块链技术”“去中心化”“数字经济”“大数据”等关键词，这些关键词反映了国内建设项目区块链领域与国外三大研究的热点差异。

（1）去中心化

去中心化是一种开放式、扁平化、平等性的系统现象或结构。能随着主体对客体的相互作用的深入和认知机能的不断平衡、认知结构的不断完善，个体能从自我中心状态中解除出来。去中心化管理模式的形成离不开信息共享。建筑供应链是根据业主需求设计的拉动式供应链，每一个建设项目的供应链都需要重新构建和组织实施。建设项目各参与方利用专业的信息共享技术进行匹配，从而快速形成符合项目特点的建筑供应链。信息共享不仅关系到能否迅速组成新的建筑供应链，也关系到项目进度的动态化管理。随着建设项目的进行，各参与方必然产生更加丰富的信息，这有助于各参与方的目标管理和实现建筑供应链的高效运转。因此，高度的信息共享状态是建筑供应链去中心化管理模式的基础。李梅芳等（2020）在传统管理模式的基础上，构建了去中心化管理模式，并对信息共享过程进行分析，最终提出减少信息共享阻碍的对策，推动去中心化思想在建筑供应链管理中的应用，为现代建筑供应链管理提供借鉴。

（2）大数据

大数据和互联网技术被称为第三次工业革命，大数据的飞速发展和更新对经济转型和社会发展起了至关重要的作用。大数据与建设项目区块链技术的融合发展能够起到相辅相成的作用，国内众多学者在多个领域开展了二者结合应用的研究。张梦迪等（2019）根据地质大数据的管理与应用，发现仍存在数据共享、产权保护、应用技术等诸多方面的技术壁垒与思维困境的情况，提出结合地质大数据的使用主体、属性类型、开放程度的差异，可构建公共链、联盟链、私有链融合共生的地质数据区块链架构，针对权属为国家、地调机构、个人的数据，满足其在互联网公开共享、内网申请共享、个人产权交易等不同的场景与需求。如何让大数据资源更好地服务于生活，建设项目区块链技术与大数据的深入融合发展值得学者们进行探究。

（3）人工智能

人工智能自诞生以来，其理论方面和技术方面均迅速发展，应用领域也在不断扩大。人工智能与建设项目区块链技术的结合也受到学者们的广泛关注。雷凯等（2020）提出智能生态网络（Intelligent Ecological Network，IEN），该智能生态网络综合分布式人工智能分析决策与区块链共识计算技术，存储、构建智能化、语义化的新型智联网络构架，探索新一代产业化、经济化、生态化未来互联网，奠定一个开放与共享、协同互惠的智能生态网络。人工智能的发展需要建设项目区块链技术的支持，建设项目区块链技术也需要应用到人工智能领域，以扩大其应用领域，二者的结合发展会相互助力，改进人们的生活。

15.3.2 关键文献对比分析

运行 CiteSpace 时设置为：Node Types 为 Reference，时间设置为 2016~2021 年，网络剪裁方法为 Pruning Sliced Networks，将 Web of Science 数据库中的研究数据导入，得到国际建设项目区块链研究共被引聚类图谱，如图 15-13 所示。CNKI 中数据运行 CiteSpace 时的设置为：Node Types 为 Author，时间设置为 2016~2021 年，网络剪裁方法为 Pruning Sliced Networks，将中国知网的导出数据导入 CiteSpace，得出国内建设项目区块链研究作

者聚类图谱，如图 15-14 所示，结合关键文献查找功能，找出国内建设项目区块链领域关键文献。

根据共被引文献聚类图谱与研究作者聚类图谱，结合关键文献查找功能可知国内外相关研究均有一定的研究基础，并构成该领域研究的关键节点。国内外建设项目区块链领域研究共被引文献频次排序对比，从关键性文献发表时间来看，国际建设项目区块链知识基础性文献发表年份较早，说明国际相关基础性研究开始较早，为后续的研究奠定了基础。而国内关键性文献发表于 2017 年，说明我国建设项目区块链建筑领域研究一直处于基础研究阶段，并在 2018 年开始逐步扩展。

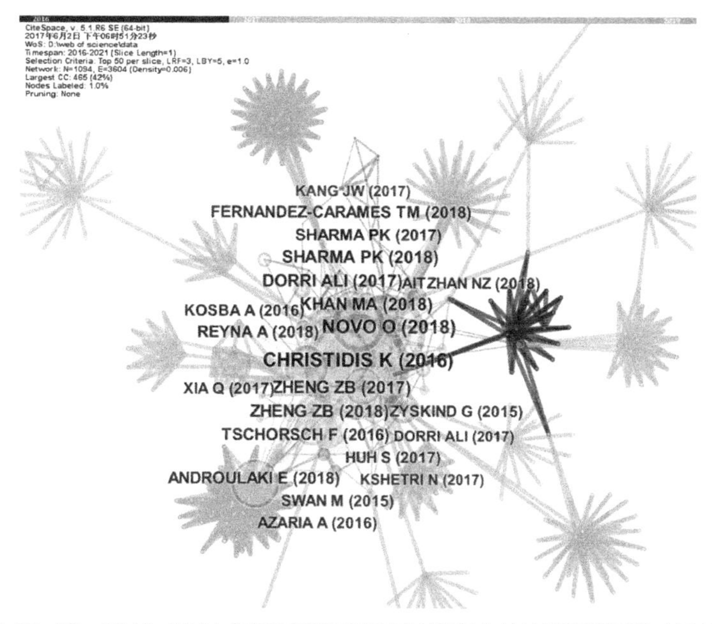

图 15-13 2016~2021 年国际建设项目区块链研究共被引聚类图谱（局部）

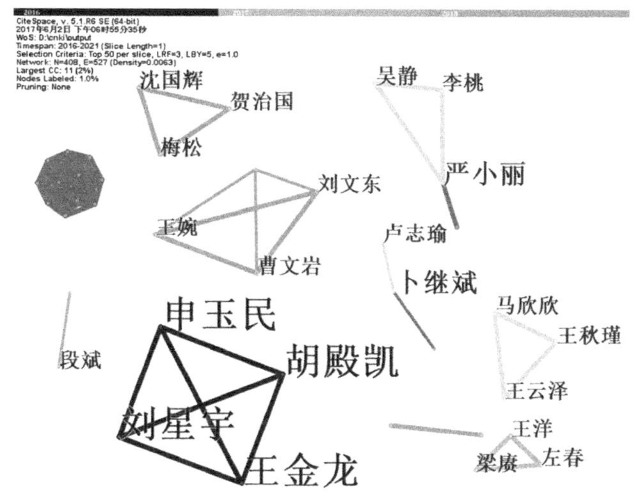

图 15-14 2016~2021 年国内建设项目区块链研究作者聚类图谱（局部）

1. 文献研究方法对比分析

国际建设项目区块链智慧城市、用户信息安全与隐私、数字化建筑未来应用等研究都采取实证分析、模型构建的研究方法；国内建设项目区块链应用研究则是经验总结与借鉴，多为定性分析建设项目区块链应用与所面临的障碍。项目管理相关研究方法根据研究内容的不同存在两个方面，一是区块链技术在项目管理过程中的应用，二是建设项目工程所面临的问题、对策以及改进机制分析，一般采用定量与定性相结合的研究方法。

2. 文献研究内容对比分析

国际建设项目区块链的研究基础为智慧城市、用户信息安全与隐私、数字化建筑未来应用等。而国内建设项目区块链基础性研究为建设工程管理平台、与建设项目结合的可行性研究等。综上分析得出国际与国内建设项目区块链研究内容存在差异。

国际建设项目区块链的研究知识基础可以分为四个方面。一是为满足安全性要求，取得比其他流行方法更好的性能，提出了一个隐私保护和有效的数据聚合方案，将用户分成不同的组，每个组都有一个私有块链来记录其成员的数据。同时采用 Bloom 滤波器进行快速认证，防止出现实时数据泄漏用户私人信息的情况。二是提出了一个可伸缩的本地分类账来限制进入全局业务连续性事务的数量，而不影响本地和全局级别事务的对等验证，使用本地对等网络来弥补差距，以解决因数量庞大而当前区块链解决方案无法处理的速度生成交易的问题以及由于资源限制在物联网设备上实现 BC 对等点的问题，还间接提高了所有节点的事务处理率。三是总结了数字化建设各个环节的感知威胁、威慑应用和未来发展进行全面审查（AECO）部门的未来研究方向，并建议利用创新的区块链技术作为数字建筑环境脆弱性的潜在风险缓解措施。四是以智慧城市的发展作为实证，分析构建了 TOPSIS 法智能城市发展水平评价模型。利用这个分散分布式的点对点信任服务系统，并与现有的 PKI/CA 安全体系相结合，建立了支持多 CA 共存的信任模型。智慧城市规模正以年均 30% 以上的速度增长，节约了 20% 的城市资源配置，成为新的支柱产业。

国内建设项目区块链基础性研究可以分为五个方面。一是通过分析建设项目区块链技术的发展背景、技术特点及核心，梳理建筑工程领域当前面临的主要问题与挑战，探索区块链技术特性解决建筑工程领域问题的优势，研究区块链技术在建筑工程中的应用方式与场景，如招标投标活动、总承包工程管理、建筑智慧建造及建筑运营管理等，解决多个流程中存在的暗箱操作、施工流程管理混乱且低效等难题。二是结合区块链技术公开透明、安全性、可追溯性等特点，分析以区块链技术构建建筑市场诚信管理平台的可行性。结合建筑行业施工单位、建设单位违约的具体特点，提出基于区块链技术的建筑市场诚信管理平台构建的思路。按照实体层、感知层、区块链层、交互层等架构，详细分析实体层项目招标投标阶段、实施阶段、保修阶段的信息采集，以及其他各层的数据处理及功能。通过构建基于区块链技术的建筑市场诚信管理平台，促使各参建单位诚实守信，优化建筑市场环境。三是基于区块链技术对工程施工管理进行探索，给出施工管理平台的节点组成，定义了工程施工过程中不同的交易类型，给出了交易及区块的数

据组成，设计了系统的区块链结构及整体架构。根据典型工程场景，给出系统的应用案例，为区块链技术在工程中的应用提供思路。四是提出区块链技术在建筑工程领域的诸多应用场景，例如工程数据的采集与存储、工程资料的存证、工程现场数据存证以及建筑产品供应链管理等，还对目前区块链技术在建筑工程领域投入实际应用待解决的问题以及行业应用前景进行阐述。五是针对建筑供应链内存在信息所有者不明确、透明度低、存储不安全等问题，从信息流角度，借助区块链技术，构建建筑供应链信息流模型，阐述模型结构及区块链技术在建造各阶段的应用，为建筑供应链信息管理实践提供参考，从而优化建筑建造流程、提高建筑供应链工作效率，降低制造成本，实现建筑一体化发展。

15.3.3 文献演进趋势对比分析

建设项目区块链作为一个相对较新的研究领域，其研究的热点与重点主题会随着时间的演变和科学技术的发展而相应地发生变化。为了从时间维度上观察国内外建设项目区块链领域研究的演进情况，运用 CiteSpace 绘制关键词共现时区图。国内文献方面，在 CiteSpace 中设置 Time Slicing 为 2016~2021 年，Time Slice 设置为 1 年，Node Types 设置为“Keywards”，Prening 选择“Pathfinder”。国际文献方面，设置与国内文献相同。当节点与连线的属性值达到设置的阈值时其数据信息才可以在关键词共现图谱中出现。国际与国内建设项目区块链关键词共现图谱如图 15-15、图 15-7 所示。

国际建设项目区块链研究始于 2016 年，经历了“建设项目区块链概念→建设项目区块链核心架构、组网方式、分布式账本、信任机制等底层技术构架的探讨研究→与网络安全、云计算等理论技术的交叉研究及反思→供应链、物联网等领域的应用研究→效率、安全、共识机制、智能合约等技术的深入研究”的研究演化路径。

国内研究起步与国外相同，也是在 2016 年开始真正关注建设项目区块链相关研究，研究的演化路径为“建设项目区块链的理论及应用价值分析→去中心化的体系构建研

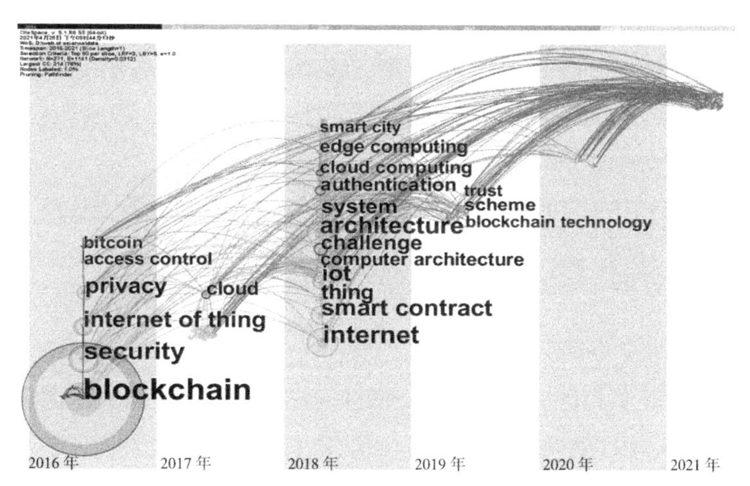

图 15-15 2016~2021 年国际建设项目区块链研究关键词时区图

究→大数据与互联网平台应用研究→能源、审计、安全等领域的应用拓展→智能合约、联盟链、共识机制、隐私保护、监督机制等相关技术及构架研究”。

通过比较不难发现，国际研究更加注重建设项目区块链相关理论技术的研究。国内整体侧重应用研究，尤其是建设项目区块链在管理领域的应用研究，但自 2017 年起，国内学者也开始关注智能合约、去中心化、隐私保护等技术问题。从以上分析可以看到，建设项目区块链技术经历了近几年来的快速发展，主要研究趋势为：建设项目区块链的研究主题不再局限于建设项目区块链原理、技术、特点等基础性研究，逐渐拓展到对建设项目区块链的各项关键技术和体系的细化研究，下一步应关注区块链瓶颈技术的突破。

（1）效率问题。区块链的分布式记账模式使得其从诞生之日起所有的交易记录被保存下来，而这无疑给阶段的存储和同步带来巨大的压力，造成账本过大、同步时间过长，最终导致交易效率的降低。节点的平等性，将导致很多节点在区块链上进行交易时会跨越实体经济中的窗口单位节点，而直接选择等级较高的上级节点，这样无形之中给相关节点的信息处理带来压力，降低了整个网络的效率。

（2）中心化问题。区块链的设计机理是去中心化的，但是区块链共识机制中的工作量认证依赖于算力，随着挖矿机和矿池的大量出现，产业化、规模化的挖矿活动产生，区块链节点间的平等性被打破，51% 攻击现象逐渐显现，而关键矿池的灾难将对整个网络产生影响，这些现象在公司或机构的私有链上表现得尤为突出。

（3）隐私问题。区块链采用地址匿名交易机制，交易记录完全公开，在大数据时代，一旦将交易记录、地址、实名关联，其隐私保护问题将显得尤为重要。隐私往往是双刃剑，匿名一定程度上能保护交易隐私，但大量的匿名交易信息给税务、审计工作的开展带来挑战。

（4）安全问题。区块链采用非对称密钥算法，而其私钥往往难以长时间记忆，这就使得绝大多数使用者会借助第三方辅助软件对密钥进行管理，势必带来新的安全隐患。

（5）访问权限问题。在理论上，区块链所有节点处于平等的位置，但在实际应用中对于公有链和联盟链而言，公司的交易记录等信息希望对于外部是保密的，不同层级的用户之间也应该设置合理的数据访问权限，诸如此类问题都有赖于区块链技术理论的完善。

15.4 国内建设项目区块链热点及前沿分析

15.4.1 研究热点分析

1. 研究热点的演变分析

2016~2021 年建设项目区块链研究热点的演变过程，可以通过关键词时间线清晰地观察和分析（图 15-16）。在通常情况下，基础研究内容往往根据这样判定，先找到出现时间较早的关键词，持续跟踪该关键词，发现其在随后的研究中是否持续出现，且与后期

的研究内容是否有所关联，如果确定其持续出现，并且与研究内容有所关联，那么可以认定这类关键词为该领域的基础研究内容。如图 15-16 所示，节点较高的关键词如区块链、智能合约、建筑信息模型、数据安全、协同创作等在建设项目区块链最初的 2016 年均已出现，并在随后的六年中，相关研究依旧不断，所以其节点逐渐增大，年轮圈层逐年增大。根据它们与后续出现的关键词间的连线可以得知，之后的研究内容与它们之间的关联密切。

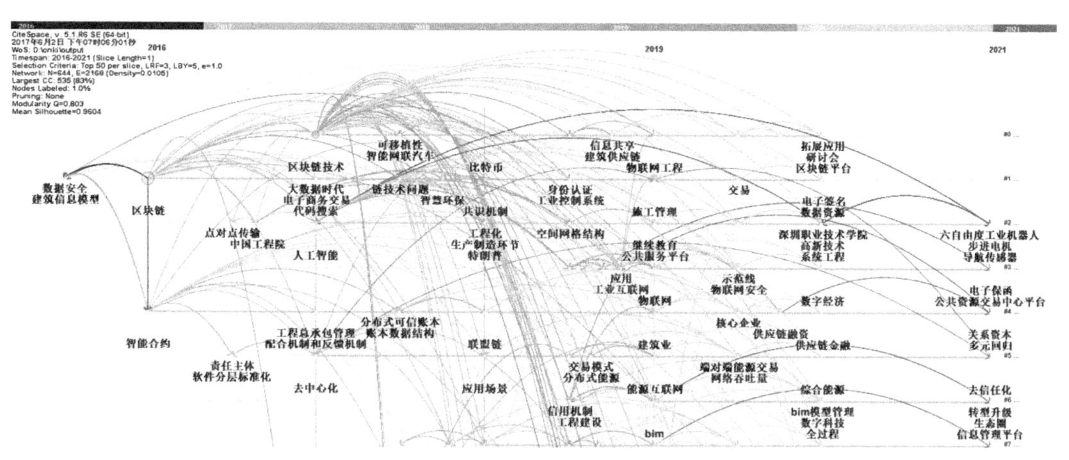

图 15-16　2016~2021 年国内建设项目区块链研究关键词时间线图（局部）

由此可以得出，区块链、智能合约、建筑信息模型、数据安全、协同创作是国内建设项目区块链领域的基础研究内容。2017 年，区块链技术、人工智能、去中心化等成为新的研究热点。这是因为学者们开始将区块链技术与非金融的其他领域结合起来应用。2018 年，大数据、建筑工程、建筑行业、应用场景、工程管理成为新的热点，越来越多的学者表现出对建设项目与区块链技术相结合的施工管理方面的浓厚兴趣及关注，并且对建设项目区块链的研究逐渐细化。2019 年，BIM、供应链、物联网、能源互联网、BIM 技术是新的研究热点，这与现阶段建筑行业对 BIM 技术的使用和发展有很大关系。2020 年，管理、智能制造、电力市场成为新的研究热点。2021 年，开放平台、新型城镇化建设成为热点，其中新型城镇化建设作为热点关键词，表明国家政策导向是朝着新型城镇化建设的。

2. 七个研究热点的分析

（1）区块链技术的应用情况

长期以来，建设项目管理的研究聚焦在正式的合同和组织管理层面。研究集中在自上而下的正式项目合同管理和时间进度管理工具的开发。这种管理概念基于的假设是只要上层管理计划明确下达，现场管理人员与施工工人就应该按照计划准确可靠地执行并完成。而事实上，施工计划和执行充满了不确定性和互相关联性，它对建设成本和工期的影响在很大程度上取决于基层的非正式沟通和决策。而信任是公正有效的沟通和决策的核心和基础。现场工作人员要时刻跟踪检查，确认各个工作任务的完成状况，及时沟通、协调、调配有限的资源来解决问题，然后根据完成状况和现场条件制定下一个计划。在这个动态、烦琐和复杂的过程中，如果缺乏信任，计划者和参与者就需要花费额外的时间和精力反复确认、核查、沟通。同时因为不信任，在计划中各自为营，致力于保护局部利益，造成多层次的浪费。

问题的核心在于管理过程中缺乏信任和即时、透明、公正的信任管理机制。在研究团队长期的深入观察中发现，缺乏信任在施工管理中普遍存在。信任的缺乏可能存在于分包单位和总承包单位之间。例如某机场高速公路的施工单位多次给钢筋供应商打电话，提醒其确认按期供货，供应商总是回复“快了，正在加工。”实际情况是供应商挪用资金另做他用，以谋取更高的利润，而这个项目所需钢筋连原材料还没有购买。类似的不信任也存在于分包单位之间、业主与总承包单位之间、设计单位与总承包单位之间、总承包单位分包单位之间等。

正是由于这些无时不在、无处不在的不信任，导致管理人员花费大量的精力和时间反复沟通、确认，浪费了宝贵的现场生产资源，导致任务完成率和生产率低以及项目延期超支，甚至会导致危及生命的建筑质量安全问题。无论是在我国还是国际的施工管理研究和实践中，目前都没有一个透明、即时和公正的信任管理机制。管理模式还是自上而下由管理者发布计划指令，施工班组执行，然后上报完成状况，管理者检查确认，然后再制定下一个计划。

通过区块链在建筑施工管理中的研究，可以得到以下结论：①应用区块链技术在建筑管理中，将会创造一个即时、透明的信任管理机制。解决长期困扰建筑管理人员的问题，使得抽象的信任概念清晰地呈现在管理人员面前。②通过公平公正的信任管理规则，从而可以激励参与者自觉自愿地提高自己工程计划的可信度和可靠性，认知建筑施工管理中的信任机制。③依据区块链即时更新、可视、可查、可追踪的特点，将会有效地提高整个建筑业的劳动生产率，在不增加成本的前提下保证项目安全，高质量、按期或提前完成，具有鲜明的引领性或开创性特征。

（2）大数据的发展情况

数字技术的日益普及和数据的迅速扩散，促使数据分析和大数据的应用推动了智能项目和资产管理，在建筑工程和建筑领域内出现新的信息管理和数据使用方法。将数据和信息转化为知识和情报将改变项目和资产的管理方式，并将提出整个部门的最佳解决方案。有学者指出建筑业大数据研究的差距和未来可能的研究途径，并得出结论，尽管在建筑业大数据应用方面有着大量研究，但大数据对整体可持续性的影响研究——社会，缺乏经济和环境方面的因素。

在大数据分析的应用上，使用数据分析模型预测房价的驱动力，这在建筑环境和房地产决策过程中非常有用。多年来，学术界已经发展了许多这种性质的分析模型。研究结果表明住房成交价格的力量是建筑面积，其次是位置以及浴室和卧室的数量，距离开

放空间和商业中心等街区特征对房价的影响不如住房单元特征和位置特征的影响大。也许这些因素会因住房次级市场而异，但了解这些模式在实践中被采用的程度和障碍将是有益的。

（3）工业互联网的开展情况

工业物联网在工业领域扮演着重要的角色，安全、可扩展和易于采用的技术正在为智能工业实施。传统的工业物联网体系结构通常基于集中式体系结构，这种体系结构容易受到单点故障和多个网络的攻击。区块链技术由于其安全性和分散性，在现代工业中被广泛采用基于区块链的体系结构，以确保安全可靠的工业运营。为了提高该体系结构的计算性能，使用低功耗 ARM Cortex-M4 处理器处理实时密码算法，并在区块链网络中部署了一种高度可扩展、快速且节能的共识机制认证证明。

当前建设项目建造阶段存在并需要工业互联网平台技术解决的主要问题。施工阶段涉及大量的参与者和复杂的业务流程，生成大量的数据，包括设计图纸、BIM 模型、质量信息、材料信息、供应商信息和树字段信息。然而，由于现场网络设施普及率低，缺乏物理设备，大量的业务系统信息需要手工录入，所以亟需建设项目区块链与工业互联网技术融合，以求改变现状。

建设项目区块链不是一个技术突破，而是通过不同技术的创新和融合，尝试将建设项目区块链与工业互联网平台进行整合，为了提高工业互联网平台的数据完整性，防止数据泄漏和操作，由于云平台具有高存储和高计算性能的优势，为建设项目区块链提供了合适的土地应用场景，在完善工业互联网平台的同时，也促进了建设项目区块链的发展。

（4）联盟链的应用情况

联盟链是一个部分分散的区块链系统，只对特定的组织和集团开放，典型的联盟链系统包括超级账簿和企业操作系统等。

联盟链中的每个节点都可以通过 Web 将新的标准文件上传到 IPFS（Inter-Plan Tary File System）分类账中。下载标准文件时，每个节点必须对标准的新版本进行投票。一旦达成共识，投票结果通过智能合约存储在区块链中，建立标准社区，新标准已在相关社区系统中提供给建筑行业，并提出了意见。系统还建立了相应的联邦节点查询系统。

区块链中的联盟链可以节点形式绑定联盟组织成员，通过智能合约验证节点身份限制了每个节点的逻辑操作，联盟链中的每个节点都有相同数量的数据，这使得系统攻击成本更高、安全性更高，并且通过使用信息，采用标准化管理模式和区块链共识机制管理生命周期，提高标准化管理效率；利用联盟链和智能合约解决标准一致过程中的身份信任问题，分配链存储以提高系统的安全性。文件的数字指纹存储在区块链端，进一步保证标准文件的权威性。

（5）去中心化技术的实施情况

从建筑行业来看，建筑企业之间的竞争正逐步转化为建筑供应链的竞争，建筑行业供应链的分散管理将成为一种新的发展趋势，而分散理念在建筑业供应链管理中的作用主要基于信息交换行为，企业共享信息的意愿受许多因素的影响，如信息交换的成本，非参与方对联合方的补偿等。其中，未共享信息的补偿是信息共享方最关键的因素，信息交换是供应链各参与者之间的纽带，更高层次的信息交换有助于实现分散管理模式。

建筑业供应链的分散化管理，接受了传统模式中的分散化思想，打破了以总承包商为核心的结构，通过信息交流，使业主、总承包商、分包商和供应商成为一个开放、平等的供应链模式，为了控制建筑供应链中的信息流、物流流和资金流，建筑业供应链的分散化建立在供应链各方信任的基础上。目前的研究表明，基于信息交换的信任关系是有帮助的，同时，分散技术在建筑业供应链管理中具有一定的应用潜力。而由于目前我国施工供应链信息交流的缺乏，分散技术在建筑行业的应用还处于准备阶段以支持实践。

（6）BIM 的应用情况

BIM 技术应用能力与建筑产业各相关体系都存在关联。《国家中长期教育改革和发展规划纲要（2010–2020 年）》中提到的信息化发展战略及信息化发展水平等一系列政策引导思想，迫使建筑行业不得不找到一个能真正涵盖现阶段现状的有效手段及技术路径。BIM 技术这一发展较为成熟且业内公认度较高的建筑新兴技术成为建筑产业信息化变革的重要工具，受到国内各大建筑企业的关注。

现阶段各相关智能建筑参与企业面临的建筑新兴技术人才缺失，特别是 BIM 技术应用型人才的缺失窘境。由于现阶段建筑行业不断向着智能化、全体系化发展，各新兴技术又无法真正融入其中。如何通过已经形成完整体系的技术更好地实现项目管理的顺畅，是现阶段亟须解决的重点问题。从数据可以清晰地看出现阶段建筑行业对 BIM 技术人才的需求。智能建筑依赖于建筑新兴技术，特别是全过程管理更加依赖于建筑信息化技术，对 BIM 技术应用型人才的需求可想而知。

在建筑各产业环节开展智能建筑建造全过程 BIM 应用具有重要现实意义，顺应信息技术快速发展要求，是改革产业集群方式的需要，具有显著优势和特点。通过 BIM 技术及建筑相关新兴技术具有显著的特点：①能够更加直观地了解建筑行业建造全过程所涉及的生僻知识点，调动应用新技能的积极性。通过 BIM 技术能更加直观地理解智能建筑建造全过程相关知识同时，可以利用云平台等相关资源库获取最新资源。② BIM 技术可以利用网络指导，不仅能提高网络资源利用率，还能最大限度地利用各种相关实际案例工程资源，通过 BIM 更好地提供服务。

（7）区块链和建设项目存在的问题和对策探讨

区块链技术具有不可篡改的特点，将其应用到建设项目招标投标活动中，能够保证建设项目信息内容的真实性和准确性。如果采用传统方式对政府项目或社会投资项目等进行招标投标活动需要验证信息真实性，浪费大量的人力、物力和财力，还无法充分保证验证结果的准确性和科学性。利用区块链技术，能够直接反映建筑行业从业人员的真实信息，具有一定的透明性和可信赖性。

将区块链技术引入工程总承包管理过程中，可以发现在金融交易过程中，同时存在配合机制与反馈机制两个问题。建设项目在大部分金融交易过程中，为了维护双方利益，均采用第三方平台解决配合机制和反馈机制，而第三方平台需要具备一定资质才能够稳定运行。区块链技术能够充分为第三方平台提供安全保障，有利于提高第三方平台的抗风险能力。

在建筑工程智慧建造过程中，利用区块链技术将所有参建主体、项目管理智能等进行统一，从而构建智慧建造信息集成平台，为建筑工程建设全过程产生的资金、信息等数据高效储存、及时传递以及信息共享提供便利，有利于提高建筑工程全过程管理的规范性，从根本上控制建筑工程的违规操作。

在建筑工程施工管理中，区块链技术能够将所有单独模块按照时间顺序加以串联和统一，形成一个完整的建筑工程管理流程。通常情况下建筑工程的顺利实施，能够直接反映该企业管理模式是否完善，还能够直接反映建筑企业的发展状况。在区块链技术全面管理模式下，施工单位在管理方面加以创新和完善，使其形成适合企业发展的全新管理方式，并应用到建筑工程实际施工中，从而促进建筑工程施工任务有序展开，为推动建筑企业向现代化发展奠定良好的基础。

区块链技术是从先进科学技术基础上发展而来的，具有透明化、不可篡改化、去中心化等特点，将其应用到建设项目，不仅能够提高建筑工程建设管理水平，还有利于促进建筑行业稳定发展。

15.4.2　研究前沿分析

1. 关键词突现图谱分析

突现关键词是指在研究过程中经历了爆炸式增长，出现频率和强度在短时间内急剧提升的文献相关关键词。关键词突现图谱分析能够精准追踪研究前沿，从而进一步预测国际与国内未来的发展方向。

本研究的关键词突变检测提供了突现关键词图，从中统计出突现关键词的突现强度，详见图 15-17。

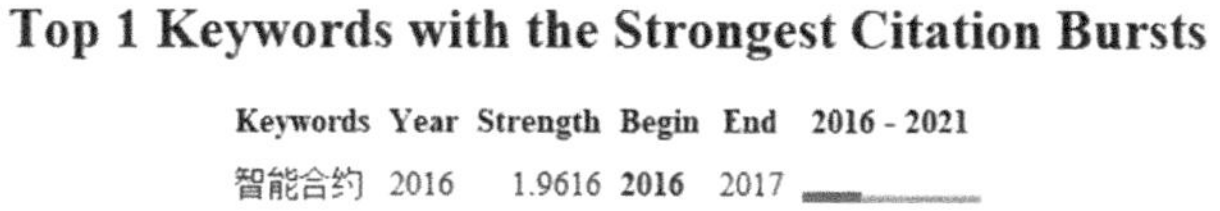

Top 1 Keywords with the Strongest Citation Bursts

Keywords	Year	Strength	Begin	End	2016 - 2021
智能合约	2016	1.9616	**2016**	2017	

图 15-17　2016~2021 年国内建设项目区块链研究关键词突现知识图谱

2. 渐强型研究前沿

观察分析每个关键词的频次历史折线图，尤其是突现关键词，找出整体频次为上升趋势的关键词频次历史折线图，就可以找到在建设项目区块链研究中的渐强型研究。本研究中的渐强型前沿包括区块链、大数据、人工智能、物联网。

（1）区块链

观察“区块链”的历史折线图（图 15-18），其频次呈现持续增长趋势。在本次研究的文献中，关于区块链研究的文献共有 454 篇，约占所有文献的 95%（454/480），2016~2018 年的研究文献都比较持平，从 2019 年开始文献数量有大的飞跃。

（2）大数据

观察“大数据”的历史折线图（图 15-19），2020 年的文献陡增，其总体频次呈现持续增长趋势。统计本次建设项目区块链相关文献，其中关于大数据研究的文献共有 36 篇，约占所有文献的 7.5%（36/480），2016~2019 年的研究文献都比较持平，在稳定中有所增长。

（3）人工智能

观察“人工智能”的历史折线图（图 15-20），其频次与“大数据”的历史折线图的频次相差不大，总体呈增长趋势，人工智能在多个领域已经有了不小的研究成果，例如医疗、娱乐等。综合我国建设项目管理的现状，人工智能也是不可缺少的一环，确定其为建设项目区块链研究的前沿内容。

（4）物联网

观察“物联网”的历史折线图（图 15-21），从 2018 年开始出现并随之后的年份增长，文献数量也呈现持续增长趋势。但本次研究文献中从物联网相关文献的数量统计中发现，其占比较小，处于初步阶段，未来研究还有很大的成长空间，研究人员在未来可重点关注“物联网”与建设项目区块链的结合应用。确定物联网为建设项目区块链研究的前沿内容。

图 15-18　关键词“区块链”的出现频次历史折线图（单位：篇）

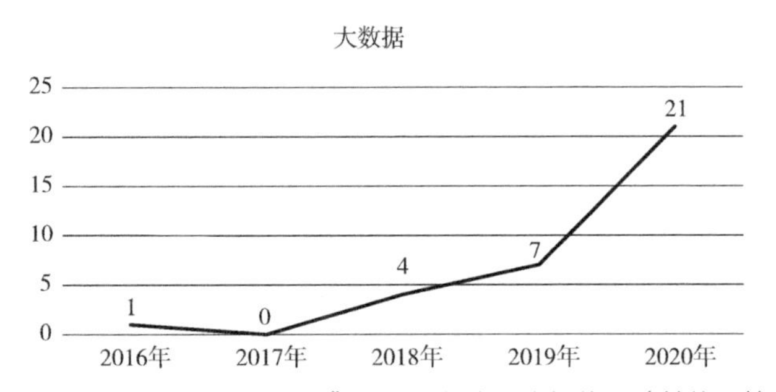

图 15-19　关键词“大数据”的出现频次历史折线图（单位：篇）

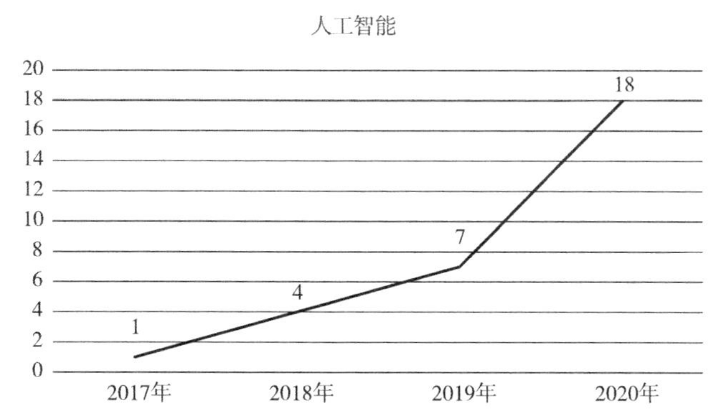

图 15-20　关键词"人工智能"的出现频次历史折线图（单位：篇）

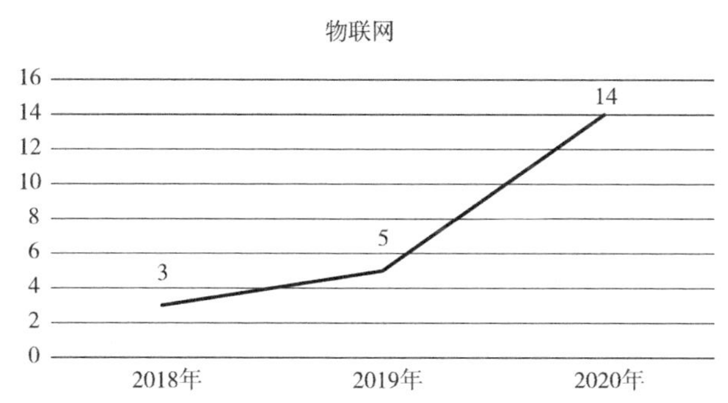

图 15-21　关键词"物联网"的出现频次历史折线图（单位：篇）

15.5　本章小结

本章借助科学计量软件 CiteSpace，对频次、中介中心性和被引频次等指标，对 CNKI 和 Web of Science 数据库中收录的 2016~2021 年建设项目区块链文献从国际、国内两个角度进行文献计量分析，制作文献图谱，直观地展示了建设项目区块链领域的研究热点、研究前沿以及研究基础，得出以下结论：

（1）从发文量来看，国内建设项目区块链研究文献在这六年间的发文量一直在上升，国际建设项目区块链研究文献在这六年间的发文量在 2018 年突增，随后平缓上升；从刊发期刊来看，所刊发期刊的种类比较多，其中建筑经济刊发论文量最多，共刊发建设项目区块链相关文献 6 篇。从研究文献作者及其合作情况来看，2016~2021 年国内建设项目区块链领域发文最多的是胡殿凯、申玉民、王金龙、刘星宇，一共联合发文 6 篇。从发文机构之间的联系来看，研究大多倾向于机构内部研究人员或部门间的合作，缺少机构与机构之间的相互合作。从关键词的频次来看，最高的是区块链，其余依次为区块链技术、智能合约、人工智能、BIM、建筑信息模型、数据安全、大数据、供应链等。从高共被引文献来看，建设项目区块链研究的基础内容主要在智慧城市、数字化建筑、安全管理、用户隐私、高效施工管理等方面。通过共被引期刊分析，《IEEE Access》《IEEE Internet

Things》《Future Gener Comp SY》《LECT Notes Comput SC》这 4 本期刊排在高被引频次前列，表明在今后的建设项目区块链研究方面可关注这些期刊，完成未来的研究。

（2）国内与国际建设项目区块链研究均存在“区块链”“智能合约”“信息共享”等关键词，这反映了国内外区块链领域的研究重点都主要集中在建设项目区块链与计算机科学技术的结合应用。国际学者对物联网、建设项目智能合约等信息共享、信息安全领域的应用方面给予了更多的关注，而国内学者的研究重点是建设项目区块链技术的去中心化特点的应用情况以及建设项目人工智能这些方面，这都与人们的生活息息相关，并且更加贴近实际应用。

（3）国际研究更加注重理论、技术原理的研究，国内整体侧重实际应用方面的研究，建设项目区块链技术经历了近几年的快速发展，建设项目区块链的研究主题逐渐拓展到对建设项目区块链的各项关键技术和体系的细化研究。

综上所述，在今后的建设项目区块链研究中，其他学者应重视对热点和前沿内容的深入探讨并及时把握建设项目区块链的发展趋势，使建设项目区块链形成更好的理论体系和研究方法。

本章参考文献

[1] An B, Madhusanka L, Salil S, et al. Blockchain and cyberphysical systems [J]. Computer, 2020, 53（9）: 31-35.

[2] Awan S H, Ahmad S, Khan Y, et al. A combo smart model of blockchain with the internet of things（IoT）for the transformation of agriculture sector [J]. Wireless Personal Communications, 2021, 121（3）: 2233-2249.

[3] Dhar S, Bose I. Securing IoT devices using zero trust and blockchain [J]. Journal of Organizational Computing and Electronic Commerce, 2021, 31（1）: 18-34.

[4] Faris E, Sepehr A. Integrated project delivery with blockchain: An automated financial system [J]. Automation in Construction, 2020, 114: 103182.

[5] Gai K K, Wu Y L, Zhu L H, et al. Differential privacy-based blockchain for industrial internet-of-things [J]. IEEE Transactions on Industrial Informatics, 2020, 16（6）: 4156-4165.

[6] Guan Z Y, Lyu H Z, Li D, et al. Blockchain: A distributed solution to UAV-enabled mobile edge computing [J]. IET Communications, 2020, 14（15）: 2420-2426.

[7] Hasan A K, Komal T, Ahmad A, et al. Dynamic pricing in industrial internet of things: Blockchain application for energy management in smart cities [J]. Journal of Information Security and Applications, 2020, 55: 102615.

[8] Hu B, Zhang Z Y, Liu J W, et al. A comprehensive survey on smart contract construction and execution: paradigms, tools, and systems [J]. Patterns（New York, N.Y.）, 2021, 2（2）: 100179.

[9] Jia CX, Ding H Y, Zhang C J, et al. Design of a dynamic key management plan for intelligent building energy management system based on wireless sensor network and blockchain technology [J]. Alex and ria Engineering Journal, 2021, 60 (1): 337-346.

[10] Khullar K, Malhotra Y S, Kumar A. Decentralized and secure communication architecture for fanets using blockchain [J]. Procedia Computer Science, 2020, 173: 158-170.

[11] Kim K, Lee G, Kim S. A study on the application of blockchain technology in the construction industry [J]. KSCE Journal of Civil Engineering, 2020, 24 (9): 2561-2571.

[12] Li JX, Wu J G, Chen L. Block-secure: Blockchain based scheme for secure P2P clouds to rage [J]. Information Sciences, 2018, 465: 219-231.

[13] Li X, Wu LPF, Zhao R, et al. Two-layer adaptive blockchain-based supervision model for off-site modular housing production [J]. Computers inIndustry, 2021, 128: 103437.

[14] Liu Z, Chi ZY, Osmani M, et al. Blockchain and building information management (BIM) for sustainable building development within the context of smart cities [J]. Sustainability, 2021, 13 (4): 2090.

[15] Ma ZF, Huang W H, Gao H M. Secure DRM scheme based on blockchain with high credibility [J]. Chinese Journal of Electronics, 2018, 27 (5): 1025-1036.

[16] Oktian Y E, Lee S G, Lee H J. Hierarchical multi-blockchain architecture for scalable internet of things environment [J]. Electronics, 2020, 9 (6): 1050.

[17] Philipp R. Blockchain for LBG maritime energy contracting and value chain management: A green shipping business model for seaports [J]. Environmental and Climate Technologies, 2020, 24 (3): 329-349.

[18] Pustišek M, Kos A. Approaches to front-end IoT application development for the ethereum blockchain [J]. Procedia Computer Science, 2018, 129: 410-419.

[19] Safa M, Baeza S, Weeks K. Incorporating blockchain technology in construction management [J]. Strategic Direction, 2019, 35 (10): 1-3.

[20] Tian H L, Ge X N, Wang J Y, et al. Research on distributed blockchain-based privacy-preserving and data security framework in IoT [J]. IET Communications, 2020, 14 (13): 2038-2047.

[21] Turk Z, Klinc R. Potentials of blockchain technology for construction management [J].Procedia Engineering, 2017, 196: 638-645.

[22] Xue F, Lu WS. A semantic differential transaction approach to minimizing information redundancy for BIM and blockchain integration [J]. Automation in Construction, 2020, 118: 103270.

[23] Yalcinkaya E, Maffei A, Onori M. Blockchain reference system architecture description for the ISA95 compliant traditional and smart manufacturing systems [J]. Sensors, 2020, 20 (22): 6456.

[24] 邓恺坚，卜继斌，张超洋 . 穿越旧城区地下障碍的深基坑支护结构施工技术研究 [J]. 广东土木与建筑，2021，28 (2)：66-69.

[25] 高鹏举 . 5G 时代区块链技术在建筑工程资料管理中的应用研究 [J]. 工程质量，2020，38（12）：82–85.

[26] 管志贵，田学斌，孔佑花 . 基于区块链技术的雄安新区生态价值实现路径研究 [J]. 河北经贸大学学报，2019，40（3）：77–86.

[27] 花敏，卢恒 . 基于科学知识图谱的国内外区块链研究热点分析 [J]. 情报科学，2020（11）：70–79.

[28] 蒋海 . 区块链：开启价值交换新时代 [J]. 金融科技时代，2016（7）：27–29.

[29] 雷凯，黄硕康，方俊杰，黄济乐，谢英英，彭波 . 智能生态网络：知识驱动的未来价值互联网基础设施 [J]. 应用科学学报，2020，38（1）：152–172.

[30] 李梅芳，薛晓芳，窦君鹏 . 基于信息共享的建筑供应链"去中心化"研究 [J]. 管理现代化，2020（1）：88–92.

[31] 李奕澎，吕叶 . 新基建与供应链金融深度融合研究 [J]. 工程经济，2020，30（8）：49–53.

[32] 刘宁宁，刘敏，苗吉军，张玉香 . 区块链在建筑施工管理中的探讨 [J]. 低温建筑技术，2021，43（1）：133–136，141.

[33] 马宇翔 . 大数据在智能建筑中的应用 [J]. 中国设备工程，2021（6）：28–29.

[34] 牛昌林，冯力强，张雷，等 . 基于知识图谱的国际装配式建筑研究可视化分析 [J]. 土木工程与管理学报，2020（5）：68–76.

[35] 孙建荣 . 基于区块链技术的建筑市场诚信管理平台构建 [J]. 建筑经济，2020，41（7）：112–117.

[36] 台双良，曹梦珂 . 区块链技术在建筑供应链融资中的应用 [J]. 项目管理评论，2021（1）：58–61.

[37] 王治平，杜琦 . 基于多元回归模型的关系资本对建筑企业区块链供应链融资的影响研究 [J]. 建筑经济，2021，42（3）：90–95.

[38] 姚勇锋，孙恩昌，张延华，李萌，曾涛 . 基于联盟链的建筑行业标准管理系统 [J]. 计算机测量与控制，2020，28（10）：221–225，230.

[39] 于丽娜，张国锋，贾敬敦，等 . 基于区块链技术的现代农产品供应链 [J]. 农业机械学报，2017，48（S1）：387–393.

[40] 袁勇，王飞跃 . 可编辑区块链：模型、技术与方法 [J]. 自动化学报，2020，46（5）：831–846.

[41] 袁宇超 . 区块链在建筑工程物资管理中的应用 [J]. 铁路采购与物流，2020，15（11）：45–47.

[42] 张梦迪，高振记，宋越，康宁，吴自兴 . 区块链地学领域应用综述 [J]. 地质论评，2019，65（S1）：313–314.

[43] 张夏恒 . 基于区块链的供应链管理模式优化 [J]. 中国流通经济，2018，32（8）：42–50.

[44] 张园园，陈立，章洁，阎瑞敏 . 基于区块链与 BIM 技术的绿色建筑管理平台的应用研究 [J]. 工程建设与设计，2020（24）：248–249.

[45] 张仲华，王静贻，张孙雯，等 . 区块链技术在建筑工程领域中的应用研究 [J]. 施工技术，2020（6）：1–5.

[46] 朱建明，付永贵 . 区块链应用研究进展 [J]. 科技导报，2017，35（13）：70–76.